高效能人士的
Office 商务办公 300 招

高效能精英训练营　编著

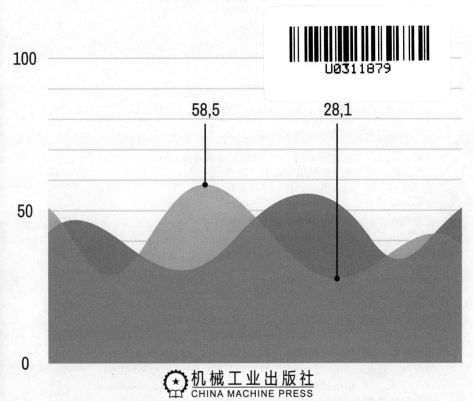

58,5　　28,1

机械工业出版社
CHINA MACHINE PRESS

本书以 Office 2016 为操作平台，从零开始，详细分析了普通用户在办公过程中遇到的各类 Word\Exce\lPPT 难题，以实战演练的形式，通过 300 个实用案例展示了 Office 办公软件在实际职场工作中的具体应用。

本书分为 3 篇，共 18 章。Word 篇主要介绍 Word 文档的基本操作、文档编辑、使用图表美化文档、页面设置、高级应用技巧及文档审阅等。Excel 篇主要介绍 Excel 工作表的基本操作、数据编辑、图表应用、公式及函数的应用以及其他高级应用技巧等。PPT 篇主要介绍 PPT 演示文稿的基本操作、多媒体的使用、SmartArt 图形的应用、动画的应用及演示文稿的管理等。本书通过扫码（本书封底的二维码）下载的形式提供了完整的实例素材文件，供读者学习使用。

本书内容丰富、步骤清晰、图文并茂、通俗易懂，可以有效帮助用户提升 Office 的应用水平。介绍的知识内容面向初级和中级用户，适合需要使用 Office 办公的各类人员当做查询手册，也适合大中专院校相关专业、公司岗位培训或电脑培训班学员当做学习 Office 的参考教程，还适合广大 Office 爱好者当做拓展知识的阅读资料。

图书在版编目（CIP）数据

高效能人士的 Office 商务办公 300 招 / 高效能精英训练营编著 . —北京：机械工业出版社，2017. 7
ISBN 978-7-111-57452-1

Ⅰ . ①高…　Ⅱ . ①高…　Ⅲ . ①办公自动化—应用软件　Ⅳ . ①TP317. 1

中国版本图书馆 CIP 数据核字（2017）第 169144 号

机械工业出版社（北京市百万庄大街 22 号　邮政编码 100037）
策划编辑：丁　伦　责任编辑：丁　伦
责任校对：丁　伦　封面设计：子时文化
责任印制：李　飞
北京利丰雅高长城印刷有限公司印刷
2017 年 10 月第 1 版第 1 次印刷
148mm×210mm · 11 印张 · 350 千字
0001—3000 册
标准书号：ISBN 978-7-111-57452-1
定价：59. 90 元（附赠海量资源，含教学视频）

Preface 前言

Office 是现代办公中职场人员不可或缺的工具，其主要包括 Word、Excel、PowerPoint（简称 PPT）等组件，广泛应用于人事、财务、统计、金融等众多领域。在日常工作中，掌握必要的办公知识可以大大地提升工作效率，就连刚毕业的学生也知道在简历上写上"精通 Office"作为自己的亮点。如果您是使用 Word 的"菜鸟"，却想快速制作出精美的文档；如果您是 Excel 的"表哥"或"表姐"，需要准确进行各种数据运算；如果您需要利用 PPT 做报告，希望轻松创建各种类型的演示文稿，那么，请翻开这本"武林秘籍"，其中所包含的 Office 招数，能让您在自动化办公的"江湖"里占有一席之地。

1 本书主要内容

在使用 Office 组件进行办公时，大家难免会遇到诸多的问题和不解，编写本书主要目的就是针对这些令人头疼的问题提供解决办法。通过实例介绍 Office 操作技巧，解决工作中的疑难问题，切实地帮助读者提升 Office 应用水平。

本书分为 3 篇，共 18 章，结合应用案例，展示了解决问题的步骤和方法，帮助读者加强 Office 技能。

第一篇为 Word 篇，第 1~6 章，主要介绍了文档快速操作、文档快速编辑、图表快速处理、页面快速设计、Word 高级应用技巧，以及文档快速审阅等内容。

第二篇为 Excel 篇，第 7~12 章，主要介绍了表格快速操作、单元格快速操作、数据快速编辑、图表快速应用、公式函数快速应用，以及 Excel 高级应用技巧等内容。

第三篇为 PPT 篇，第 13~18 章，主要介绍了幻灯片页面操作、幻灯片快速编辑、多媒体快速使用、SmartArt 图形快速应用、动画快速设计，以及演示文稿快速管理等内容。

2 本书主要特色

特色一：针对性强，招招实用。要把 Office 讲全，300 个实例是远远不够的，所以本书中的操作技巧都是针对实际工作中确实存在的问题，每个技巧都有其实用性和代表性，如设置页眉页脚、应用公式与函数、插入 SmartArt 图形等。通过详细讲解这些功能的实现过程，使读者轻松掌握操作秘技。

特色二：案例真实，如身临其境。考虑到办公的实战性，本书中的案例均来源于实际工作中常用的文件，如个人工作总结、办公行为规范、销售记录表、差旅费报销单、公司组织结构图、新员工培训讲座等，为读者营造了一个真实的办公氛围。这些案例均可通过扫码（本书封底的二维码）下载的形式免费获取源文件，日后读者只需根据需要，稍加修改，即可应用到实际的工作中。

特色三：通俗易懂，图文并茂。在讲解的过程中，采用图解的方式，使用通俗易懂的语言对步骤进行说明，并免费提供了视频教学（通过扫码下载的形式），使招式的讲解生动有趣。

特色四：技巧拓展，更进一步。除了正文中提到的 300 个实例，对于难理解的要点或需要注意的事项，在实例讲解的同时还增加了技巧拓展等小板块，进一步帮读者丰富知识，掌握操作技巧，增加实例的含金量。

3 本书适用人群

如果您想成为 Office 达人就翻开本书吧，零基础也没关系，本书会手把手教您学习 Word、Excel、PowerPoint 的操作和技巧，并帮你将其应用到实际工作中。

如果您是刚踏入社会的职场新人，已经了解了 Office 的基本操作方法，却没有实战经验，那可以从目录中快速检索需要的技巧，在掌握软件操作的基础上，深入学习不熟悉的内容，加深办公、职场方面的知识应用。

如果您还处在学校学习阶段或者正在参加公司组织的培训，那么将其当做参考资料也是极好的。

4 本书创作团队

本书由高效能精英训练营组织编写，作者团队由从事职场教学及培训多年的培训师组成，培养了大量优秀的学员。具体参与编写的人员名单如下：陈寅、钟瑞、宋一迪、刘敏、向小腾、荣宇、封瑜、廖成志、冯光翰、吴艳超、李毅、向博山、刘雪莎、皮清海、涂宏佳、杜建伟、王岚、郭舒佳、易依、胡淑芳、陈远、宋瑾、柴青、钟昕、徐芳宇、戴京京、贺富强、杨玄、张梦婷、李杏林等。

由于时间仓促，编者水平有限，书中难免疏漏之处。在感谢您选择本书的同时，也希望能够反馈本书的意见和建议（具体联系方式请参看图书封底上的电话及二维码）。

Contents 目录

第4章 页面快速设置

第5章 Word 高级应用技巧

第6章 文档快速审阅

第7章 表格快速操作

第8章 单元格快速操作

第9章 数据快速编辑

第10章 图表快速应用

第11章 公式函数快速应用

第12章 Excel 高级应用技巧

第13章 幻灯片页面操作

第14章 幻灯片快速编辑

第15章 多媒体快速应用

第16章 SmartArt 图形快速应用

第17章　动画快速设计

第18章　演示文稿快速管理

第1章

文档快速操作

　　Word是微软开发的一款文字处理软件，也是Office软件套装的组件之一，可以帮助我们更高效地编写和组织文档。本章主要介绍在Word文档中进行文本编辑的基本操作，包括设置默认保存格式、选择性粘贴、文本选择、快速定位文档内容、删除多余空白页等操作。

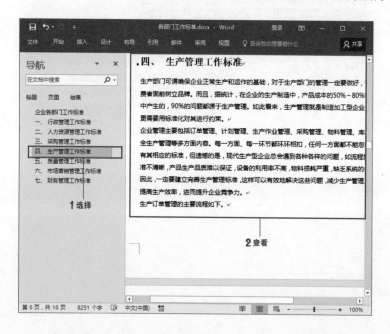

启动 Word 的多种方式

实例 001
难度系数：★★★
适用版本：全版本

技巧介绍： 如何启动Word，是要使用Word进行文本编辑时首先要面对的问题。启动Word的方法有很多种，下面我们来介绍3种最常用的启动方法。

❶ 双击应用程序图标启动。在桌面上双击Word 2016快捷打开图标，如图 1-1所示，即可启动Word 2016。

❷ 通过"开始"菜单列表启动。单击"开始"按钮，选择"所有程序"选项，在打开的程序列表中选择Word 2016选项，如图 1-2所示，即可启动应用程序。

图 1-1 双击快捷方式

图 1-2 "开始"菜单栏启动

❸ 双击Word文档启动。双击所需的Word文档，如图 1-3所示，即可启动Word应用程序并打开该文档。

图 1-3 双击 Word 文档

自定义 Word 功能区

实例 002
难度系数：★★★★
适用版本：全版本

技巧介绍： 在利用Word编辑文档的过程中，为了更方便快捷地进行操作，我们可以根据自己的使用习惯自定义Word功能区。

第1章
第2章
第3章
第4章
第5章
第6章
第7章
第8章
第9章
第10章
第11章
第12章
第13章
第14章
第15章
第16章
第17章
第18章

❶ 双击桌面快捷图标，启动Word 2016，在功能区任意位置右击，在弹出的快捷菜单中执行"自定义功能区"命令，如图1-4所示，打开"Word选项"对话框，且自动切换到"自定义功能区"选项卡。

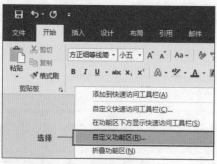

图 1-4 自定义功能区

❸ 选择添加的"新建组（自定义）"选项，单击列表框下方的"重命名"按钮，打开"重命名"对话框，在"显示名称"文本框中输入"保存"文本，如图1-6所示。单击"确定"按钮，返回"Word选项"对话框。

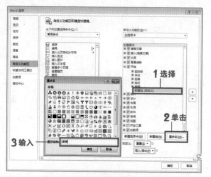

图 1-6 重命名组

❺ 单击"确定"按钮，即可在"开始"选项卡中添加"保存"选项组，并在选项组中添加了"保存模板"命令按钮，如图1-8所示。

❷ 在"主选项卡"列表框中选择"开始"选项，并单击列表框下方的"新建组"按钮，将添加"新建组（自定义）"选项，如图1-5所示。

图 1-5 新建组

❹ 单击"从下列位置选择命令"列表框下拉按钮，从下拉列表中选择"所有命令"选项，从命令列表框中选择"保存模板"选项，单击"添加"按钮，即可将所选的命令添加至新建的"保存（自定义）"选项组中，如图1-7所示。

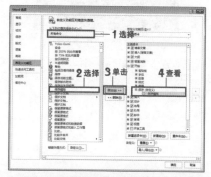

图 1-7 添加命令按钮

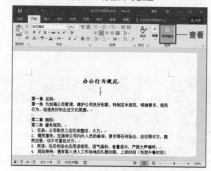

图 1-8 查看添加效果

技巧拓展

打开"Word选项"对话框，选择添加的"保存（自定义）"选项，单击"删除"按钮，如图 1-9 所示，即可删除添加的命令。

图 1-9 删除添加的命令

Extra tip > > > > > > > > > > > >

实例 003

设置默认保存格式

技巧介绍： 在保存编辑的文档时，Word 默认将文档保存为（*.docx）格式。我们可以在保存时修改文档的保存格式，也可以直接设置Word的默认保存格式。

难度系数：★ ★ ★ ★ 适用版本：07/10/13/16/17

① 打开本节素材文件"素材\第01章\实例003办公行为规范.docx"，在"文件"选项卡中选择"选项"选项，如图 1-10所示，打开"Word选项"对话框。

② 选择"保存"选项卡，单击"将文件保存为此格式"下拉按钮，从下拉列表中选择"Word模板（*.docx）"选项，如图 1-11所示。

图 1-10 选择"选项"选项

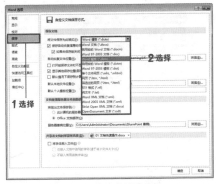

图 1-11 选择默认保存格式

③ 单击"确定"按钮，即可将Word的默认保存格式设置为"Word 模板（*.docx）"。

使用自动更正功能替换特定文本

技巧介绍： 小W正在编辑企业简介文档，在整个文档编辑过程中，需要反复输入公司名称，小W希望只输入一部分文本就能自动替换为公司全名，该怎么操作呢？

① 打开本节素材文件"素材\第01章\实例004\良品铺子食品简介.docx"，在"文件"选项卡中选择"选项"选项，如图 1-12所示，打开"Word选项"对话框。

图 1-12 选择"选项"选项

② 选择"校对"选项，单击"自动更正选项"按钮，打开"自动更正"对话框，在"替换"文本框中输入lp，在"替换为"文本框中输入"良品铺子"，如图 1-13所示。

图 1-13 设置替换文本

③ 单击"添加"按钮后，单击"确定"按钮返回文档中。输入lp以后，按Enter键将自动替换为"良品铺子"，如图 1-14所示。

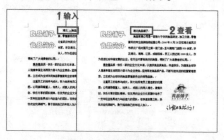

图 1-14 自动更正效果

技巧拓展

"自动更正"功能还可以帮助我们更正文档中的错别字或错误用法，选择输入错误的词语并右击，在弹出的快捷菜单中即提供了正确的词语，如图 1-15所示。

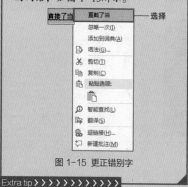

图 1-15 更正错别字

实例 005

难度系数：★★★★　适用版本：全版本

快速插入自动图文集

技巧介绍： 小W需要在一页文档中制作多份请假单，以方便文档打印。除了使用复制粘贴功能，还有其他办法可以加快文档创建速度吗？

① 打开本节素材文件"素材\第01章\实例005\请假单.docx"，按下【Ctrl+A】组合键，选择文档中的全部内容，选择"插入"选项卡，在"文本"选项组中单击"文档部件"下拉按钮，选择"自动图文集"选项，然后从子列表中选择"将所选内容保存到自动图文集库"命令，如图 1-16所示。

② 打开"新建构建基块"对话框，输入图文集名称，单击"确定"按钮，如图 1-17所示。

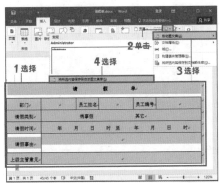

图 1-16 选择"将所选内容保存到自动图文集库"选项

图 1-17 新建构建基块

③ 按Enter键切换至下一行，输入"请假单"文本后，按F3或Enter键即可快速插入请假单的自动图文集，如图 1-18所示。

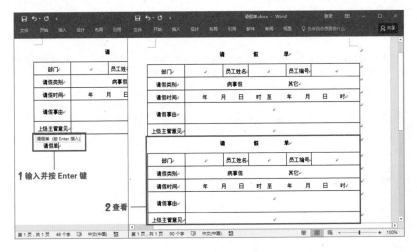

图 1-18 快速插入自动图文集

技巧拓展

我们也可以删除添加的自动图文集。

a.选择"插入"选项卡，在"文本"选项组中单击"文档部件"下拉按钮，选择"自动图文集"选项，在子列表中右击"请假单"选项，并执行"整理和删除"命令，如图 1-19 所示。

b.打开"构建基块管理器"对话框，选择"请假单"基块，单击"删除"按钮，弹出 Microsoft Word 提示框，单击"是"按钮，如图 1-20 所示，即可删除添加的自动图文集。

图 1-19 删除添加的自动图文集

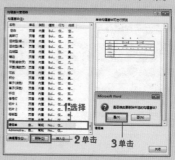

图 1-20 删除添加的自动图文集

Extra tip >>>>>>>>>>>>

实例 006

难度系数：★★★
适用版本：07/13/16/17

关闭拼音语法错误标记

技巧介绍： 在实例004中介绍的"自动更正"功能可以标记出文档中输入错误的文本，但小W检查后发现，标出的文本并没有错，因此想将拼音语法错误标记关闭，该怎样操作呢？

① 打开本节素材文件"素材\第01章\实例006\办公室物资管理条例.docx"，在"文件"选项卡中选择"选项"命令，如图 1-21 所示，打开"Word选项"对话框。

② 选择"校对"选项，取消勾选"键入时检查拼写"复选框，如图 1-22 所示。

图 1-21 选择"选项"选项

图 1-22 取消勾选"键入时检查拼写"复选框

❸ 单击“确定”按钮，文档中的错误标记随即消失了，如图 1–23所示。

办公室物资管理条例

第一章总则
为使办公室物资管理合理化，满足工作需要，合理节约开支，特制订本规定，此规定的执行部门为办公室。

第二章物资分类
公司办公室物资分为低值易耗品、管制品、贵重物品、实物资产。
低值易耗品：笔、纸、电池、订书钉、胶水等。
管制品：订书机、打洞机、剪刀、美工刀、文件夹、计算器等。
个人保管物品：个人使用保管的三百元以上并涉及今后的费用开销的物资，如 BP 机、手机、助动车等。
实物资产：物资价格达 300 元以上，如，空调、计算机、摄像机、照相机等。

第三章物资采购
1. 公司物资的采购，原则上由办公室统一购买，属特殊物资经办公室同意，可由申购部门自行购买。
申购物品应填写物品申购单，300 元以内物品申购交部门经理同意，办公室批准；300 元以上（含 300 元）部门经理同意，办公室批准，总经理批准。
2. 物资采购由办公室指定专人负责，并采取以下方式。
1）定点，公司定大型超市进行物品采购。
2）定时，每月月初进行物品采购。
3）定量，动态调整，保证常备物资的库存合理性。
4）特殊物品，选择多方厂家的产品进行比较，择优选用。

第四章物资领用管理
公司根据物资分类，进行不同的领用方式。
低值易耗品，直接向办公室物品保管人员签字领用。

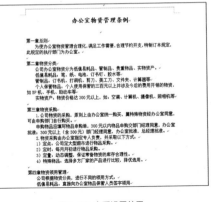

图 1–23 查看设置效果

技巧拓展

在步骤2中单击“写作风格”右侧的“设置”按钮，即可打开“语法设置”对话框，如图 1–24所示，在其中可以进行更详细的设置。

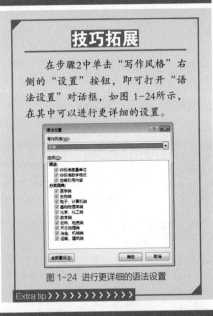

图 1–24 进行更详细的语法设置

Extra tip > > > > > > > > > > > >

实例 007 快速复制文本格式

难度系数：★★★ 适用版本：全版本

技巧介绍： 小W在编辑文档时，对文档中的一个二级标题进行了格式设置，包括字体、字号等。有没有什么办法可以直接复制设置的格式到其他文本上呢？

❶ 打开本节素材文件“素材\第01章\实例007\合同协议书.docx”，选择要复制格式的文本，在“开始”选项卡的“剪贴板”选项组中双击“格式刷”按钮，如图 1–25所示。

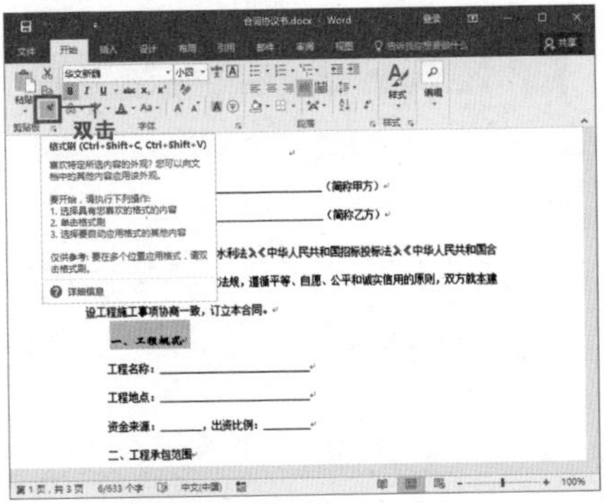

图 1–25 双击“格式刷”按钮

❷ 依次拖动鼠标选择需要设置格式的文本，即可快速复制文本格式，如图 1–26所示。

图 1–26 快速复制文本格式

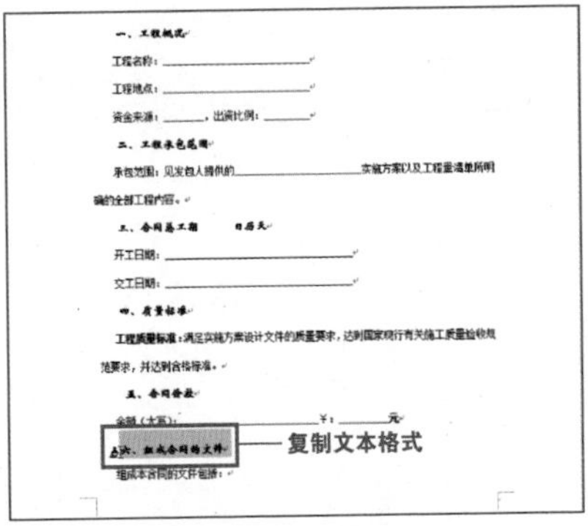

技巧拓展

在进行行格式设置时，s若单击"格式刷"按钮，格式刷只能运用一次；若双击"格式刷"按钮，格式刷可以运用多次。再次单击"格式刷"按钮或按Esc键，可停止格式刷功能。

Extra tip >>>>>>>>>>>>

实例 008

选择性粘贴

难度系数·★★★★　适用版本：全版本

技巧介绍： 在编辑"良品铺子食品简介"文档时，小W需要将其中的文本复制到新的Word文档中，并需要清除原有的文本格式，该怎样实现复制并清除格式操作呢？

① 打开本节素材文件 "素材\第01章\实例008\良品铺子食品简介.docx"，按下【Ctrl+A】组合键选择全部内容，在"开始"选项卡的"剪贴板"选项组中单击"复制"按钮，如图 1-27 所示。

② 按下【Ctrl+N】组合键新建空白文档，在"开始"选项卡的"剪贴板"选项组中单击"粘贴"下拉按钮，从下拉列表中选择"选择性粘贴"选项，打开"选择性粘贴"对话框，在"形式"列表中选择"无格式文本"选项，如图 1-28 所示。

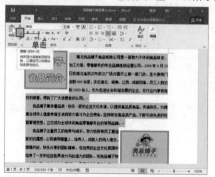

图 1-27 复制文档内容

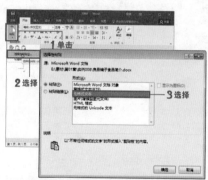

图 1-28 选择性粘贴

③ 单击"确定"按钮，即可复制文本内容并清除文本格式，所得结果如图 1-29所示。

图 1-29 查看无格式文本粘贴效果

技巧拓展

有时为了防止复制过来的文字、表格或图片被修改，我们可以利用"选择性粘贴"功能将其转换为图片进行粘贴。

a.打开本节素材文件"素材\第01章\实例008\良品铺子食品简介.docx"，按下【Ctrl+A】组合键选择全部内容，按下【Ctrl+C】组合键复制全部内容，按下【Ctrl+N】组合键新建空白文档，并按下【Alt+Ctrl+V】组合键打开"选择性粘贴"对话框，在"形式"列表中选择"图片（增强型图元文件）"选项，如图 1-30 所示。

b.单击"确定"按钮，即可将复制的内容粘贴为图元文件，如图 1-31 所示。

图 1-30 选择"图片（增强型图元文件）"选项

图 1-31 查看粘贴为图片的效果

实例 009

使用剪贴板

技巧介绍： 在编辑文档时，小W需要对多个文本进行多次复制粘贴工作，为提高编辑文档的速度该怎样使用剪贴板呢？

难度系数：★★★
适用版本：全版本

❶ 在目录"素材\第01章\实例009"中打开全部素材文件，在"开始"选项卡的"剪贴板"选项组中单击对话框启动器按钮，打开"剪贴板"窗格，如图 1-32 所示。

❷ 选择"第二章 物资分类.docx"，按下【Ctrl+C】组合键复制文本，此时复制的文本将出现在"剪贴板"窗格中，如图 1-33 所示。

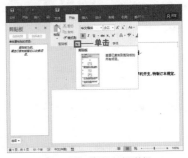

图 1-32 单击对话框启动器按钮

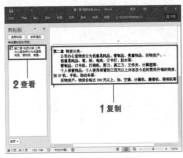

图 1-33 "剪贴板"窗格

③ 依次复制其余文本，选择"办公室物资管理条例.docx"文档，将光标定位在所需粘贴的位置，然后在"剪贴板"窗格中单击所需粘贴的内容，即可将其粘贴至"办公室物资管理条例.docx"文档中，如图1-34所示。

④ 按照相同的方法，粘贴其余文本内容，最终结果如图1-35所示。

图 1-34 从"剪贴板"窗格粘贴

图 1-35 最终结果

技巧拓展

　　若不再需要对"剪贴板"窗格中的内容进行粘贴操作，可单击"全部清空"按钮，或单击粘贴选项右侧下拉按钮，选择"删除"选项，如图1-36所示，即可将其删除。

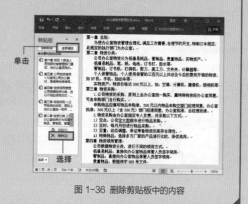

图 1-36 删除剪贴板中的内容

Extra tip ＞＞＞＞＞＞＞＞＞＞＞＞

实例 010

选择文本的多种方法

技巧介绍： 在日常办公中，相信大家最常用的选择文本的方法应该就是利用鼠标左键进行拖动吧。但除此之外，还有许多快捷的选择方法，下面分别进行介绍。

难度系数：★★★　　适用版本：全版本

① 打开本节素材文件"素材\第01章\实例010\办公行为规范.docx"，将光标定位至文档中某词语或单词中间，双击鼠标左键，即可选中该词语或单词，如图1-37所示。

② 将光标移至需要选择行的左侧，当光标变成箭头形状时，单击鼠标左键，即可选中该行文本，如图1-38所示。

图 1-37 选择词语或单词

③ 将光标定位至要选择的段落中，快速单击鼠标左键三次，即可选中该段落；或将光标移至需要选择段落的左侧，当光标变成箭头形状时，双击鼠标左键即可，如图 1-39 所示。

图 1-38 选中一行文本

④ 将光标移至所需选择行的左侧，当光标变成箭头形状时，按住鼠标左键并向下拖动，松开鼠标左键即可选择连续行，如图 1-40 所示。

图 1-39 选中一段文本

⑤ 将光标移至文档左侧空白位置，当光标变成箭头形状时，快速单击鼠标左键三次，或按【Ctrl+A】组合键，即可选中全文，如图 1-41 所示。

图 1-40 选择连续多行文本

图 1-41 选中全文

难度系数：★★ 适用版本：07/13/16/17

设置文档自动保存恢复功能

技巧介绍： 小W在工作中并没有及时保存文档的习惯，总是将文档全部制作完毕以后进行才保存。为了减少意外情况造成的文档丢失，Word 为用户提供了文档自动保存恢复功能。

① 打开本节素材文件"素材\第01章\实例011\办公行为规范.docx",在"文件"选项卡中选择"选项"选项,打开"Word选项"对话框,选择"保存"选项卡,勾选"保存自动恢复信息时间间隔"复选框,设置时间间隔为5分钟,并勾选"如果我没保存就关闭,请保留上次自动保存的版本"复选框,如图1-42所示。

② 单击"确定"按钮,系统将会根据设置的时间,自动保存当前所打开的文档。

技巧拓展

在"Word选项"对话框中,单击"自动恢复文件位置"文本框右侧的"浏览"按钮,在打开的"修改位置"对话框中我们可以设置自动恢复文件的保存位置,如图1-43所示。

图 1-42 设置文档自动保存恢复功能

图 1-43 设置自动恢复文件保存位置

Extra tip ＞＞＞＞＞＞＞＞＞＞＞

实例 012

难度系数：★★★　适用版本：全版本

妙用 F4 键

技巧介绍： 在实例007中,使用"格式刷"功能可以快速复制文本格式,我们也可以使用F4键重复地进行上次操作,达到相同的效果。

① 打开本节素材文件"素材\第01章\实例012\合同协议书.docx",选定"一、工程概况"文本,在"开始"选项卡的"字体"选项组中单击"加粗"按钮,如图1-44所示,为文本加粗。

② 选定"二、工程承包范围"文本,按F4功能键,即可将所选的文本加粗,如图1-45所示。

图 1-44 加粗文本

图 1-45 按 F4 键重复上次操作

实例 013

快速查看文档统计信息

技巧介绍： 在文档编辑过程中，有时候会要求文档的字数控制在一定范围之内，在输入完文档内容后，我们该怎样快速查看文档的统计信息呢？

难度系数：★★★　适用版本：07/13/16/17

① 打开本节素材文件"素材\第01章\实例013\办公室物资管理条例.docx"，选择"审阅"选项卡，在"校对"选项组中单击"字数统计"按钮，如图1-46所示。

② 打开"字数统计"对话框，在对话框中可以看到该文档的相关信息，如图1-47所示。

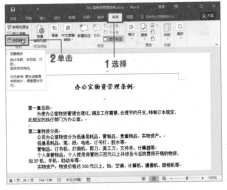

图 1-46 单击"字数统计"按钮

图 1-47 查看文档统计信息

技巧拓展

我们还有其他办法查看文档统计信息。

a.在"文件"选项卡下选择"信息"选项，系统将该文档的详细信息显示在面板右侧，如图1-48所示。

b.在文档下方的状态栏中，我们也可以查看文档的基本信息，如页码、字数、语言等，如图1-49所示。

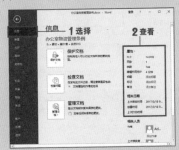

图 1-48 在"信息"面板查看文档信息

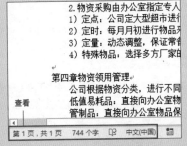

图 1-49 在状态栏中查看文档信息

实例 04 使用导航窗格快速定位文本

技巧介绍： 小W在查看"各部门工作标准"文档时，需要快速定位至"四、生产管理工作标准"文本内容，利用鼠标滚动定位将花费一定的时间，有没有什么办法可以快速定位到所需的文本呢？

① 打开本节素材文件"素材\第01章\实例014\各部门工作标准.docx"，选择"视图"选项卡，在"显示"选项组中勾选"导航窗格"复选框，如图1-50所示。

② 即可打开导航窗格，选择"四、生产管理工作标准"选项，即可快速定位至该章节处，如图1-51所示。

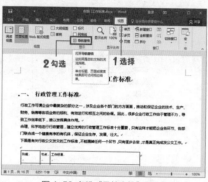

图 1-50 勾选"导航窗格"复选框

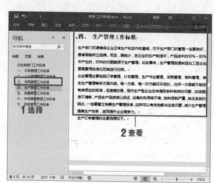

图 1-51 快速定位

技巧拓展

在导航窗格中切换至"页面"选项卡，查看该文档所有页的缩略图，单击某缩略图，即可清晰地查看对应的内容，如图1-52所示。

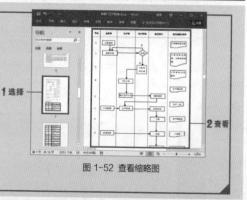

图 1-52 查看缩略图

Extra tip > > > > > > > > > > >

实例 015 删除多余空白页

技巧介绍： 小W在"各部门工作标准"文档中发现许多空白页，该怎样删除这些多余的空白页呢？

❶ 打开本节素材文件"素材\第01章\实例015\各部门工作标准.docx",按住Ctrl键同时滑动鼠标中键,调整文档显示比例为20%,如图1-53所示。

❷ 选择文档中的空白页,按Backspace键或Delete键,即可删除空白页,如图1-54所示。

图 1-53 调整显示比例

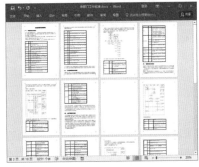

图 1-54 删除空白页

技巧拓展

我们也可以利用"查找和替换"功能删除多余空白页。

a.按下【Ctrl+H】组合键打开"查找和替换"对话框,将光标定位于"查找内容"文本框中,单击"更多"按钮后,单击"特殊格式"按钮,如图1-55所示。

b.从下拉列表中选择"手动分页符"选项,在"查找内容"文本框将自动输入"^m"文本,如图1-56所示。

图 1-55 "查找和替换"对话框

图 1-56 查找分页符

c.单击"全部替换"按钮,将弹出Microsoft Word提示框,提示替换完成,如图 1-57所示,同样可以删除多余空白页。

图 1-57 删除空白页

职场小知识

奥格尔维定律

简介： 激励、重用比自己更优秀的人才，为企业注入鲜活的血液，增强企业竞争力，打造巨人公司。

美国奥格尔维·马瑟公司总裁奥格尔维召开了一次董事会，在会议桌上，每个与会的董事面前都摆了一个相同的玩具娃娃。奥格尔维说："大家打开看看吧，那就是你们自己！"于是，他们一一把娃娃打开来看，结果出现的情况是：大娃娃里有个中娃娃，中娃娃里有个小娃娃。他们继续打开，里面的娃娃一个比一个小。最后，当他们打开最里面的玩具娃娃时，看到了一张奥格尔维题了字的小纸条。纸条上写的是："如果你经常雇用比你弱小的人，将来我们就会变成矮人国。相反，如果你每次都雇用比你高大的人，日后我们必定成为一家巨人公司。"这件事给每位董事留下很深的印象，在以后的岁月里，他们都尽力任用有专长的人才。

刘邦能得天下，少不了张良、萧何、韩信等良将鼎力相助；刘备能成为三国枭雄，是因为诸葛亮的"鞠躬尽瘁"。奥格尔维总结这种现象说："每个人都雇用比我们自己更强的人，我们就能成为巨人公司，如果你所用的人都比你差，那么他们就只能做出比你更差的事情。"这就是"奥格尔维定律"。奥格尔维定律强调的是人才的重要性。一个好的公司固然是因为它有好的产品，有好的硬件设施，有雄厚的财力作为支撑，但最重要的还是要有优秀的人才。

美国钢铁大王卡耐基的墓碑上刻着："一位知道选用比他本人能力更强的人来为他工作的人安息在这里。"卡耐基之所以成为钢铁大王，并非由于他本人有什么超人的能力，而是因为他敢用比自己强的人，并能发挥他们的长处。卡耐基曾说过："即使将我所有工厂、设备、市场和资金全部夺去，但只要保留我的技术人员和组织人员，四年之后，我将仍然是'钢铁大王'。"

卡耐基之所以如此自信，就是因为他能有效地发挥人才的价值，善于用那些比他更强的人。卡耐基虽然被称为"钢铁大王"，但他却是一个对冶金技术一窍不通的门外汉，他的成功完全是因为他卓越的识人和用人才能——总能找到精通冶金工业技术、擅长发明创造的人才为他服务。比如，世界知名的炼钢工程专家——比利·琼斯，就终日位于匹兹堡的卡耐基钢铁公司埋头苦干。

在知识经济时代，管理者更需要有敢于和善于使用强者的胆量和能力。在企业内部激励、重用比自己更优秀的人才，就能让企业变得越来越有活力，越来越有竞争力。而那些生怕下级比自己强，怕别人超过自己、威胁自己，并采取一切手段压制别人、抬高自己的人，永远不会成为有效的领导者。

第2章

文档快速编辑

对Word文档进行操作包括删除空格、设置文档自动滚动、设置文字格式、添加边框、对文本内容进行编号、文档合并等内容，在常人看来这些可能是很烦琐的工作，但只要掌握编辑技巧，就能轻松高效地完成工作任务。

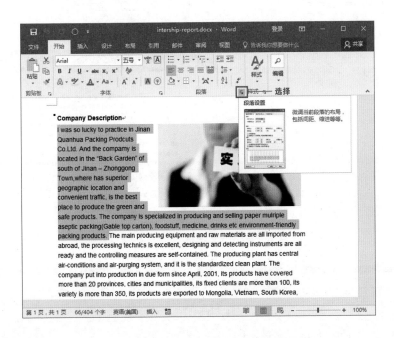

实例 016

快速删除文档中所有多余空格

技巧介绍： 在Word文档编辑过程中，当我们从网页上复制文本至Word中时，文档中有时会包含许多多余的空格，有没有办法将文档中的所有多余空格快速删除呢？

难度系数：★★

适用版本：全版本

① 打开本节素材文件"素材\第02章\实例016\良品铺子食品简介.docx"，可以看到文档中包含的空格。在"开始"选项卡的"编辑"选项组中单击"替换"按钮，如图2-1所示。

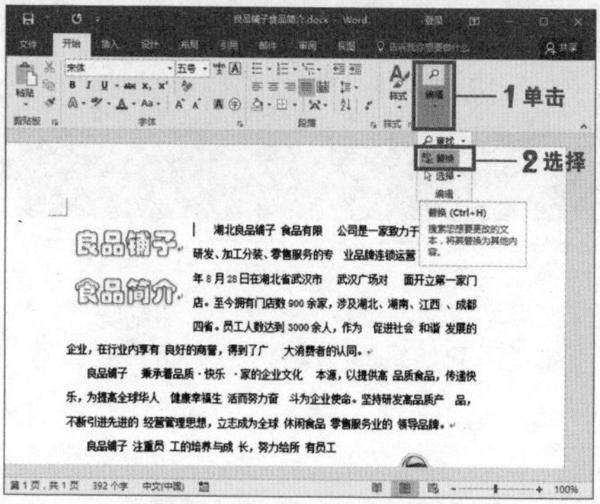

② 打开"查找和替换"对话框，在"查找内容"文本框中按空格键输入空格，单击"全部替换"按钮，如图2-2所示。

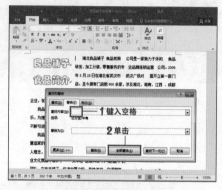

图2-1 单击"替换"按钮

图2-2 输入查找内容

③ 弹出Microsoft Word提示框，单击"确定"按钮，即可一次性删除文档中的所有多余空格，如图2-3所示。

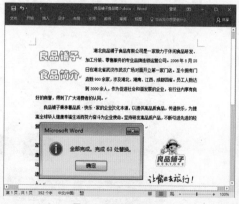

图2-3 查看替换结果

技巧拓展

按下【Ctrl+H】组合键，可快速打开"查找和替换"对话框。

Extra tip ▶ ▶ ▶ ▶ ▶ ▶ ▶ ▶ ▶ ▶ ▶ ▶

在打印预览时编辑文档

技巧介绍： 小W在打印预览时发现文档中还存在需要编辑的地方，这时我们可以通过相应的设置操作，实现在打印预览时进行文档的编辑操作。

① 打开本节素材选项文件"素材\第02章\实例017\餐饮业人事管理规章.docx"，在"文件"选项卡中选择"选项"选项，打开"Word选项"对话框，选择"自定义功能区"选项，在"主选项卡"列表框中选择"视图"选项，并单击列表框下方的"新建组"按钮，如图 2-4所示，将添加"新建组（自定义）"选项。

② 选择添加的"新建组（自定义）"选项，单击列表框下方的"重命名"选项，打开"重命名"对话框，在"显示名称"文本框中输入"打印编辑"文本，如图 2-5所示，单击"确定"按钮，返回"Word选项"对话框。

图 2-4 新建组

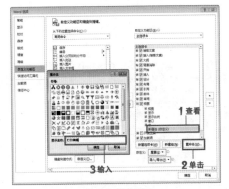

图 2-5 重命名组

③ 单击"从下列位置选择命令"下拉按钮，从下拉列表中选择"所有命令"选项，从命令列表框中选择"打印预览编辑模式"选项，单击"添加"按钮，即可将所选的命令添加至新建的"打印预览（自定义）"选项组中，如图 2-6所示。

④ 单击"确定"按钮，在"视图"选项卡的"打印预览"选项组中单击"打印预览编辑模式"按钮，即可进行相应的打印预览编辑操作，如图 2-7所示。

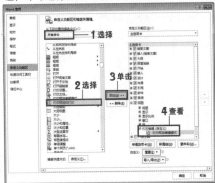

图 2-6 选择"打印预览编辑模式"选项

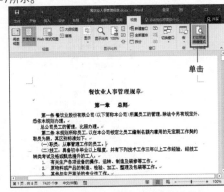

图 2-7 查看添加的"打印预览编辑模式"按钮

❺ 打开"打印预览"界面，此时光标为放大镜形状，在"打印预览"选项卡的"预览"选项组中取消勾选"放大镜"复选框，如图 2-8 所示，此时光标变为可编辑状态。

❻ 即可在打印预览状态下对文档进行编辑修改，单击"关闭打印预览"按钮，如图 2-9 所示，返回页面视图。

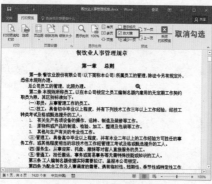

图 2-8 "打印预览"界面

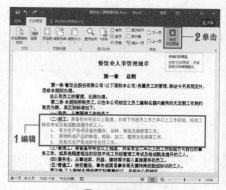

图 2-9 编辑文档

实例 018 设置文档自动滚动

难度系数：★★★ 适用版本：全版本

技巧介绍： 我们在浏览文档时，通常是拖动滚动条或滚动鼠标中键进行翻页查看，但当文档页面较多时，会显得比较麻烦。这时可以利用页面自动滚动功能，实现快速浏览文档内容。

❶ 打开本节素材文件"素材\第02章\实例018\餐饮业人事管理规章.docx"，将光标放置在文档中的任意位置，按住鼠标中键，光标将变成滚动状态，如图 2-10 所示。

❷ 按住鼠标中键并向下缓慢移动，文档页面也会相应地往下缓慢滚动；按住鼠标中键并向上缓慢移动，文档页面也会相应地往上缓慢滚动。移动速度越快，页面滚动速度也越快。

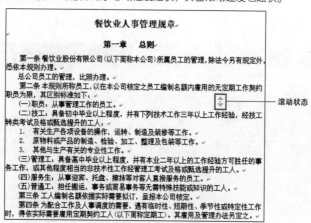

图 2-10 鼠标中键滚动

技巧拓展

我们也可以添加"自动滚动"命令来设置页面滚动。

a.打开"Word 选项"对话框，选择"快速访问工具栏"选项，单击"从下列位置选择命令"下拉按钮，从下拉列表中选择"所有命令"选项，然后在命令列表框中选择"自动滚动"选项，单击"添加"按钮，如图 2-11 所示，将其添加至快速访问工具栏中。

b.在快速访问工具栏中单击添加的"自动滚动"按钮，如图 2-12 所示，即可进行页面滚动操作，在任意位置单击鼠标左键即可停止滚动。

图 2-11 添加"自动滚动"命令

图 2-12 单击"自动滚动"按钮

实例 019

难度系数：★★★

适用版本：07/13/16/A7

删除文档历史使用记录

技巧介绍： 启动 Word 时，在开始面板的"最近使用的文档"列表中记录了最近使用的文档，小 W 想将这些文档历史使用记录删除，该怎样进行删除操作呢？

① 启动 Word 应用程序，在"文件"选项卡中选择"选项"选项，打开"Word 选项"对话框，选择"高级"选项，设置"显示此数目的'最近使用的文档'"数量为 0，如图 2-13 所示。

② 单击"确定"按钮，即可删除文档历史使用记录，如图 2-14 所示。

图 2-13 设置显示文档数量

图 2-14 删除文档历史使用记录

技巧拓展

我们也可以逐个删除不需要的文档使用历史记录。

启动Word应用程序，右击不需要的文档使用记录，从快捷菜单中执行"从列表中删除"命令，如图2-15所示，即可将该条记录从列表中移除。

Extra tip〉〉〉〉〉〉〉〉〉〉〉〉〉

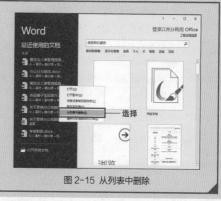

图 2-15 从列表中删除

实例 020

快速查找文本关键字

技巧介绍： 小W需要在文档中查找"采购管理"的相关文本，除了逐行搜索，有什么办法可以快速查找所需的文本吗？

难度系数：★★ 适用版本：全版本

① 打开本节素材文件"素材\第02章\实例020\各部门工作标准.docx"，在"开始"选项卡的"编辑"选项组中单击"查找"按钮，如图2-16所示。

② 打开导航窗格，在搜索栏中输入"采购管理"文本，在导航窗格中将罗列出被搜索文字所在的段落，单击即可自动定位至相关段落，被查找的文字将以高亮显示，如图2-17所示。

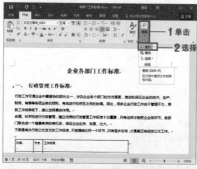

图 2-16 单击"查找"按钮

图 2-17 显示查找结果

技巧拓展

按下【Ctrl+F】组合键，即可快速打开导航窗格。

Extra tip〉〉〉〉〉〉〉〉〉〉〉〉

快速删除多余空行

技巧介绍： 当我们从网上复制文章或段落至Word文档中时，除了空格，各个段落之间还或多或少包含了一些空行，当文档页面较多时，该怎样快速删除多余的空行呢？

① 打开本节素材文件"素材\第02章\实例021\考核制度.docx"，可以看到文档中存在许多空行。在"开始"选项卡的"编辑"选项组中单击"替换"按钮，如图2-18所示。

图 2-18 单击"替换"按钮

② 打开"查找和替换"对话框，将光标定位于"查找内容"文本框，单击"更多"按钮，并继续单击"特殊格式"下拉按钮，如图2-19所示。

图 2-19 "查找和替换"对话框

③ 从下拉列表中选择"段落标记"选项，在"查找内容"文本框将自动输入"^p"，然后在此标记后再输入一个"^p"，在"替换为"文本框中也输入该标记，如图2-20所示。

图 2-20 输入"^p"文本

④ 单击"全部替换"按钮，弹出Microsoft Word提示框，单击"确定"按钮，即可一次性删除文档多余的空行，如图2-21所示。

图 2-21 查看替换结果

将文字替换为图片

技巧介绍： 小W现需要将文档中的"电脑"文本全部替换为图片，替换一张图片就挺麻烦的了，若将整个文档中的"电脑"文本全部进行替换，该怎样快速操作呢？

第1章
第2章
第3章
第4章
第5章
第6章
第7章
第8章
第9章
第10章
第11章
第12章
第13章
第14章
第15章
第16章
第17章
第18章

① 打开本节素材文件"素材\第02章\实例022\关于更换办公电脑的申请.docx",选择文档中的电脑图片,按下【Ctrl+C】组合键进行复制操作,在"开始"选项卡的"编辑"选项组中单击"替换"按钮,如图 2-22 所示。

② 打开"查找和替换"对话框,在"查找内容"文本框中输入"电脑",在"替换为"文本框中输入"^c",如图 2-23 所示。

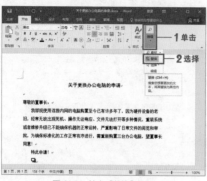

图 2-22 单击"替换"按钮

图 2-23 "查找和替换"对话框

③ 单击"全部替换"按钮,弹出Microsoft Word提示框,单击"确定"按钮,即可一次性将"电脑"文本替换成图片,如图 2-24 所示。

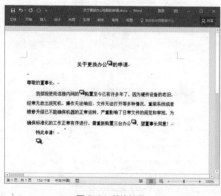

图 2-24 替换结果

技巧拓展

我们可以在"查找内容"和"替换为"文本框中使用的代码,进行对应内容的查找:

段落标记——键入^p或^13

制表符——键入^t或^9

长划线——键入^+

短划线——键入^=

图片或图形(仅嵌入)——键入^g

任意字符——键入^?

任意数字——键入^#

剪贴板中的内容——键入^c(只能在"替换为"文本框中使用)

Extra tip ＞＞＞＞＞＞＞＞＞＞＞＞

实例 023

批量设置文字格式

技巧介绍: 为了强调文档中的某些特定文本内容,我们可以为其设置不同的格式,但是在整篇文档内容都输入完毕后,该怎样查找并对这些文字或词语统一设置格式呢?

难度系数:★★★ 适用版本:全版本

① 打开本节素材文件"素材\第02章\实例023\关于更换办公电脑的申请.docx",按下【Ctrl+H】组合键打开"查找和替换"对话框,在"查找内容"文本框中输入"电脑"文本,将光标定位于"替换为"文本框,单击"格式"下拉按钮,从下拉列表中选择"字体"选项,如图 2-25 所示。

② 打开"替换字体"对话框,设置文字的字体、颜色、字号等选项,如图 2-26 所示,单击"确定"按钮,返回"查找和替换"对话框。

图 2-25 "查找和替换"对话框

图 2-26 设置文本格式

③ 单击"全部替换"按钮,弹出 Microsoft Word 提示框,单击"确定"按钮,即可完成文字格式的批量设置,如图 2-27 所示。

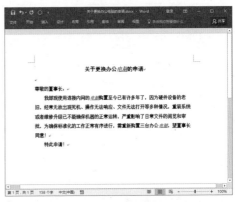

图 2-27 查看替换结果

插入与改写模式的转换

技巧介绍: 在文档中输入文字时,小 W 遇到了一个奇怪的现象,输入的文字覆盖了后面原有的内容,而且输入多少内容就相应地覆盖了多少内容,遇到这种情况该怎样处理呢?

① 打开本节素材文件"素材\第02章\实例024\工作计划.docx",在状态栏中右击,从快捷菜单中选择"改写"命令,如图 2-28 所示,激活"改写"模式。

② 在此模式下,在文档中输入的内容将逐个替换之后的文字内容,如图 2-29 所示。

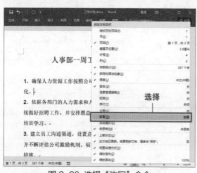

图 2-28 选择"改写"命令

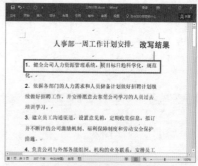

图 2-29 在改写模式下输入文字

❸ 单击状态栏的"改写"按钮，即可将"改写"模式切换为"插入"模式，在文档中输入文本时将不会替换之后的文字，如图 2-30所示。

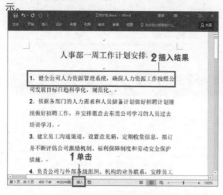

图 2-30 在插入模式下输入文字

技巧拓展

a.我们还可以通过Insert键，切换插入和改写模式。

b.打开"Word 选项"对话框，选择"高级"选项，取消勾选"用Insert键控制改写模式"和"使用改写模式"复选框，即可将"改写"模式设置为默认关闭状态，如图 2-31所示。

图 2-31 关闭"改写"模式

Extra tip ＞＞＞＞＞＞＞＞＞＞＞

实例 025

难度系数：★★★　适用版本：全版本

文字上下标输入技巧

技巧介绍： 在文本编辑过程中，有时我们需要在文档中输入化学符号或数学公式，有时也需要从其他文档中引用相关内容，这就需要利用Word的"上标"和"下标"功能，输入上下标文字。

❶ 打开本节素材文件"素材\第02章\实例025\空气组成.docx"，按住Ctrl键，选择需要设置为下标的文字内容，在"开始"选项卡的"字体"选项组中单击"下标"按钮，如图 2-32所示，即可将文字设置为下标。

② 按照相同的方法，选择需要设置为上标的文字内容，在"开始"选项卡的"字体"选项组中单击"上标"按钮，如图 2-33所示，即可将文字设置为上标。

图 2-32 将文字设置为下标

图 2-33 将文字设置为上标

技巧拓展

选择需要设置为上标或下标的文字，按下【Ctrl+=】组合键，将文字设置为下标；按下【Ctrl+Shift++】组合键，将文字设置为上标。

Extra tip ＞＞＞＞＞＞＞＞＞＞＞＞＞

实例 026

设置文本排版方式

技巧介绍： 小W是个小说迷，经常在小说中看到竖排的文字，也想在工作中将文档中的文本设置为竖排。具体该怎样操作呢？

难度系数：★★★ 适用版本：全版本

① 打开本节素材文件"素材\第02章\实例026\惠普的发展历程.docx"，选择"布局"选项卡，在"页面设置"选项组中单击"文字方向"下拉按钮，从下拉列表中选择"垂直"选项，如图 2-34所示。

② 即可将横排文本转换为竖排样式，如图 2-35所示。

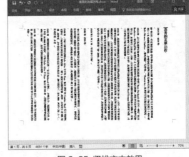

图 2-34 选择"垂直"选项

图 2-35 竖排文本效果

实例 027 设置英文单词分行显示

难度系数：★★★
适用版本：全版本

技巧介绍： 在写英文实习报告时，小W遇到一个问题，如果删除英文单词后的空白区域，系统就会一起把单词删除了，这种情况该怎样设置英文单词的分行显示呢？

1 打开本节素材文件"素材\第02章\实例027\intership-report.docx"，选择需要的文字内容，在"开始"选项卡的"段落"选项组中单击对话框启动器按钮，如图2-36所示。

2 打开"段落"对话框，选择"中文版式"选项卡，勾选"允许西文在单词中间换行"复选框，如图2-37所示。

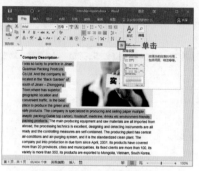

图 2-36 单击对话框启动器按钮

图 2-37 设置允许西文在单词中间换行

3 单击"确定"按钮，英文单词将分行显示，如图2-38所示，但我们要手动为换行而打断的单词添加连字符。

图 2-38 英文单词分行显示

实例 028 应用自定义的样式

难度系数：★★★
适用版本：全版本

技巧介绍： 在编辑文档时，小W需要为某些段落设置相同的格式，同事说可以将格式定义为样式，这样在需要的时候直接套用就好了，十分方便。该怎样创建样式并应用到文档中呢？

1 打开本节素材文件"素材\第02章\实例028\在职员工受训意见调查.docx"，在"开始"选项卡的"样式"选项组中单击对话框启动器按钮，打开"样式"窗格，如图2-39所示。

❷ 单击"新建样式"按钮，打开"根据格式化创建新样式"对话框，设置字体样式，如图 2-40 所示。

图 2-39 "样式"窗格

图 2-40 新建样式

❸ 单击"确定"按钮，创建样式完成，选择需要应用样式的段落，在"样式"选项列表中单击创建的样式即可应用，如图 2-41 所示。

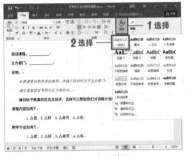

图 2-41 应用样式

实例 029

为文档添加边框

技巧介绍： 在编辑文档时，为了增强文档的美观性，小W想为文档添加边框效果，该怎样操作呢？

难度系数：★★★　　适用版本：全版本

❶ 打开本节素材文件"素材\第02章\实例029\在职员工受训意见调查.docx"，选择"设计"选项卡，在"页面背景"选项组中单击"页面边框"按钮，如图 2-42 所示。

图 2-42 单击"页面边框"按钮

❷ 打开"边框和底纹"对话框，选择"页面边框"选项卡，选择"方框"选项，单击"艺术型"下拉按钮，从下拉列表中选择合适的艺术边框样式，在右侧预览区域查看预览效果，如图 2-43 所示，并在"应用于"下拉列表中选择"整篇文档"选项。

③ 单击"确定"按钮返回文档中，查看为文档添加边框的效果，如图2-44所示。

图 2-43 设置艺术边框

图 2-44 查看设置效果

实例 030 制作信纸类文档

技巧介绍： 在工作中，小W有时需要创建模拟信纸效果的文档，例如方格信纸、行线式信纸或外框式稿纸等。这时，我们可以利用"稿纸设置"功能实现这一目的。

难度系数：★★ 适用版本：全版本

① 启动Word 2016，选择"布局"选项卡，在"稿纸"选项组中单击"稿纸设置"按钮，如图2-45所示。

② 打开"稿纸设置"对话框，单击"格式"下拉按钮，从下拉列表中选择"方格式稿纸"选项，并设置网格颜色为"蓝色"，如图2-46所示。

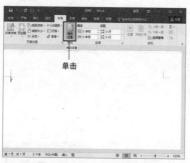

图 2-45 单击"稿纸设置"按钮

图 2-46 稿纸设置

③ 单击"确定"按钮，即可制作具有信纸效果的文档，如图2-47所示。

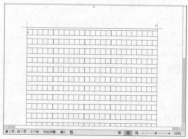

图 2-47 查看设置效果

技巧拓展

在"稿纸设置"对话框中，我们还可以设置行线式信纸和外框式稿纸效果，如图2-48所示。

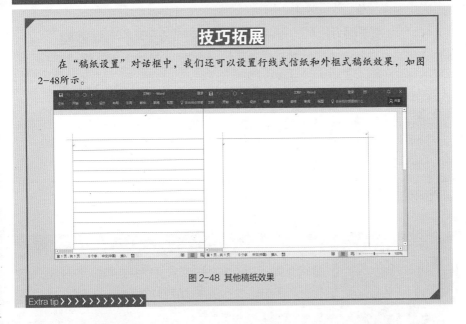

图 2-48 其他稿纸效果

Extra tip > > > > > > > > > > >

实例 031

插入或编辑公式

技巧介绍： 当我们需要在文档中应用公式，以说明计算过程时，该怎样在文档中插入公式呢？

难度系数：★ ★ ★　适用版本：全版本

① 启动Word 2016，选择"插入"选项卡，在"符号"选项组中单击"公式"下拉按钮，如图2-49所示。

② 从下拉列表中选择所需的公式选项，即可将所选公式插入到文档中，如图2-50所示。

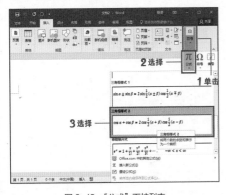

图 2-49 "公式"下拉列表

图 2-50 插入公式

技巧拓展

我们还可以对插入的公式进行编辑，在"公式工具7设计"选项卡中，可以对公式符号和公式结构等进行修改操作；单击公式右侧下拉按钮，可以设置公式的形式和对齐方式，如图2-51所示。

Extra tip >>>>>>>>>>>>>

1 修改公式

2 设置公式的形式和对齐方式

图 2-51 编辑公式

实例 032

难度系数：★★★　适用版本：全版本

使用项目符号

技巧介绍： 小W听同事说，在文档中使用项目符号可以让文档更条理清晰、突出重点，给我们的工作带来很大的便利，可是该怎样使用项目符号呢？

① 打开本节素材文件"素材\第02章\实例032\在职员工受训意见调查.docx"，选择"说明"的相关文本，在"开始"选项卡的"段落"选项组中单击"项目符号"下拉按钮，如图2-52所示。

② 从下拉列表中选择所需的项目符号，即可为"说明"的相关文本添加项目符号，如图2-53所示。

③ 选择添加了项目符号的文本，再次单击"项目符号"下拉按钮，从下拉列表中选择其他项目符号样式，即可更换项目符号，如图 2-54所示。

图 2-52 单击"项目符号"下拉按钮

图 2-53 添加项目符号

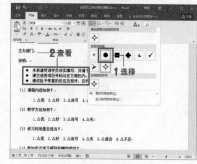

图 2-54 更换项目符号

技巧拓展

我们还可以自定义项目符号。

a.单击"项目符号"下拉按钮，从下拉列表中选择"定义新项目符号"选项，如图2-55所示。

b.打开"定义新项目符号"对话框，单击"符号"按钮，从打开的"符号"对话框中选择所需的符号，如图2-56所示，单击"确定"按钮。

图 2-55 选择"定义新项目符号"选项

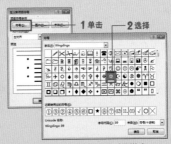

图 2-56 选择项目对号样式

c.返回"定义新项目符号"对话框，单击"对齐方式"下拉按钮，选择"左对齐"选项，如图2-57所示，单击"确定"按钮。

d.再次单击"项目符号"下拉按钮，在下拉列表中将显示新添加的项目符号选项，如图2-58所示。

图 2-57 设置对齐方式

图 2-58 使用新项目符号

Extra tip ▶ ▶ ▶ ▶ ▶ ▶ ▶ ▶ ▶ ▶ ▶ ▶

实例 033

难度系数：★★★　　适用版本：全版本

文档编号

技巧介绍： 在编辑文档的过程中，经常需要将文档内容分成类似于第一条、第二条、第三条的形式，我们可以直接输入编号内容，也可以利用"编号"功能自动添加编号。

❶ 打开本节素材文件"素材\第02章\实例033\在职员工受训意见调查.docx"，选择"说明"的相关文本，在"开始"选项卡的"段落"选项组中单击"编号"下拉按钮，如图2-59所示。

❷ 从下拉列表中选择所需的编号样式，即可为"说明"的相关文本自动添加编号，如图2-60所示。

第1章
第2章
第3章
第4章
第5章
第6章
第7章
第8章
第9章
第10章
第11章
第12章
第13章
第14章
第15章
第16章
第17章
第18章

图 2-59 单击"编号"下拉按钮

图 2-60 添加编号

❸ 选择添加了编号的文本,再次单击"编号"下拉按钮,从下拉列表中选择其他编号样式,即可更换文本编号样式,如图 2-61所示。

图 2-61 更换文本编号样式

技巧拓展

我们也可以定义新编号样式。

a.单击"编号"下拉按钮,从下拉列表中选择"定义新编号格式"选项,如图2-62所示。

b.打开"定义新编号格式"对话框,单击"编号样式"下拉按钮,从下拉列表中选择所需的编号样式,并在"编号格式"文本框中输入编号格式,如图2-63所示。

图 2-62 选择"定义新编号格式"选项

图 2-63 设置新编号格式

　　c.单击"确定"按钮，再次单击"编号"下拉按钮，在下拉列表中将显示新添加的编号样式，如图 2-64所示。

图 2-64 使用新编号样式

实例 034

文档排序

技巧介绍： 在制作会议通知时，小W需要将参会人员的姓名按照拼音的顺序进行排序，小W只知道在Excel中可以排序，而在Word中也可以进行文档排序吗？

难度系数：★ ★ ★　适用版本：全版本

① 打开本节素材文件"素材\第02章\实例034\安全生产会议通知.docx"，选择参会人员名单，在"开始"选项卡的"段落"选项组中单击"排序"按钮，如图 2-65所示。

② 打开"排序文字"对话框，将"主要关键字"设置为"段落数"，将"类型"设置为"拼音"，并选择"升序"单选按钮，如图 2-66所示。

图 2-65 单击"排序"按钮

图 2-66 设置主要关键字

③ 单击"确定"按钮，即可将参会人员名单按拼音进行升序排序，所得结果如图 2-67所示。

图 2-67 查看排序结果

第1章 第2章 第3章 第4章 第5章 第6章 第7章 第8章 第9章 第10章 第11章 第12章 第13章 第14章 第15章 第16章 第17章 第18章

实例 035 为文字注音

技巧介绍： 小W注意到有些文章，尤其是少儿读物，通常在文章中标注了拼音，文字上的拼音是怎么输入的呢？其实很简单，只需利用"拼音指南"功能即可迅速完成这一操作。

① 打开本节素材文件"素材\第02章\实例035\将进酒.docx"，选择标题文本，在"开始"选项卡的"字体"选项组中单击"拼音指南"按钮，如图 2-68 所示。

图 2-68 单击"拼音指南"按钮

③ 单击"确定"按钮，即可为所选文字添加拼音，如图 2-70 所示。

② 打开"拼音指南"对话框，输入文字对应的拼音，并保持字号、字体、偏移量的默认设置，如图 2-69 所示。

图 2-69 输入拼音

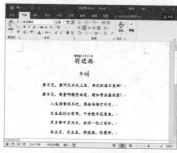

图 2-70 添加拼音

技巧拓展

再次单击"拼音指南"按钮，打开"拼音指南"对话框，单击"清除读音"按钮，如图 2-71 所示，单击"确定"按钮，即可删除添加的拼音。

图 2-71 清除读音

第1章
第2章
第3章
第4章
第5章
第6章
第7章
第8章
第9章
第10章
第11章
第12章
第13章
第14章
第15章
第16章
第17章
第18章

实例 036

添加页面背景美化文档

难度系数：★★★　适用版本：全版本

技巧介绍： 小W知道怎么为文档添加页面背景，使文档看上去更美观，但是为文档添加水印，标识文档的状态，小W从没听说过，现在可犯难了，该怎么办呢？

❶ 打开本节素材文件"素材\第02章\实例036\安全生产会议通知.docx"，选择"设计"选项卡，在"页面背景"选项组中单击"页面颜色"下拉按钮，从下拉列表中选择"绿色，个性色6，淡色60%"选项，如图2-72所示，即可完成背景纯色填充操作。

❷ 在"页面背景"选项组中单击"水印"下拉按钮，从下拉列表中选择"草稿1"选项，如图2-73所示。

图 2-72 背景纯色填充

图 2-73 选择水印样式

❸ 添加的水印效果如图2-74所示。

图 2-74 查看添加的效果

实例 037

快速阅读长文档

难度系数：★★★　适用版本：全版本

技巧介绍： 在阅读较长的文档时，我们可以借助"导航窗格"了解文档的整体结构，也可以通过设置文档视图，实现长文档的快速阅读。

① 打开本节素材文件"素材\第02章\实例037\餐饮业人事管理规章.docx",选择"视图"选项卡,在"视图"选项组中"页面视图"按钮呈选中模式,即当前为页面视图模式,通过滚动条阅读文档,如图 2-75 所示。

② 在"视图"选项组中单击"阅读视图"按钮,以阅读视图模式阅读长文档,如图 2-76 所示。

图 2-75 页面视图

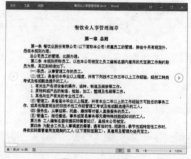

图 2-76 阅读视图

③ 在"视图"选项组中单击"Web 版式视图"按钮,可切换至 Web 视图模式,如图 2-77 所示。

④ 在"视图"选项组中单击"大纲视图"按钮,以大纲视图模式阅读长文档,如图 2-78 所示。

图 2-77 Web 版式视图

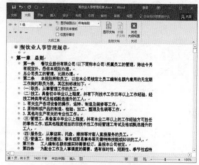

图 2-78 大纲视图

⑤ 在"视图"选项组中单击"草稿"按钮,即可切换到草稿视图模式,如图 2-79 所示。

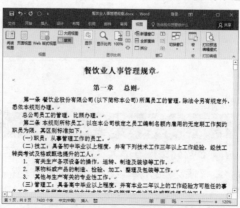

图 2-79 草稿视图

技巧拓展

a.页面视图可以显示Word文档的打印外观效果，主要包括页眉、页脚、图形对象、分栏设置、页面边距等元素，是最接近打印结果的视图模式。

b.阅读版式视图以图书的分栏样式显示Word文档，功能区等窗口元素将被隐藏起来。在阅读版式视图中，我们还可以单击"工具"选项卡，选择各种阅读工具。

c.Web版式视图以网页的形式显示Word文档，该视图模式适用于发送电子邮件和创建网页。

d.大纲视图主要用于在Word 2016文档中设置和显示标题的层级结构，并可以方便地折叠和展开各种层级的文档。大纲视图广泛用于Word长文档的快速浏览和设置。

e.草稿视图隐藏了页面边距、分栏、页眉页脚和图片等元素，仅显示标题和正文，是最节省计算机系统硬件资源的视图方式。

Extra tip ▶▶▶▶▶▶▶▶▶▶▶▶

多人同时编辑一个文档

技巧介绍： 在需要编辑一份很长的文档时，考虑到小W对Word不是很熟练，领导提议可以寻求同事帮助。这时，小W可以将文档拆分为多个部分，让多人同时编辑。

① 打开本节素材文件"素材\第02章\实例038\员工手册目录.docx"，选择章节名称，在"开始"选项卡的"样式"选项组中单击"样式"下拉按钮，从下拉列表中选择"标题2"选项，如图2-80所示。

② 继续选择小节名称，在"开始"选项卡的"样式"选项组中单击"样式"下拉按钮，从下拉列表中选择"标题3"选项，如图2-81所示，设置文档标题级别。

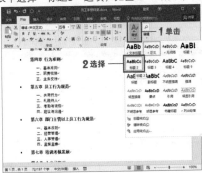

图 2-80 选择"标题2"样式

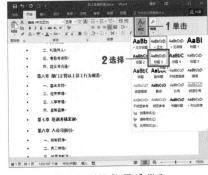

图 2-81 选择"标题3"样式

③ 选择"视图"选项卡，在"视图"选项组中单击"大纲视图"按钮，进入大纲视图模式，在"大纲"选项卡的"主控文档"选项组中单击"显示文档"按钮，按下【Ctrl+A】组合键选择全文，在"大纲"选项卡的"主控文档"选项组中单击"创建"按钮，如图2-82所示。

④ Word将根据标题级别，自动将文档拆分成用边框线隔开的多个子文档，如图 2-83所示。

图 2-82 单击"创建"按钮

图 2-83 子文档

⑤ 按F12功能键，弹出"另存为"对话框，将路径设置为"素材\第02章\实例038\目录子文档"，如图 2-84所示，单击"保存"按钮，并关闭文档。

⑥ 在设置的文档保存路径中可以看到一个主文档和多个子文档，如图 2-85所示。将各个子文档分别发送给多人编辑即可。

图 2-84 另存文档

图 2-85 查看拆分结果

技巧拓展

打开另存的"员工手册目录.docx"文档，在文档中会显示所有子文档的链接地址，如图 2-86所示，按Ctrl键的同时单击文档中的链接，即可链接到相应的子文档中。

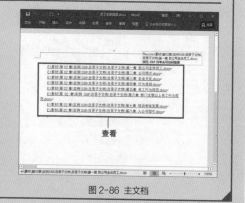

图 2-86 主文档

合并多个文档

技巧介绍： 既然可以将文档拆分成多个子文档，那是不是也可以合并多个文档呢？答案是可以的，但具体该怎样进行文档合并操作呢？

① 在路径"素材\第02章\实例039"中对需要合并的文档进行编号，使文档按名称升序排序，如图 2-87所示。

② 打开"第1章 致公司全体员工.docx"文档，将光标定位至文档末尾处，选择"插入"选项卡，在"文本"选项组中单击"对象"下拉按钮，从下拉列表中选择"文件中的文字"选项，如图 2-88所示。

图 2-87 重命名文档

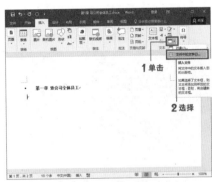

图 2-88 选择"文件中的文字"选项

③ 打开"插入文件"对话框，选择所需合并的文档，单击"插入"按钮，如图 2-89所示，即可将多个文档合并至一个文档中。

图 2-89 选择所需合并的文档

快速清除文档中的多余样式

技巧介绍： 在编辑完文档后，小W想将文档中设置的样式清除掉。这时可以利用"样式"下拉列表中的"清除格式"命令，快速清除文档中的多余样式。

❶ 打开本节素材文件"素材\第02章\实例040\员工手册目录.docx",选择章节名称,在"开始"选项卡的"样式"选项组中单击"样式"下拉按钮,从下拉列表中选择"清除格式"选项,如图 2-90所示。

❷ 即可清除所选文本的样式,所得结果如图 2-91所示。

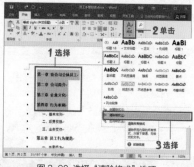

图 2-90 选择"清除格式"选项

图 2-91 查看清除文本样式后的效果

实例 041　自定义模板

技巧介绍： 编辑一份Word文档,为其设置文档样式后,小W想为以后新建的文档都设置相同的样式,该怎样自定义并套用文档模板呢?

难度系数：★★★　适用版本：全版本

❶ 打开本节素材文件"素材\第02章\实例041\合同协议书.docx",在"开始"选项卡的"样式"选项组中单击"样式"下拉按钮,从下拉列表中右击"标题2"选项,执行"修改"命令,如图 2-92所示。

❷ 打开"修改样式"对话框,根据需要设置该标题的字体、字号及颜色,如图 2-93所示。

❸ 单击"格式"下拉按钮,从下拉列表中选择"段落"选项,打卡"段落"对话框,设置该标题的对齐方式及间距,如图 2-94所示。

图 2-92 执行"修改"命令

图 2-93 修改字体格式

图 2-94 修改段落格式

❹ 单击"确定"按钮,修改"标题2"样式,选择"设计"选项卡,在"页面背景"选项组中单击"页面颜色"下拉按钮,从下拉列表中选择"蓝色,个性色5,淡色80%"选项,如图 2-95所示,设置文档背景色。

❺ 按住F12功能键,弹出"另存为"对话框,设置文件名,并单击"保存类型"下拉按钮,设置文件类型为"Word 模板(.dotx)",如图 2-96所示,即可将文档保存为模板。

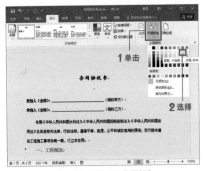

图 2-95 设置页面背景颜色

图 2-96 保存为模板

实例 042

难度系数：★★★　适用版本：07/13/16/17

设置样式随模板更新

技巧介绍： 在创建新文档后，若想应用模板中的文档样式，但不想使用模板的页面设置，如页面颜色等，我们可以使用以下方法进行操作。

① 启动Word 2016，在"文件"选项卡中选择"选项"选项，打开"Word 选项"对话框，选择"自定义功能区"选项卡，在右侧列表框中勾选"开发工具"复选框，如图 2-97所示。

图 2-97 添加"开发工具"选项卡

② 单击"确定"按钮，将"开发工具"选项卡添加至功能区。选择"开发工具"选项卡，在"模板"选项组中单击"文档模板"按钮，如图 2-98所示。

图 2-98 单击"文档模板"按钮

③ 打开"模板和加载项"对话框，单击"选用"按钮，在打开的"选用横板"对话框中选择自定义保存的模板，如图 2-99所示，单击"打开"按钮。

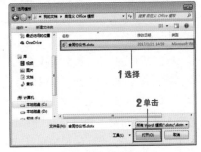

图 2-99 选择模板

④ 返回"模板和加载项"对话框，并勾选"自动更新文档样式"复选框，如图2-100所示。

⑤ 单击"确定"按钮，即可应用模板样式却不应用页面设置，如图2-101所示。

图 2-100 勾选"自动更新文档样式"复选框

图 2-101 查看效果

职场小知识

光环效应

简介： 合理利用光环效应，可以打造企业品牌，但同时也要避免光环效应带来的认知偏差。

不难发现，拍广告片的多数是那些有名的歌星、影星，很少见到那些名不见经传的小人物。因为明星推出的商品更容易得到大家的认同。某位作家一旦出名，以前压在箱底的稿件全然不愁发表，所有著作都不愁销售，这都是光环效应的作用。

光环效应是一种影响人际知觉的因素，如果认知对象被标明是"好"的，他就会被"好"的光圈笼罩着，并被赋予一切好的品质；如果认知对象被标明是"坏"的，他就会被"坏"的光环笼罩着，他所有的品质都会被认为是坏的。这种爱屋及乌的强烈知觉的品质或特点，就像月晕的光环一样，向周围弥漫、扩散。

在企业管理过程中，若评估者在员工绩效评估过程中，把员工绩效中的某方面甚至与工作绩效无关的某一方面看得过重，用员工的某个特性去推断其他特性，就容易造成"一好百好，一差百差"这种以偏概全的评估偏误。

光环效应在商业领域内是如何体现的呢？当某科技公司在20世纪90年代末期快速发展时，很多记者及研究人员都广泛赞誉其亮眼的战略、大师级的企业收购管理水平，以及优秀的顾客至上方针。当科技泡沫破裂后，同样是这批记者和研究人员，但很多人很快做出了相反的结论：该公司战略有缺陷、企业收购管理混乱、与顾客关系差。但这家公司其实并没有什么大的改变，只是其业绩的下降使得人们看待它的角度有了变化。

一个明智的管理者，对人对事都应保持平常心。对事前得到的各种信息，管理者须作理性分析，不可偏听偏信，轻易下结论，需要在过程中慢慢了解，以避免光环效应带来的认知偏差。另外，光环越是耀眼就越可能处在目光的焦点和舆论的中心，一旦出一点差错，引起的关注与那些没有名气的人或事相比，其负面影响也是不可同日而语的。

第3章

图表快速处理

Word应用程序的功能并不只是文字编辑，我们可以在文档中插入图片，增强文档的趣味性；也可以使用表格更清晰地展示文档内容，使文档简洁明了。本章主要介绍在Word中对图表、图片如表格等进行编辑的操作技巧，如绘制流程图、更改图片背景、插入多张图片、文本与表格转换、数据排序、将Word表格转化为Excel文件等。

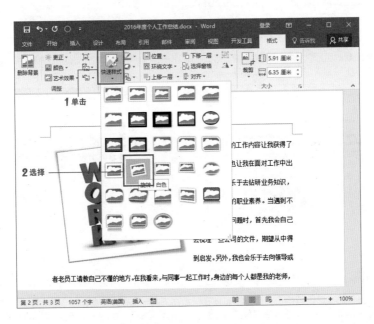

创建与设置绘图画布

实例 043

难度系数: ★★★★

适用版本: 07/13/16/17

技巧介绍: 小W想在文档中绘制简单图形形状,并在绘图画布上添加背景,使文档看上去更漂亮,该怎样创建与设置绘图画布呢?

① 打开本节素材文件"素材\第03章\实例043\互联网+.docx",在"文件"选项卡中选择"选项"选项,打开"Word选项"对话框,选择"高级"选项,勾选"插入自选图形时自动创建绘图画布"复选框,如图 3-1所示,单击"确定"按钮。

② 选择"插入"选项,在"插图"选项组中单击"形状"下拉按钮,从下拉列表中选择"太阳形"形状,如图 3-2所示。

图 3-1 设置在插入自选图形时创建画布

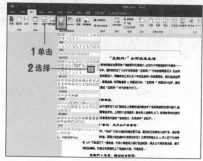

图 3-2 选择"太阳形"形状

③ 将在插入点位置添加绘图画布,在画布中按住鼠标左键绘制图形形状,如图 3-3所示。

④ 选择绘制的图形,选择"绘图工具>格式"选项卡,在"形状样式"选项组中单击"其他"下拉按钮,从下拉列表中选择"细微效果-橙色,强调颜色2"选项,如图 3-4所示,设置形状样式。

图 3-3 绘制太阳形形状

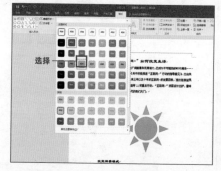

图 3-4 设置形状样式

⑤ 选择绘制的图形,当光标变成十字形态时,按住鼠标左键移动图形至合适的位置。

⑥ 在画布中的空白区域单击,选中画布,在"绘图工具>格式"选项卡的"形状样式"选项组中单击"形状填充"下拉按钮,从下拉列表中选择"图片"选项,如图 3-5所示。

⑦ 在打开的"插入图片"面板中单击"浏览"按钮,打开"插入图片"对话框,选择所需的图片,单击"插入"按钮,将图片插入到画布中,如图 3-6所示。

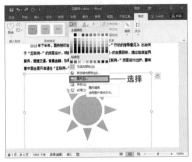

图 3-5 选择"图片"选项

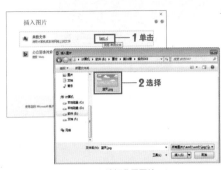

图 3-6 选择背景图片

⑧ 在"形状样式"选项组中单击"形状轮廓"下拉按钮，从下拉列表中选择"无轮廓"选项，如图 3-7所示，隐藏画布轮廓线。

图 3-7 设置形状轮廓

技巧拓展

将光标定位至画布任意角上，按住鼠标左键进行拖动，即可调整画布大小；将光标定位至图形形状任意角上，按住鼠标左键进行拖动，即可调整形状大小。

Extra tip >>>>>>>>>>>>>

实例 044

创建与编辑自选图形

技巧介绍： 利用自选图形功能，即可以在文档中制作图标或绘制流程图。创建自选图形后，我们可以对自选图形进行编辑，例如设置图形样式、添加文字等。

难度系数：★★★　适用版本：07/13/16/17

① 打开本节素材文件"素材\第03章\实例044\合同协议书.docx"，在"文件"选项卡中选择"选项"选项，打开"Word选项"对话框，选择"高级"选项，取消勾选"插入自选图形时自动创建绘图画布"复选框，如图 3-8所示，单击"确定"按钮。

② 选择"插入"选项卡，在"插图"选项组中单击"形状"下拉按钮，从下拉列表中选择"箭头：五边形"形状，如图 3-9所示。

图 3-8 设置插入自选图形时不创建画布

图 3-9 选择"箭头：五边形"形状

③ 在文档中按住鼠标左键绘制选择的图形状，选择绘制的图形，在"绘图工具>格式"选项卡的"形状样式"选项组中单击"其他"按钮，从下拉列表中选择"强烈效果－金色，强调颜色4"选项，如图 3-10所示，设置形状样式。

④ 我们也可以在创建的形状上添加文字，即右击绘制的形状，从快捷菜单中选择"添加文字"命令，如图 3-11所示，在形状中输入相关文本内容。

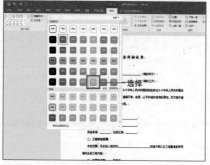

图 3-10 设置形状样式

图 3-11 设置形状样式

⑤ 选择输入的文字，在"开始"选项卡的"字体"选项组中单击"加粗"按钮，将字体加粗，如图 3-12所示，完成自选图形的编辑操作。

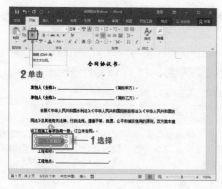

图 3-12 加粗文本

技巧拓展

将光标定位至形状任意控制点上，按住鼠标左键进行拖动，即可调整形状大小；将光标定位至形状上方的旋转柄上，按住鼠标左键进行拖动，即可对图形进行旋转操作。

Extra tip ＞＞＞＞＞＞＞＞＞＞＞

第 1 章
第 2 章
第 3 章
第 4 章
第 5 章
第 6 章
第 7 章
第 8 章
第 9 章
第 10 章
第 11 章
第 12 章
第 13 章
第 14 章
第 15 章
第 16 章
第 17 章
第 18 章

实例 045

创建流程图

技巧介绍: 学习完利用"形状"下拉列表中的形状选项绘制简单图形的操作后,我们还可以利用SmartArt图形功能绘制流程图。

① 启动Word选择"插入"选项卡,在"插图"选项组中单击SmartArt按钮,弹出"选择SmartArt图形"对话框,选择"流程"选项,在右侧列表框中选择"向上箭头"选项,如图3-13所示。

② 单击"确定"按钮,即可在文档中插入选择的SmartArt图形,单击各个形状,输入流程图文本内容,如图3-14所示。

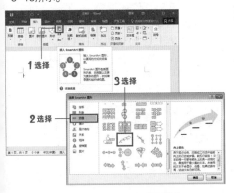

图 3-13 选择 SmartArt 图形样式

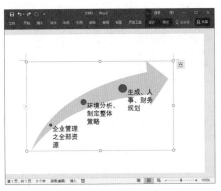

图 3-14 输入流程图文本

③ 当SmartArt图形数目不够时,右击最后一个形状,在快捷菜单中执行"添加形式>在后面添加形状"命令,如图 3-15所示,即可添加新的图形。

④ 在"Smartart工具>设计"选项卡的"创建图形"选项组中,单击"文本窗格"按钮,打开文本窗格,继续输入所需文本内容,如图3-16所示。

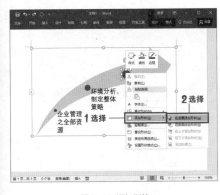

图 3-15 添加形状

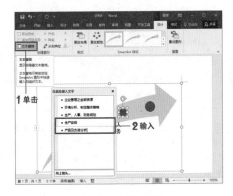

图 3-16 打开文本窗格

第1章
第2章
第3章
第4章
第5章
第6章
第7章
第8章
第9章
第10章
第11章
第12章
第13章
第14章
第15章
第16章
第17章
第18章

⑤ 最终绘制的流程图效果如图 3-17所示。

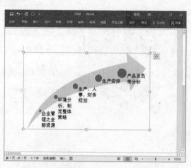

图 3-17 查看创建的 Smart Art 图形效果

实例 046

设置图片的排列位置

难度系数：★★★　适用版本：全版本

技巧介绍： 默认情况下，图片是作为字符的形式插入到文档中的，我们不能自由移动。若想将图片自由地排列在文档中，该怎样操作呢？

① 打开本节素材文件"素材\第03章\实例046\将进酒.docx"，选择"插入"选项卡，在"插图"选项组中单击"图片"按钮。在打开的"插入图片"对话框中选择所需的图片，如图 3-18所示。

② 单击"插入"按钮，即可将图片插入至插入点所在的位置。将光标定位至图片任意角上，按住鼠标左键进行拖动，调整图片至合适的大小，如图 3-19所示。

图 3-18 选择图片-1

图 3-19 调整图片大小

③ 此时插入的图片不能自由移动位置，选择"图片工具—格式"选项卡，在"排列"选项组中单击"位置"下拉按钮，从下拉列表中选择"中间居左，四周型文字环绕"选项，即可将图片排列在文档中间居左的位置，如图 3-20所示。

图 3-20 设置图片位置

技巧拓展

除了设置图片位置，还可以设置图片的文字环绕方式，包括"嵌入型""四周型""紧密型环绕""穿越型环绕""上下型环绕""衬于文字下方""浮于文字上方"等。

a.选择"插入"选项卡，在"插图"选项组中单击"图片"按钮，在打开的"插入图片"对话框中选择所需的图片，如图 3-21 所示。

b.选择"格式"选项卡，在"排列"选项组中单击"环绕文字"下拉按钮，从下拉列表中选择"四周型"选项，如图 3-22 所示。然后适当移动图片的位置，查看效果。

图 3-21 选择图片

图 3-22 设置"四周型"环绕方式

c.继续单击"环绕文字"下拉按钮，从下拉列表中选择"衬于文字下方"选项，查看将图片衬于文字下方的效果，如图 3-23 所示。

图 3-23 设置"衬于文字下方"环绕方式

Extra tip ＞＞＞＞＞＞＞＞＞＞＞＞

实例 047

难度系数：★★★　适用版本：全版本

选中文字下方的图片

技巧介绍： 小W将图片衬于文字下方后，发现图片很难选中，这样就更别说对该图片进行编辑了，该怎样选中文字下方的图片呢？

❶ 打开本节素材文件"素材\第03章\实例047\将进酒.docx"，在"开始"选项卡的"编辑"选项组中单击"选择"下拉按钮，从下拉列表中选择"选择对象"选项，如图 3-24 所示。

❷ 单击文档中需要选择的图片，即可轻松选中衬于文字下方的图片，如图 3-25 所示。

图 3-24 选择"选择对象"选项

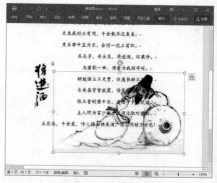

图 3-25 选择图片

实例 048

难度系数：★★★★

适用版本：全版本

使用图片处理功能

技巧介绍： 在文档中插入图片后，我们还可以对图片进行裁剪、调整亮度和对比度、调整图片颜色以及设置艺术效果等操作。

① 打开本节素材文件"素材\第03章\实例048\2016年度个人工作总结.docx"，选中"总结"图片，切换至"图片工具>格式"选项卡，在"大小"选项组中单击"裁剪"下拉按钮，选择"裁剪为形状"选项，并在其子列表中选择"对话气泡：椭圆形"选项，如图 3-26 所示。

② 图片即被裁剪为指定的形状，在"图片样式"选项组中单击"图片边框"下拉按钮，从下拉列表中选择"绿色"选项，设置图片边框颜色，如图 3-27 所示。

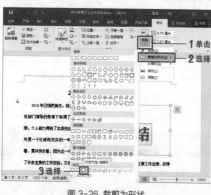

图 3-26 裁剪为形状

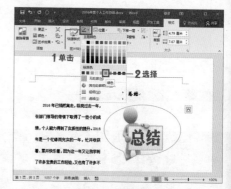

图 3-27 设置图片边框

③ 在"调整"选项组中单击"更正"下拉按钮，在"亮度和对比度"选项区域中选择合适的效果，调整图片亮度和对比度，如图 3-28 所示。

④ 要调整图片的颜色，则在"调整"选项组中单击"颜色"下拉按钮，从下拉列表中选择合适的图片颜色效果选项，如图 3-29 所示。

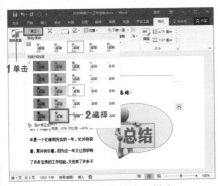

图 3-28 调整图片亮度和对比度

图 3-29 调整图片颜色

⑤ 要调整图片的艺术效果，则单击"艺术效果"下拉按钮，选择"纹理化"选项，如图 3-30所示。

⑥ 选中"工作"图片，选择"图片工具>格式"选项卡，在"图片样式"选项组中单击"快速样式"下拉按钮，从下拉列表中选择"旋转，白色"选项，如图 3-31所示，即可更改图片样式。

图 3-30 调整图片艺术效果

图 3-31 更改图片样式

实例 049

更改图片背景

难度系数：★★★★★　适用版本：全版本

技巧介绍：小W在文档中插入图片后遇到了一个难题，需要想办法更改该图片的背景。这种情况下不都应该用PS软件处理吗？Word可以更改图片背景吗？

① 打开本节素材文件"素材\第03章\实例049\爱莲说.docx"，选中莲花图片，切换至"图片工具>格式"选项卡，在"调整"选项组中单击"删除背景"按钮，如图 3-32所示。

② 进入"背景消除"模式，Word已自动对背景进行了删除操作，红色为需要删除的区域。但是在图片中还有些背景区域没有被删除，在"背景消除"选项卡的"优化"选项组中单击"标记要删除的区域"按钮，如图3-33所示。在图片中单击其余要删除的区域，要删除的区域将以减号显示。

高效能人士 的 Office 商务办公 300 招

第1章
第2章
第3章
第4章
第5章
第6章
第7章
第8章
第9章
第10章
第11章
第12章
第13章
第14章
第15章
第16章
第17章
第18章

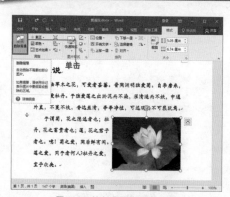

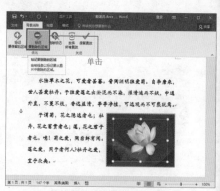

图 3-32 单击"删除背景"按钮 　　　　　　　图 3-33 单击"标记要删除的区域"按钮

③ 若需要保留莲花柄处的图片，在"背景消除"选项卡的"优化"选项组中单击"标记要保留的区域"按钮，如图 3-34所示，在莲花柄处单击，此时要保留的区域以加号显示。

④ 设置完需要删除的区域后，选择"关闭"选项组中的"保留更改"按钮，如图 3-35所示。

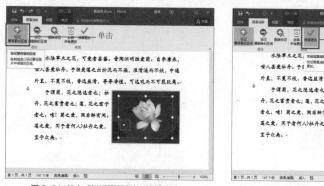

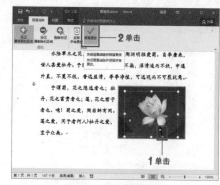

图 3-34 单击"标记要保留的区域"按钮 　　　　　图 3-35 标记要保留的区域

⑤ 此时图片中的背景已全部被删除，选择"插入"选项卡，在"插图"选项组中单击"图片"按钮，将"莲花2"素材文件插入至文档中，并适当调整图片大小，如图 3-36所示。

⑥ 选择"图片工具>格式"选项卡，在"排列"选项组中单击"环绕位置"下拉按钮，从下拉列表中选择"紧密型环绕"选项，如图 3-37所示。

图 3-36 插入图片 　　　　　　　　　　　图 3-37 设置环绕方式

⑦ 移动图片至合适的位置，在"图片工具>格式"选项卡的"排列"选项组中单击"下移一层"按钮，将下层的"莲花"图片显示出来，如图 3-38 所示。

⑧ 选择"莲花"图片，移动图片至合适的位置，并适当调整两幅图片的大小，得到的结果如图 3-39 所示。

图 3-38 调整图片位置

图 3-39 查看更换背景后的效果

快速撤销对图片应用的所有效果

技巧介绍： 小 W 在编辑图片时，发现最后设置的效果不是很理想，可是通过撤销操作的话，就会把输入的文本也删除掉，该怎样撤销对图片所做的所有格式的更改呢？

① 打开本节素材文件"素材\第03章\实例050\爱莲说.docx"，选中"莲花"图片，切换至"图片工具>格式"选项卡，在"调整"选项组中单击"重设图片"按钮，如图 3-40 所示。

② 即可将图片效果一键复位，如图 3-41 所示。

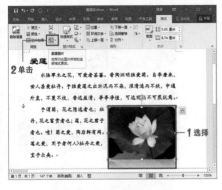

图 3-40 单击"重设图片"按钮

图 3-41 查看重设效果

实例 051

快速插入多张图片并对其进行排列

技巧介绍: 小W需要在文档中插入图片时,利用"插入图片"的功能将图片依次插入即可。可是当有上百张图片需要插入文档中,有什么快捷方法吗?

难度系数: ★★★ 适用版本: 全版本

① 启动Word 2016,选择"插入"选项卡,在"插图"选项组中单击"图片"按钮,打开"插入图片"对话框,按下【Ctrl+A】组合键选中全部图片,如图 3-42所示。

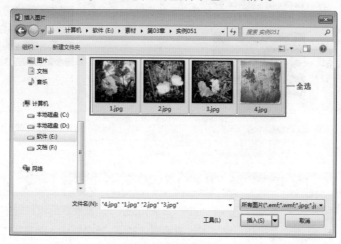

图 3-42 选中全部图片

② 单击"插入"按钮,即可将多张图片快速插入到文档中。按下【Ctrl+A】组合键选中文档中的全部图片,切换至"布局"选项卡,在"页面设置"选项组中单击"分栏"下拉按钮,从下拉列表中选择"两栏"选项,如图 3-43所示。

③ 即可对插入的图片进行分栏排列,排列效果如图 3-44所示。

图 3-43 设置分栏方式

图 3-44 分栏排列图片

技巧拓展

我们还可以在文档中插入表格，再将图片剪切到表格中来实现多张图片并排排列。

a.插入图片之后，在"插入"选项卡的"表格"选项组中单击"表格"下拉按钮，从下拉列表中选择两行两列的表格，如图 3-45所示，在文档中以插入点为表格左上角进行表格插入。

b.选择文档中的图片，按下【Ctrl+X】组合键进行剪切操作。将插入点定位至表格左上角的单元格，按下【Ctrl+V】组合键进行粘贴操作后，适当调整图片的大小，如图 3-46所示。

图 3-45 插入表格

图 3-46 剪切并粘贴图片

c.按照相同的方法，将另外三张图片插入至表格各个单元格中，最终得到的结果如图 3-47所示。

图 3-47 查看排列效果

Extra tip >>>>>>>>>>>>>

实例 052

难度系数：★★★　适用版本：全版本

快速编辑艺术字

技巧介绍： 在编辑文档时，我们可以在"开始"选项卡的"字体"选项组中设置丰富的字体格式，增强文档的美观性，也可以利用"艺术字"功能在文档中插入多彩的文字。

❶ 打开本节素材文件"素材\第03章\实例052\考核制度.docx"，选中文档标题文本，切换至"插入"选项卡，在"文本"选项组中单击"艺术字"下拉按钮，从下拉列表中选择所需的艺术字样式，如图 3-48所示。

第1章
第2章
第3章
第4章
第5章
第6章
第7章
第8章
第9章
第10章
第11章
第12章
第13章
第14章
第15章
第16章
第17章
第18章

② 即可将选中的文字以艺术字效果显示，选择艺术字文本，在"字体"选项组中设置字号为"二号"，调整字号大小使艺术字标题全部显示出来，如图 3-49 所示，并移动艺术字至合适的位置。

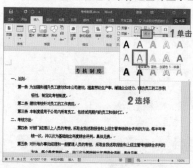

图 3-48 插入艺术字

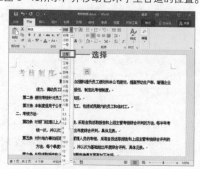

图 3-49 设置字号大小

③ 选择"绘图工具>格式"选项卡，在"艺术字样式"选项组中单击"快速样式"下拉按钮，从下拉列表中选择其他艺术字样式，如图 3-50 所示，即可对标题文本的艺术字样式进行更改。

④ 在"艺术字样式"选项组中单击"文本填充"下拉按钮，从下拉列表中选择"红色"选项，如图 3-51 所示，即可更改艺术字字体颜色。

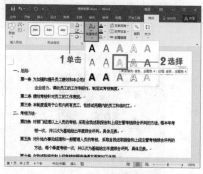

图 3-50 更改艺术字样式

图 3-51 设置字体颜色

⑤ 在"艺术字样式"选项组中单击"文本轮廓"下拉按钮，从下拉列表中选择"橙色，个性色2"选项，如图 3-52 所示，即可更改艺术字文本轮廓。

⑥ 在"艺术字样式"选项组中单击"文本效果"下拉按钮，在下拉列表中可以对艺术字的阴影、映像、发光、棱台、三维旋转或转换等效果进行设置，如图 3-53 所示。

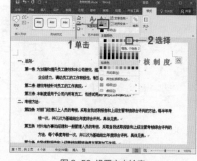

图 3-52 设置文本轮廓

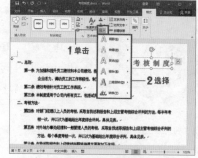

图 3-53 设置文字效果

实例 053

创建文本框链接

技巧介绍： 当文本框中文字数量较多时，需要输入到另一个文本框中。若想对其中的内容进行增删，就必须重新编辑另一个文本框中的内容，有没有办法将多个文本框链接到一起呢？

难度系数：★★★★

适用版本：全版本

① 打开本节素材文件"素材\第03章\实例053\学会沟通.docx"，选择"插入"选项卡，在"文本"选项组中单击"文本框"下拉按钮，从下拉列表中选择"简单文本框"选项，如图3-54所示。

② 即可自动在文档中插入所选文本框样式。将光标定位于该文本框的任意控制角点，按住鼠标左键并拖动，调整文本框大小，然后移动文本框至合适的位置，如图3-55所示。

图 3-54 选择文本框样式

图 3-55 调整文本框

③ 按照相同的方法，插入另一个空白文本框，并调整文本框的大小和位置。选择插入的第一个文本框，切换至"绘图工具>格式"选项卡，在"文本"选项组中单击"创建链接"按钮，如图3-56所示。

④ 光标变成水杯链接形状，单击第二个文本框，将两个文本框链接起来。在第一个文本框中输入文本内容，显示不下的文本将自动链接并显示在第二个文本框中，如图3-57所示。

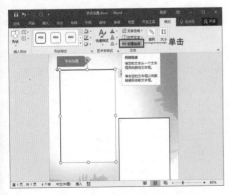

图 3-56 创建文本框链接

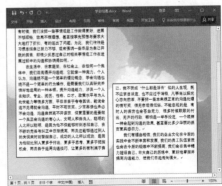

图 3-57 查看链接结果

技巧拓展

在文档中插入文本框后，我们可以设置文本框的边框及填充颜色，使文本框达到"隐身"的效果。

a.选择插入的文本框，在"绘图工具>格式"选项卡的"形状样式"选项组中单击"形状填充"下拉按钮，从下拉列表中选择"无填充颜色"选项，如图 3-58 所示，删除文本框背景色。

b.在"绘图工具>格式"选项卡的"形状样式"选项组中单击"形状轮廓"下拉按钮，从下拉列表中选择"无轮廓"选项，如图 3-59 所示，删除文本框边框。

图 3-58 删除文本框背景色

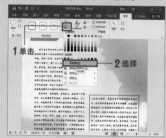

图 3-59 删除文本框边框

Extra tip ＞＞＞＞＞＞＞＞＞＞＞＞

实例 054

提取文档中的图片

技巧介绍： 小W在查看其他文档时，发现文档中有许多漂亮的图片，小W想将这些图片保存下来，以便自己在制作文档的时候可以插入这些图片，该怎样提取文档中的图片呢？

① 打开本节素材文件"素材\第03章\实例054\2016年度个人工作总结.docx"，当只需保存1~2张图片时，我们可以右击文档中的图片，从快捷菜单中执行"另存为图片"命令，如图 3-60 所示。

② 打开"保存文件"对话框，设置文件的保存路径及文件名，如图 3-61 所示，单击"保存"按钮，即可在保存路径中看到保存的图片。

图 3-60 选择"另存为图片"命令　　　　　图 3-61 "保存文件"对话框

❸ 当需要将文档中的图片都提取出来时，按 F12 功能键，弹出"另存为"对话框，单击"保存类型"下拉按钮，设置保存类型为"网页(*.htm;*.html)"，如图 3-62 所示。

❹ 单击"保存"按钮，即可在保存路径中生成一个与文档同名的文件夹和一个 HTML 格式的文件，双击打开生成的文件夹，即可查看提取的图片，如图 3-63 所示。

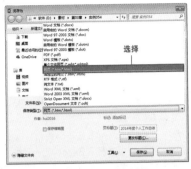

图 3-62 "另存为"对话框

图 3-63 查看提取的图片

实例 055

表格的插入与运用

技巧介绍： 在 Word 文档中不仅可以插入图片，还可以插入表格。插入表格的常用方法有 5 种：快速插入法、对话框插入法、绘制表格法、插入 Excel 表格法以及插入模板表格法。

❶ 启动 Word，选择"插入"选项卡，在"表格"选项组中单击"表格"下拉按钮，从下拉列表中选择表格的行数及列数，如图 3-64 所示，即可在文档中以插入点为表格左上角进行插入。

❷ 选择"插入"选项卡，在"表格"选项组中单击"表格"下拉按钮，从下拉列表中选择"插入表格"选项，打开"插入表格"对话框，设置表格的行数及列数，如图 3-65 所示，单击"确定"按钮，即可完成表格的插入。

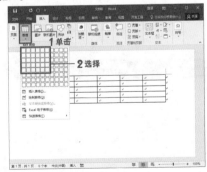

图 3-64 快速插入表格

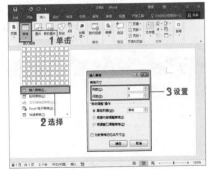

图 3-65 对话框插入表格

❸ 在"表格"选项组中单击"表格"下拉按钮，从下拉列表中选择"绘制表格"选项，当光标变成铅笔形状时，按住鼠标左键在文档中绘制表格外边框，如图 3-66 所示。

❹ 将光标定位至左侧外框线上，指定起点，向右拖曳鼠标至右侧外框线，完成行的绘制，如图 3-67 所示。

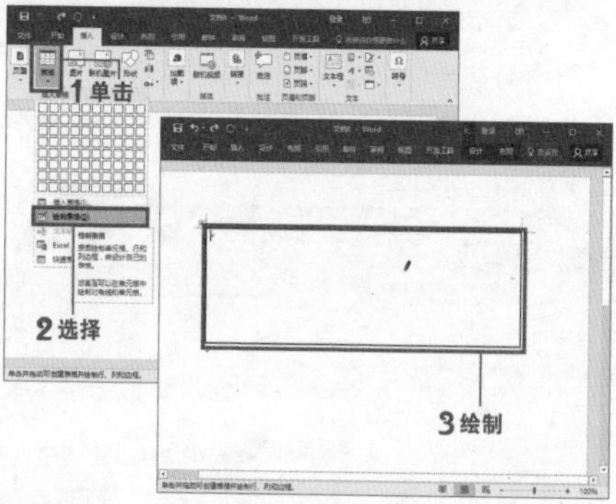

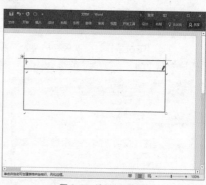

图 3-66 绘制表格外边框

图 3-67 绘制表格的行

⑤ 将光标定位至上侧外框线上，指定起点，向下拖曳鼠标至下侧外框线，完成列的绘制，如图 3-68所示。

⑥ 在"表格"选项组中单击"表格"下拉按钮，从下拉列表中选择"Excel 电子表格"选项，即可在插入点位置添加一个Excel工作表，如图 3-69所示。

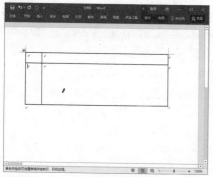

图 3-68 绘制表格的列

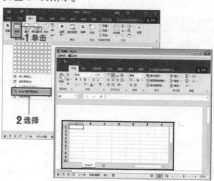

图 3-69 插入 Excel 电子表格

⑦ 在"表格"选项组中单击"表格"下拉按钮，从下拉列表中选择"快速表格"选项，从子列表中选择所需的表格模板，如图 3-70所示。

⑧ 即可在插入点位置添加该表格模板，所得结果如图 3-71所示。

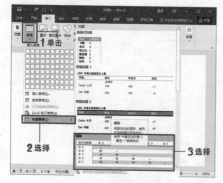

图 3-70 选择表格模板选项

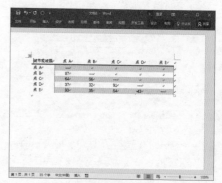

图 3-71 插入模板表格

技巧拓展

当不需要文档中的表格时，我们可以对其进行删除操作。

a.选中表格，切换至"表格工具>布局"选项卡，在"行和列"选项组中单击"删除"下拉按钮，从下拉列表中执行"删除表格"命令，如图 3-72 所示，即可删除整个表格。

b.或选择整个表格并右击，在打开的快捷菜单中执行"删除表格"命令，如图 3-73 所示，即可删除整个表格。

图 3-72 使用功能区命令删除表格

图 3-73 使用快捷菜单删除表格

Extra tip ▶▶▶▶▶▶▶▶▶▶▶

实例 056 文本与表格转换

技巧介绍： 除了以上介绍的 5 种插入表格的方法外，用户还可以使用文本与表格相互转换的方法创建表格。

难度系数：★★★   适用版本：全版本

❶ 打开本节素材文件"素材\第03章\实例056\长沙旅游的景点介绍.docx"，在每个景点名称后面键入空格键，选择要转换的文本内容后，选择"插入"选项卡，在"表格"选项组中单击"表格"下拉按钮，从下拉列表中选择"文本转换成表格"选项，如图 3-74 所示。

❷ 打开"将文字转换成表格"对话框，在"文字分隔位置"选项区域中单击"空格"单选按钮，如图 3-75 所示。

图 3-74 选择"文本转换成表格"选项

图 3-75 设置文字分隔位置

❸ 单击"确定"按钮，即可将文字转换为表格，如图 3-76 所示。

图 3-76 查看转换效果

技巧拓展

当然，我们也可以将表格转换为文本。

a.选择文档中的表格，切换至"表格工具>布局"选项卡，在"数据"选项组中单击"转换为文本"按钮，如图 3-77 所示。

b.弹出"表格转换成文本"对话框，选择"其他字符"单选按钮，在右侧文本框中键入空格，如图 3-78 所示，单击"确定"按钮，即可将表格转换为文本。

图 3-77 单击"转换为文本"按钮

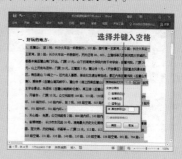

图 3-78 设置文字分隔符

Extra tip ❯❯❯❯❯❯❯❯❯❯❯

实例 057

难度系数：★★★　适用版本：全版本

表格跨页时表头自动显示

技巧介绍： 当文档中的表格跨越许多页时，除了第一页有表头外，在其余页查看数据时很难知道数据对应的表头，这种情况下该怎样在表格跨页时让表头自动显示呢？

❶ 打开本节素材文件"素材\第03章\实例057\订单记录表.docx"，选择表头，切换至"表格工具>布局"选项卡，在"表"选项组中单击"属性"按钮，如图 3-79 所示。

❷ 在打开的"表格属性"对话框中选择"行"选项卡，并勾选"在各页顶端以标题行形式重复出现"复选框，如图 3-80 所示。

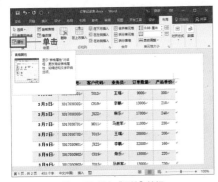

图 3-79 单击"属性"按钮

图 3-80 设置在各页顶端以标题行形式重复出现

③ 单击"确定"按钮，即可将表头自动显示在其余页的顶端，如图 3-81 所示。

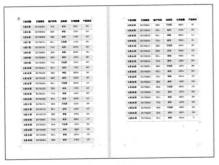

图 3-81 查看效果

技巧拓展

选择表头，切换至"表格工具>布局"选项卡，在"数据"选项组中单击"重复标题行"按钮，如图 3-82 所示，同样可以重复显示标题行。

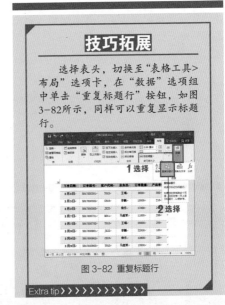

图 3-82 重复标题行

Extra tip ＞＞＞＞＞＞＞＞＞＞＞＞＞

实例
058
难度系数：★★★
适用版本：全版本

图表插入的技巧

技巧介绍： Word不仅可以插入表格，还可以像Excel一样插入图表，利用图形更直观地显示数据。在Word中插入图表有对应的技巧的，使用这些技巧能够帮助我们更高效地完成工作。

① 启动Word，选择"插入"选项卡，在"文本"选项组中单击"对象"下拉按钮，从下拉列表中选择"对象"选项。打开"对象"对话框后，在"新建"选项卡的"对象类型"列表框中选择Microsoft Graph Chart选项，如图 3-83 所示。

② 在文档中即可显示电子表格模板以及相应的图表，将所需的信息输入电子表格模板中，图表中的数据也会随之发生变化，如图 3-84 所示。

第1章
第2章
第3章
第4章
第5章
第6章
第7章
第8章
第9章
第10章
第11章
第12章
第13章
第14章
第15章
第16章
第17章
第18章

图 3-83 选择对象类型

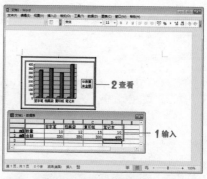

图 3-84 创建图表并输入数据

❸ 单击文档空白区域，即可完成图表的创建，适当调整图表大小后查看效果，如图 3-85所示。

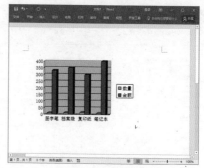

图 3-85 查看创建的图表

技巧拓展

利用"图表"功能也可在文档中插入图表。

a.选择"插入"选项卡，在"插图"选项组中单击"图表"按钮，在打开的"插入图表"对话框中选择"簇状柱形图"选项，如图 3-86所示。

b.单击"确定"按钮，自动打开Excel工作簿及图表模板，在工作表中输入数据信息，图表中的数据也会随之发生变化，如图 3-87所示。

图 3-86 选择图表类型

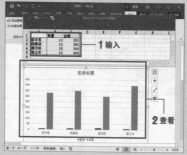

图 3-87 创建图表

c.关闭Excel工作簿，即可完成图表的创建，如图3-88所示。

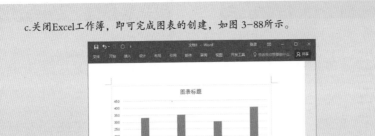

图 3-88 查看创建的图表效果

Extra tip >>>>>>>>>>>>>

Word 表格数据计算方法

实例 059

技巧介绍： 在文档中创建表格后,我们可以根据需要对文档中的数据进行一些简单的计算。

难度系数：★★★　适用版本：全版本

① 打开本节素材文件"素材\第03章\实例059\销售统计表.docx"，选择"单价"列合计值所在的单元格，切换至"表格工具>布局"选项卡，在"数据"选项组中单击"公式"按钮，如图 3-89所示。

② 打开"公式"对话框，在"公式"文本框中输入计算公式"=SUM(ABOVE)"，如图3-90所示。

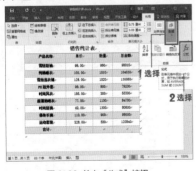

图 3-89 单击"公式"按钮

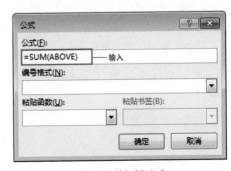

图 3-90 输入求和公式

③ 单击"确定"按钮，即可在单元格中计算单价合计值，如图 3-91所示。

④ 按照相同的方法，计算其余项目的合计值，所得结果如图 3-92所示。

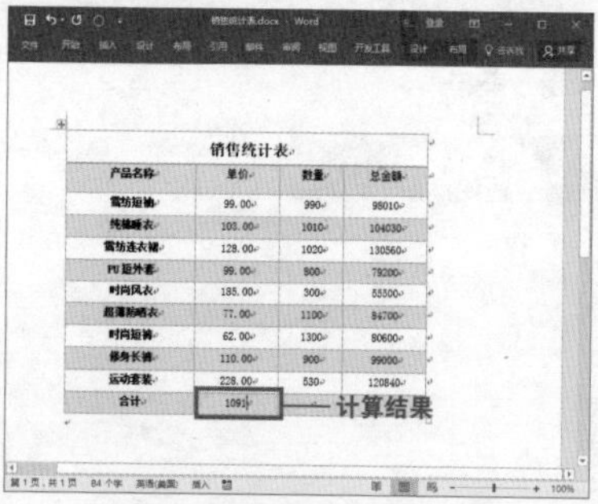

图 3-91 查看"单价"合计

图 3-92 查看所有的求和结果

实例 060

Word 表格数据排序

技巧介绍： 在实例034中，我们对Word文档进行了排序，那么，对于表格中的数据是不是也可以进行排序呢？

难度系数：★★★　适用版本：全版本

① 打开本节素材文件"素材\第03章\实例060\销售统计表.docx"，选择除标题外的整个表格，切换至"表格工具>布局"选项卡，在"数据"选项组中单击"排序"按钮，如图3-93所示。

图 3-93 单击"排序"按钮

② 打开"排序"对话框，设置"主要关键字"为"产品名称"，设置"类型"为"拼音"，并选择"有标题行"单选按钮，如图3-94所示。

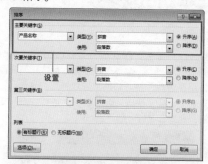

图 3-94 设置排序关键字

③ 单击"确定"按钮，即可对"产品名称"列的数据进行排序，排序结果如图 3-95所示。

图 3-95 查看排序结果

实例 061

并排表格

技巧介绍： 小W需要分析比较3、4月份的产品销量，但是文档中两个表格是纵列排放的，给比较数据造成了不便，有没有办法将两个表格并排放置呢？

难度系数：★★★　适用版本：全版本

① 打开本节素材文件"素材\第03章\实例061\3、4月份销售统计表.docx"，选择文档中的两个表格，切换至"布局"选项卡，在"页面设置"选项组中单击"分栏"下拉按钮，从下拉列表中选择"两栏"选项，如图 3-96 所示。

② 即可将两个表格并排放置，所得结果如图 3-97 所示。

图 3-96 设置分栏方式

图 3-97 查看表格分栏结果

技巧拓展

我们也可以在文档中插入文本框，使表格并排放置。

a.在文档中指定文本框的插入点，切换至"插入"选项卡，在"文本"选项组中单击"文本框"下拉按钮，从下拉列表中选择"简单文本框"选项，如图 3-98 所示，并调整好文本框的位置和大小。

b.选择文档中的第一个表格，按下【Ctrl+X】组合键进行剪切操作，将光标定位至插入的文本框中，按下【Ctrl+V】组合键进行粘贴操作，如图 3-99 所示。

图 3-98 选择文本框模式

图 3-99 将表格剪切到文本框中

c.按照相同的方法插入第二个文本框，并调整两个文本框之间的位置，将第二个表格粘贴至文本框中即可，如图 3-100 所示。

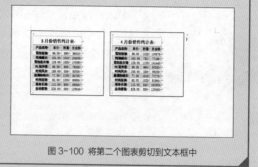

图 3-100 将第二个图表剪切到文本框中

实例 062

将 Word 表格转化为 Excel 文件

技巧介绍： 小W在Word中创建表格以后，希望将其转化为Excel文件，从而进行复杂的运算。那么，该怎样将Word表格转化为Excel文件呢？

难度系数：★★★ 适用版本：07/13/16/17

① 打开本节素材文件"素材\第03章\实例062\订单记录表.docx"，选择整个表格，如图 3-101所示，并按【Ctrl+C】组合键进行复制。

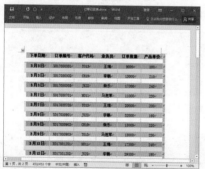

图 3-101 复制整个表格

② 启动Excel，选择A1单元格并右击，从快捷菜单中选择"保留源格式"粘贴选项，如图 3-102所示，即可将Word表格转化为Excel文件。

图 3-102 保留源格式粘贴

③ 我们也可以启动Excel，选择"插入"选项卡，在"文本"选项组中单击"对象"按钮，打开"对象"对话框，选择"由文件创建"选项卡，并单击"浏览"按钮，打开"浏览"对话框，选择"订单记录表.docx"文档，如图 3-103所示，单击"插入"按钮。

图 3-103 选择 Word 文档

④ 返回"对象"对话框，并勾选"链接到文档"复选框，如图3-104所示。

⑤ 单击"确定"按钮，即可在Excel中插入Word表格，但此时的表格是以图片形式显示的，右击插入的表格，从快捷菜单中选择"文档对象"选项，从子列表中执行"编辑"命令，如图3-105所示，将自动打开"订单记录表.docx"文档，在Word文档中进行编辑操作时，Excel文件中的表格也会相应发生变化。

图 3-104 "对象"对话框

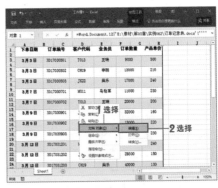

图 3-105 执行"编辑"命令

实例 063

批量删除所有图片

技巧介绍： 在Word文档中插入大量的图片后,当不需要这些图片时,有没有办法一次性批量删除整个文档中的所有图片呢?

① 打开本节素材文件"素材\第03章\实例063\教程.docx"，按下【Ctrl+H】组合键，打开"查找和替换"对话框，在"查找内容"文本框中插入光标，单击"更多"按钮后，继续单击"特殊格式"按钮，如图3-106所示。

② 从下拉列表中选择"图形"选项，将在"查找内容"文本框中输入"^g"，单击"全部替换"按钮，如图3-107所示。

③ 弹出Microsoft Word提示框，单击"确定"按钮，即可批量删除所有图片。

图 3-106 "查找和替换"对话框

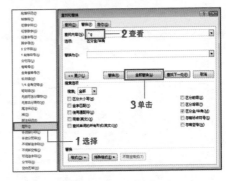

图 3-107 输入查找内容

第1章
第2章
第3章
第4章
第5章
第6章
第7章
第8章
第9章
第10章
第11章
第12章
第13章
第14章
第15章
第16章
第17章
第18章

实例 064 设置文本环绕表格的方式

技巧介绍： 在之前对图片的操作实例中，我们可以设置图片的位置及环绕文字方式，那对文档中的表格是不是也可以实现环绕排版呢？

❶ 打开本节素材文件"素材\第03章\实例064\公司住宿管理制度.docx"，单击表格中的任意单元格，切换至"表格工具>布局"选项卡，在"表"选项组中单击"属性"按钮，如图3-108所示。

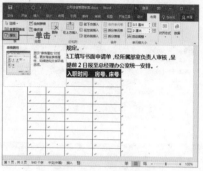

图 3-108 单击"属性"按钮

❷ 打开"表格属性"对话框，选择"表格"选项卡，设置"对齐方式"为"左对齐"，设置"文字环绕"方式为"环绕"，如图3-109所示。

图 3-109 查看设置文字环绕方式

❸ 单击"确定"按钮，即可将表格放置在文本左侧，并使文本环绕表格排版，如图 3-110所示。

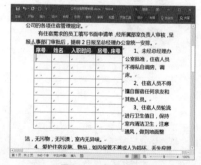

图 3-110 查看设置效果

技巧拓展

我们也可以利用插入的文本框，设置表格与文本的环绕方式。

a.在文档中指定文本框的插入点，切换至"插入"选项卡，在"文本"选项组中单击"文本框"下拉按钮，从下拉列表中选择"简单文本框"选项，如图 3-111所示，插入并调整好文本框的位置和大小。

b.选择文档中的表格，按下【Ctrl+X】组合键进行剪切，将光标定位至插入的文本框中，按下【Ctrl+V】组合键进行粘贴，如图 3-112所示。

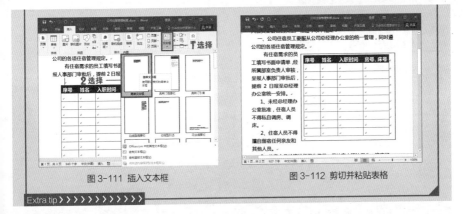

图 3-111 插入文本框　　　　图 3-112 剪切并粘贴表格

Extra tip ＞＞＞＞＞＞＞＞＞＞＞＞

职场小知识

不值得定律

简介： 不值得的事情不要做，一旦选择了一份值得做的工作，就要用100%的精力把它做好。

人们在潜意识中，习惯于将要做的每一件事情都做一个值得或不值得的评价，对于那些不值得做的事情也就产生了不值得做或不值得做好的思想态度，这就是不值得定律。这个定律反映出人们的一种心理，如果一个人从主观上认定某件事是不值得做的，那么在做这件事的时候，往往会持冷嘲热讽、敷衍了事的态度。这种态度使人缺乏激情去对待事物，降低自己的自信心，从而导致事件的成功率降低，哪怕最终成功了，自己也不会有多少成就感。

哪些事值得做呢？一般而言，这取决于三个因素：价值观、个性和气质、现实的处境。总结起来，符合我们的价值观，适合我们的个性与气质，并能让我们看到期望的事情，就是值得做的事情。

伦纳德·伯恩斯坦是世界著名的指挥家，但其最倾心也是认为最值得做的事却是作曲，这使得他的大半辈子都活在苦恼和矛盾之中。职场中人3/4的精力都要花在与工作有关的事情上，如果一天花这么多时间在一件不值得的事情上，那么工作恐怕就要变成一件再痛苦不过的差事了，甚至还会影响到自己的远大前程。"选择你所爱的，爱你所选择的"，只有这样才可能激发我们的奋斗精神。

工作单不单调，全由我们工作时的心境来决定。只有当你身临其境，努力去做时才能体会到其中的乐趣与意义。一旦选择了一份值得做的工作，就要用100%的精力把它做好。

第 4 章
页面快速设置

在Word文档编辑过程中，页面设置与文档打印也是很重要的功能，通过使用分节符、分页符、设置打印方式、添加页码、设置页眉分割线等操作，可以使整个文档赏心悦目。

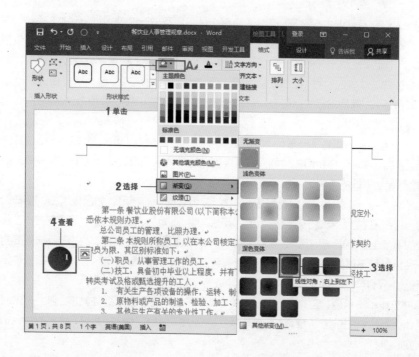

分节符的使用

技巧介绍： 在输入文本内容至页面的最后一行时，Word会自动添加新的页面，但小W需要将新的章节强制输入在新的页面中，此时利用分节符或分页符功能可以解决这个问题。

① 打开本节素材文件"素材\第04章\实例065\员工手册.docx"，在第一章末尾第二章起始处设置光标插入点，选择"布局"选项卡，在"页面设置"选项组中单击"分隔符"下拉按钮，从下拉列表中选择"下一页"选项，如图 4-1所示。

② 即可在光标插入点处插入一个"下一页"的分节符，如图 4-2所示，第二章的内容被强制放入下一页中。

图 4-1 插入分节符

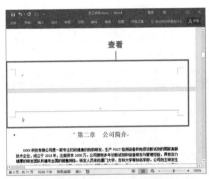

图 4-2 查看使用分节符的效果

技巧拓展

在"分节符"列表框中还可以插入"连续""偶数页"和"奇数页"的分节符。

Extra tip ▶▶▶▶▶▶▶▶▶▶▶▶▶

分页符的使用

技巧介绍： 同样的，分页符也可以实现文档内容快速分页操作，下面介绍具体操作步骤。

① 打开本节素材文件"素材\第04章\实例066\员工手册.docx"，在第一章末尾第二章起始处置入光标插入点，选择"布局"选项卡，在"页面设置"选项组中单击"分隔符"下拉按钮，从下拉列表中选择"分页符"选项，如图 4-3所示。

② 即可在光标插入点处插入一个分页符，如图 4-4所示，第二章的内容被强制放入下一页中。

图 4-3 插入分页符

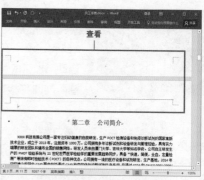

图 4-4 查看使用分页符的效果

❸ 利用"段落"对话框，也可以进行快速分页操作，将光标定位于"公司简介"文本左侧并右击，从快捷菜单中选择"段落"命令，如图 4-5 所示。

❹ 打开"段落"对话框，切换至"换行和分页"选项卡，勾选"段前分页"复选框，如图4-6 所示，单击"确定"按钮，即可实现快速分页。

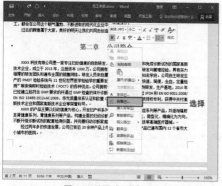

图 4-5 选择"段落"命令

图 4-6 勾选"段前分页"复选框

技巧拓展

其他进行强制分页的方法：

a. 选择"插入"选项卡，在"页面"选项组中单击"分页"按钮，如图 4-7 所示，也可插入分页符。

b. 将光标定位于"公司简介"文本左侧，按下【Ctrl+Enter】组合键也可快速插入分页符。

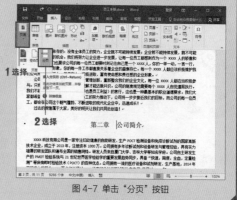

图 4-7 单击"分页"按钮

Extra tip〉〉〉〉〉〉〉〉〉〉〉〉

实例 067

文档背景的打印

技巧介绍： 小W为文档背景设置了颜色填充或图片填充，但在打印过程中却发现文档的背景竟然打印不出来，这样设置的页面颜色就等于失效了，该用什么办法打印文档的背景呢？

① 打开本节素材文件"素材\第04章\实例067\在职员工受训意见调查.docx"，在"文件"选项卡中选择"选项"选项，打开"Word选项"对话框。在"显示"选项中勾选"打印背景色和图像"复选框，如图 4-8 所示。

② 单击"确定"按钮后，再次选择"文件"选项卡，执行"打印"命令，预览打印效果，如图 4-9 所示。

图 4-8 勾选"打印背景色和图像"复选框

图 4-9 打印预览效果

实例 068

打印文档中的部分内容

技巧介绍： 小W在工作中需要将"员工手册"第一章的内容打印出来，可是他试了好几次，每次都是将整个文档打印出来了，该怎样打印文档中的部分内容呢？

① 打开本节素材文件"素材\第04章\实例068\员工手册.docx"，选择第一章的文本内容，如图 4-10 所示。

② 在"文件"选项卡中选择"打印"选项，单击"打印所有页"下拉按钮，从下拉列表中选择"打印所选内容"选项，如图 4-11 所示。

图 4-10 选择文本内容

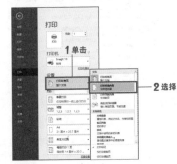

图 4-11 选择"打印所选内容"选项

技巧拓展

除了打印所选内容外，还可以打印当前页面的内容，或自定义打印范围。

a.单击"打印所有页"下拉按钮，从下拉列表中选择"打印当前页面"选项，即可打印当前页面；在"页数"文本框中输入页码范围，即可打印指定页面。

b.若需要打印某一页，只需输入该页面对应的数字即可，如5；若要打印连续的页码，则利用"–"连接页码范围，如3–7；若要打印非连续的页码，比如打印第3页、第5页、第8页，在输入时利用逗号将每页页码数隔开，如3，5，8；若打印的连续页中间有间断，则在页码后用逗号隔开，如3–7, 10–15。

Extra tip ＞＞＞＞＞＞＞＞＞＞＞

日期与时间的更新与打印

技巧介绍： 在制作通知或条例等文档时, 通常需要在文档中输入当前的日期和时间, 并使其在打印前自动进行更新, 具体该怎样操作呢?

① 打开本节素材文件"素材\第04章\实例069办公行为规范.docx", 在文章末尾处置入光标插入点, 选择"插入"选项卡, 在"文本"选项组中单击"日期和时间"按钮, 如图4-12所示。

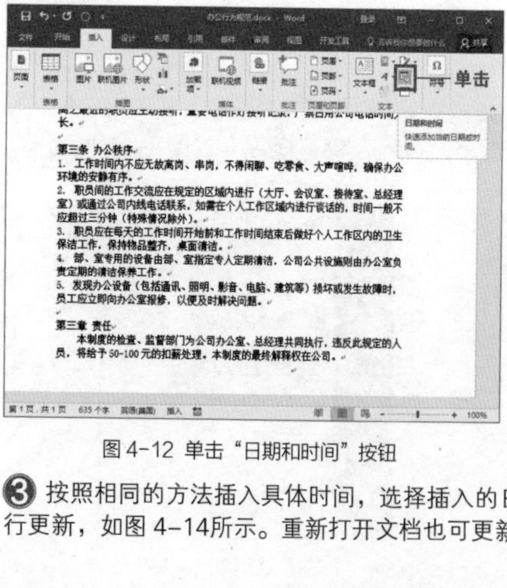

② 打开"日期和时间"对话框, 在"语言（国家/地区）"下拉列表框中选择"中文（中国）"选项, 在"可用格式"列表框中选择"2017年3月24日"日期样式, 并勾选"自动更新"复选框, 如图4-13所示。

图 4-12 单击"日期和时间"按钮

图 4-13 "日期和时间"对话框

③ 按照相同的方法插入具体时间, 选择插入的日期和时间, 当时间发生变化时, 按住F9功能键进行更新, 如图4-14所示。重新打开文档也可更新文档中的日期与时间。

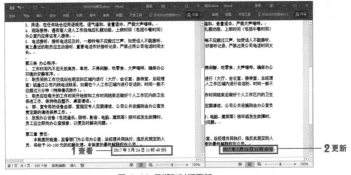

图 4-14 日期和时间更新

技巧拓展

打开"Word选项"对话框，选择"显示"选项，勾选"打印前更新域"复选框，如图 4-15所示，单击"确定"按钮，即可在打印前自动更新日期与时间。

图 4-15 勾选"打印前更新域"复选框

Extra tip >>>>>>>>>>>>>>

实例 070

双面打印

技巧介绍： 当文档页面较多时，为了降低纸张成本，我们可以将文档进行双面打印。

打开本节素材文件"素材\第04章\实例070\员工手册.docx"，在"文件"选项卡中选择"打印"选项，单击"单面打印"下拉按钮，从下拉列表中选择"手动双面打印"选项，如图 4-16所示，在提示打印第二面时将重新加载纸张，实现双面打印。

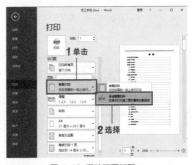

图 4-16 手动双面打印

技巧拓展

选择"文件"选项卡，执行"打印"命令，单击"打印所有页"下拉按钮，从下拉列表中选择"仅打印奇数页"或"仅打印偶数页"选项，如图 4-17 所示，即可只打印文档中的奇数页或偶数页。

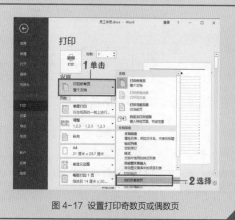

图 4-17 设置打印奇数页或偶数页

Extra tip 〉〉〉〉〉〉〉〉〉〉〉〉〉

实例 071

添加页码的几种方式

难度系数：★★★　　适用版本：全版本

技巧介绍： 小 W 在编辑"餐饮业人事管理规章"时，需要为文档添加页码，听同事说添加页码有好几种方法，可是小 W 一种也不会，下面就来介绍添加页码的几种常用方法吧。

① 打开本节素材文件"素材\第04章\实例071\餐饮业人事管理规章.docx"，选择"插入"选项卡，在"页眉和页脚"选项组中单击"页码"下拉按钮，选择"页面底端"选项，从其下级列表中选择"普通数字1"选项，如图 4-18 所示。

② 功能中将自动切换至"页眉和页脚工具>设计"选项卡，单击"关闭页眉和页脚"按钮，即可完成页码的添加工作，如图 4-19 所示。

图 4-18 选择页码样式

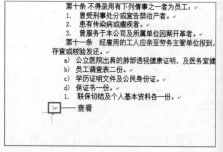

图 4-19 查看添加的页码效果

③ 选择"插入"选项卡，在"页眉和页脚"选项组中单击"页码"下拉按钮，选择"页面顶端"选项，从其下级列表中选择"圆角矩形2"选项，如图 4-20 所示。

④ 在"页眉和页脚工具设计"选项卡中单击"关闭页眉和页脚"按钮，同样可以为文档添加页码，如图 4-21 所示。

图 4-20　选择页码样式

图 4-21　查看添加的页码效果

⑤ 单击"页码"下拉按钮，选择"页边距"选项，从其下级列表中选择"箭头（左侧）"选项，如图 4-22所示。

⑥ 在"页眉和页脚工具>设计"选项卡中单击"关闭页眉和页脚"按钮，为文档添加的页码如图 4-23所示。

图 4-22　选择页码样式

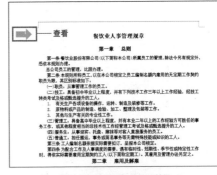

图 4-23　查看添加的页码效果

技巧拓展

若想删除文档中的页码，只需单击"页码"下拉按钮，从下拉列表中选择"删除页码"选项，如图 4-24所示，即可删除文档中所有的页码。

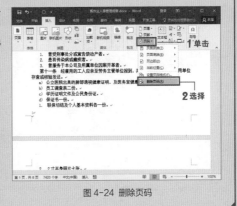

图 4-24　删除页码

实例 072 自定义页码样式

技巧介绍： 小W对Word提供的页码样式不满意，想要为页码设置不同的样式，该怎样添加自己喜欢的页码样式呢？

难度系数 ★★★ 适用版本：全版本

① 打开本节素材文件"素材\第04章\实例072\餐饮业人事管理规章.docx"，选择"插入"选项卡，在"页眉和页脚"选项组中单击"页码"下拉按钮，从下拉列表中选择"设置页码格式"选项，如图 4-25所示。

② 打开"页码格式"对话框，在"编号格式"下拉列表中选择所需的页码样式，并选择"起始页码"单选按钮，如图 4-26所示。

图 4-25 选择"设置页码格式"选项

图 4-26 "页码格式"对话框

③ 单击"确定"按钮，在"页眉和页脚"选项组中单击"页码"下拉按钮，选择"页边距"选项，从其下级列表中选择"圆（左侧）"选项，如图 4-27所示。

④ 选择文档中的任意页码，切换至"绘图工具>格式"选项卡，在"形状样式"选项组中单击"形状填充"下拉按钮，从下拉列表中选择"蓝色，个性色5，深色25%"选项，如图 4-28所示。

图 4-27 选择页码样式

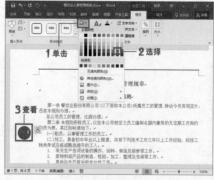

图 4-28 设置填充颜色

⑤ 继续单击"形状填充"下拉按钮，选择"渐变"选项，从其下级列表中选择"线性对角–右上到左下"选项，如图 4-29 所示，即可设置自己喜欢的页码样式。

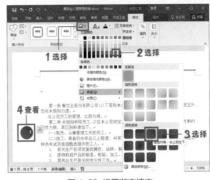

图 4-29 设置渐变填充

技巧拓展

通常文档的页码样式是统一的，如果想设置不同的页码样式，需要在更换页码样式的那一页面末尾处插入一个分页符，并双击需要更换的页码编号，然后单独设置该编号的样式即可，如图 4-30 所示。

图 4-30 设置不同的页码样式

Extra tip ＞＞＞＞＞＞＞＞＞＞＞＞＞

实例 073 删除文档首页页码

技巧介绍： 当我们使用实例 071 中的方法删除页码时，会将整个文档中所有的页码都删除掉，如果只需要删除部分文档的页码（比如首页页码），该怎样操作呢？

① 打开本节素材文件"素材\第04章\实例073\员工手册.docx"，双击首页页码，切换至"页眉和页脚工具>设计"选项卡，在"选项"选项组中勾选"首页不同"复选框，如图 4-31 所示，即可删除首页页码。
② 但第二页页码现在变成了2，在"页眉和页脚"选项组中单击"页码"下拉按钮，从下拉列表中选择"设置页码格式"选项，打开"设置页码格式"对话框，选择"起始页码"单选按钮，并在右侧文本框中输入0，如图 4-32 所示。

图 4-31 删除首页码

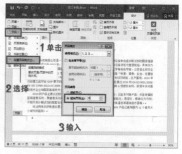

图 4-32 设置起始页码

❸ 此时文档中第二页的页码会按照起始第1页依次排序，如图 4-33 所示。

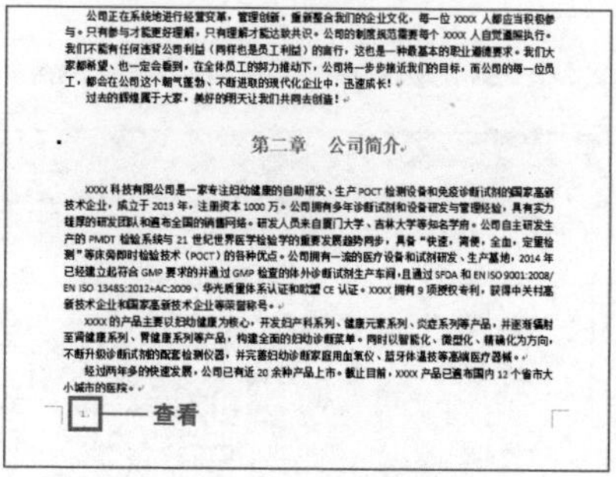

技巧拓展

当勾选"首页不同"复选框后，系统只是将首页码删除，下一页的页码仍然以"2"开始排列。

Extra tip ＞＞＞＞＞＞＞＞＞＞＞

图 4-33 查看效果

实例 074

为奇偶页设置不同的页眉页脚

技巧介绍： 在查阅公司发放的《员工手册》时，小W发现手册中奇数页与偶数页的页眉页脚设置竟然不相同，这是怎么做到的呢？在Word中如何为奇偶页设置不同的页眉页脚呢？

难度系数：★★★　适用版本：全版本

❶ 打开本节素材文件"素材\第04章\实例074\员工手册.docx"，选择"插入"选项卡，在"页眉和页脚"选项组中单击"页眉"下拉按钮，从下拉列表中选择"平面（奇数页）"选项，如图 4-34 所示。

❷ 在插入的页眉中输入文本内容，并设置字体格式后，在"页眉和页脚工具>设计"选项卡下的"选项"选项组中勾选"奇偶页不同"复选框，如图 4-35 所示。

图 4-34 添加奇数页页眉

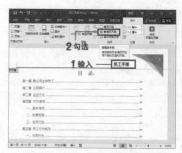

图 4-35 勾选"奇偶页不同"复选框

❸ 在"页眉和页脚工具>设计"选项卡的"页眉和页脚"选项组中单击"页眉"下拉按钮，从下拉列表中选择"平面（偶数页）"选项，如图 4-36 所示。

❹ 在插入的页眉中输入文本内容，为文档的奇偶页设置不同的页眉，如图 4-37 所示。

❺ 设置不同页脚的方法与页眉相同。

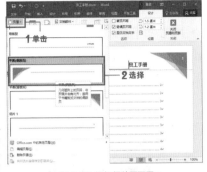

图 4-36 添加偶数页页眉

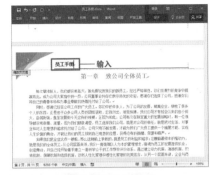

图 4-37 输入文本内容

实例 075 为分栏文档添加页码

技巧介绍： 在对文档进行排版时，有时需要将文档分为两栏，并为每一栏都添加页码，该怎样设置分栏页码呢？

❶ 打开本节素材文件"素材\第04章\实例075\员工手册.docx"，选择"插入"选项卡，在"页眉和页脚"选项组中单击"页脚"下拉按钮，从下拉列表中选择"空白"选项，如图 4-38 所示。

❷ 删除页脚中的文字，通过键入空格键将光标移至文档左栏中间的位置，并输入"第{={page}*2-1}页"文本，如图 4-39 所示。

图 4-38 选择页脚样式

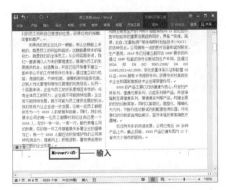

图 4-39 输入页脚代码

❸ 再按空格键将光标移至文档右栏中间位置，输入"第{={page}*2}页"文本，如图 4-40 所示。

❹ 选择左栏和右栏输入的页脚文字并右击，从快捷菜单中选择"更新域"命令，如图 4-41 所示。

图 4-40 输入页脚代码

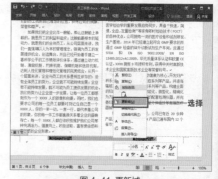

图 4-41 更新域

⑤ 在"页眉的页脚工具>设计"选项卡中单击"关闭页眉和页脚"按钮，完成分栏页码的设置，如图 4-42所示。

图 4-42 查看效果

技巧拓展

若将文档分为三栏，只需将页脚中输入的代码修改为"第{={page}★3-2}页"、"第{={page}★3-1}页"和"第{={page}★3}页"即可。

Extra tip ＞＞＞＞＞＞＞＞＞＞＞＞

实例 076

同一页面通栏与双栏混排

技巧介绍： 为了满足排版的需要，在文档中我们可以将整篇文档设置成双栏模式，也可以只对部分文档进行分栏操作，实现通栏与双栏混排。

难度系数：★★★ 适用版本：全版本

① 打开本节素材文件"素材\第04章\实例076\合同协议书.docx"，选择需要设置分栏的文本内容，切换至"布局"选项卡，在"页面设置"选项组中单击"分栏"下拉按钮，从下拉列表中选择"两栏"选项，如图 4-43所示。

② 即可将部分文档内容设置成双栏，在"页面设置"选项组中单击"分栏"下拉按钮，从下拉列表中选择"更多分栏"选项，打开"分栏"对话框，勾选"分隔线"复选框，如图4-44所示。

图 4-43 进行分栏操作

❸ 单击"确定"按钮，即可显示分隔线，效果如图 4-45 所示。

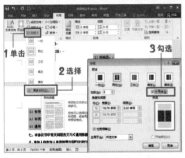

图 4-44 勾选"分隔线"复选框

图 4-45 查看效果

实例 077　页眉分割线样式设置

难度系数：★★★　适用版本：全版本

技巧介绍： 当为文档添加页眉页脚后，将自动在页眉与正文之间插入一条分割线，有没有办法设置插入的这条分割线，使其满足个人的需求呢？

❶ 打开本节素材文件"素材\第04章\实例077\合同协议书.docx"，双击插入的页眉，在"开始"选项卡的"段落"选项组中单击"边框"下拉按钮，从下拉列表中选择"边框和底纹"选项，如图 4-46 所示。

❷ 打开"边框和底纹"对话框，在"边框"选项卡的"设置"选项列表中选择"自定义"选项，在"样式"列表框中选择合适的线型样式，在"颜色"下拉列表中选择满意的颜色，在"预览"区域单击"下划线"按钮，并将"应用于"设置为"段落"，如图 4-47 所示。

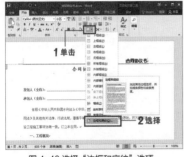

图 4-46 选择"边框和底纹"选项

图 4-47 自定义边框

❸ 单击"确定"按钮，即可将页眉分割线更改为设置的样式，如图 4-48 所示。

图 4-48 查看效果

技巧拓展

除此之外，我们还可以利用"形状"功能在分割线处绘制合适的形状图形，并设置形状样式即可。

Extra tip ＞＞＞＞＞＞＞＞＞＞＞

职场小知识

蘑菇管理定律

简介： 职场新人需要在阴暗的"蘑菇"环境中锻炼自己，吸取经验，从"蘑菇堆"里脱颖而出。

我们对于蘑菇都不陌生，它们生长在阴暗角落，避免阳光直射，在职场上也存在着类似的"小蘑菇"。"蘑菇管理定律"指的是企事业单位对待新进者的一种管理心态。很多机构都有一个不成文的规矩：新进的人员，都要从基层做起，从最简单的事情做起。由于新进者常常被置于阴暗的角落，在不受重视的位置，做一些打杂跑腿的工作，有时还会受到无端的批评、指责、代人受过，还有可能得不到必要的指导和提携，这种情况与蘑菇的生长情景极为相似。

现在有许多刚大学毕业的新人，放不下大学生或研究生身份，委屈的做些不愿做的小事情，他们忍受不了做这种平凡或平庸的工作，从而态度消极想跳槽，这也就是部分人所流露出的眼高手低的陋习。象牙塔中的天之骄子，满怀理想抱负对未来充满信心，若连小事都不愿意做，怎么能成就大事业呢？

卡莉·费奥丽娜从斯坦福大学法学院毕业后，第一份工作是在一家地产经纪公司做接线员，每天的工作就是接电话、打字、复印、整理文件。但她毫无怨言，在简单的工作中积极学习。一次偶然的机会，几个经纪人问她是否还愿意干点别的什么，于是她得到了一次撰写文稿的机会，从此她的人生改变了。这位卡莉·费奥丽娜就是惠普公司前CEO，被尊称为世界第一女CEO。

首先，初出茅庐不要抱太大希望，当上几天"蘑菇"，能够消除很多不切实际的幻想，也能够对形形色色的人与事物有更深的了解，为今后发展打下坚实的基础。其次，耐心等待出头机会，处理好单调的工作，才有机会干一番真正的事业。最后，争取养分，茁壮成长，要有效地从做蘑菇的日子中吸取经验，令心智成熟。当真正从"蘑菇堆"里脱颖而出时，人们才会认可你的价值。

第 5 章

Word 高级应用技巧

本章主要介绍利用Word制作选择题问卷、填空题问卷、红头文件、个人名片、书法字帖以及新春日历等文档的方法，将前面几章介绍的技能进行综合应用，加强技巧训练，提高办公水平。

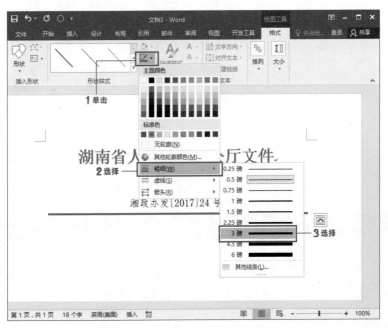

实例 078　保存 QQ 聊天记录

技巧介绍：　小W正在利用QQ软件请教同事工作上的问题，同事提到的解决方法让他觉得很有用，想将重要的聊天记录单独保存一份，那么他该怎么操作呢？

难度系数：★★★　适用版本：全版本

❶ 在QQ聊天记录中选择需要保存的内容，按下【Ctrl+C】组合键进行复制，启动Word 2016，按下【Ctrl+V】组合键进行粘贴，如图5-1所示。

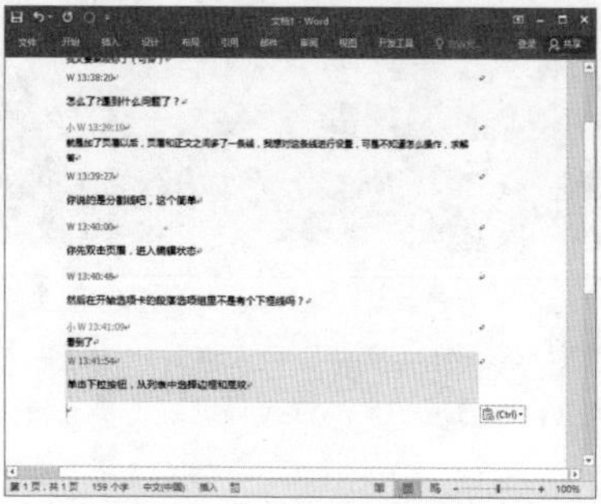

图 5-1 粘贴聊天记录

❷ 按下F12功能键打开"另存为"对话框，将文件保存类型设置为"纯文本（*.txt）"后，单击"保存"按钮，如图5-2所示。

图 5-2 选择"纯文本"选项

❸ 在打开的对话框中勾选"插入换行符"复选框，并预览文件效果，如图 5-3 所示，单击"确定"按钮，即可将聊天记录中的内容复制到记事本中。

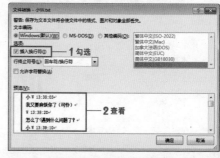

图 5-3 勾选"插入换行符"复选框

实例 079　让选择题各选项对齐

技巧介绍：　小W需要制作一份调查问卷，在让选择题的每个选项都对齐的操作上花费了很长时间，有没有什么便捷的方法可以快速对齐选择题的各个选项呢？

难度系数：★★★★　适用版本：07/13/16/17

❶ 打开本节素材文件"素材\第05章\实例079\员工问卷调查表.docx"，将插入点置于选项的起始位置，并输入A选项内容，按8次Tab键将插入点置于B选项合适的位置处，输入B选项内容，如图5-4所示。

❷ 按Enter键进行换行，按照相同的方法输入C、D选项内容，如图 5-5所示，即可将各选项对齐。

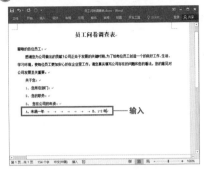

图 5-4 按 Tab 键进行对齐操作

图 5-5 按 Tab 键进行对齐操作

❸ 除此之外，我们也可以利用表格来对齐各选项。继续输入问卷内容，将插入点置于选项的起始位置，切换至"插入"选项卡，在"表格"选项组中单击"表格"下拉按钮，插入一个3行3列的表格，如图 5-6所示。

❹ 选择第一行单元格区域，切换至"表格工具>布局"选项卡，在"合并"选项组中单击"合并单元格"按钮，如图 5-7所示，合并第一行单元格，并输入题目内容。

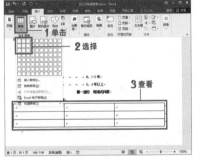

图 5-6 插入表格

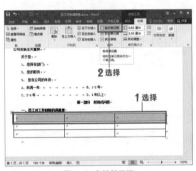

图 5-7 合并单元格

❺ 将插入点置于第2行第1列，输入A选项内容，在第2行第2列输入B选项内容，在第2行第3列输入C选项内容，如图 5-8所示。

❻ 按照相同的方法输入其他选项内容，选择整个表格，在"表格工具>设计"选项卡的"表格样式"选项组中单击"边框"下拉按钮，从下拉列表中选择"无边框"选项，如图 5-9所示，隐藏表格边框。

图 5-8 输入选项内容

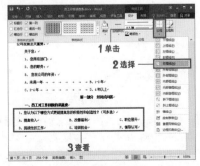

图 5-9 隐藏表格边框

第1章 第2章 第3章 第4章 第5章 第6章 第7章 第8章 第9章 第10章 第11章 第12章 第13章 第14章 第15章 第16章 第17章 第18章

技巧拓展

通常情况下，我们并看不到文档中键入的Tab键，选择"文件"选项卡，执行"选项"命令，打开"Word选项"对话框，选择"显示"选项卡，并勾选"制表符"复选框，如图5-10所示，即可显示文档中的Tab键。

Extra tip ▶▶▶▶▶▶▶▶▶▶▶▶▶

图 5-10 显示文档中的 Tab 键

实例 080

制作填空题

技巧介绍： 小W需要制作一份会计实务填空题的问卷，同事已经将包含答案的文档发给小W了，现在他需要将答案的位置用下划线表示，这时可以使用Word的"替换"功能进行操作。

难度系数：★★★
适用版本：全版本

① 打开本节素材文件"素材\第05章\实例080\会计实务填空题.docx"，按下【Ctrl+H】组合键打开"查找和替换"对话框，在"查找内容"文本框中置入插入点，单击"更多"按钮后，继续单击"格式"按钮，从下拉列表中选择"字体"选项，如图 5-11所示。

② 打开"查找字体"对话框，将"字形"设置为"加粗"，将"字体颜色"设置为"红色"，如图 5-12所示。

图 5-11 选择查找字体

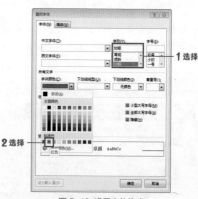

图 5-12 设置字体格式

③ 单击"确定"按钮，在"查找内容"文本框下方显示要查找的字体格式，在"替换为"文本框中置入插入点，单击"格式"按钮，从下拉列表中选择"字体"选项，如图 5-13所示。

④ 打开"替换字体"对话框，将"字体颜色"设置为"白色"，并选择合适的下划线线型，设置"下划线颜色"为"红色"，如图 5-14所示。

图 5-13 选择替换字体

图 5-14 设置字体格式

⑤ 单击"确定"按钮，返回"查找和替换"对话框，如图 5-15所示。

⑥ 单击"全部替换"按钮，弹出Microsoft Word提示框，继续单击"确定"按钮，即可将答案替换为下划线，如图 5-16所示。

图 5-15 查看设置的格式

图 5-16 查看替换效果

输入化学方程式

技巧介绍： 数学公式或化学方程式在教学活动中应用广泛，在之前的实例中，已经简单介绍了公式的插入方法，在本实例中，我们将利用"公式"功能输入复杂的化学方程式。

① 启动Word，选择"插入"选项卡，在"符号"选项组中单击"公式"下拉按钮，从下拉列表中选择"插入新公式"选项，如图 5-17所示。

② 即可在插入点位置插入公式编辑框，选择"公式工具>设计"选项卡，在"结构"选项组中单击"上下标"下拉按钮，选择"下标"选项，如图 5-18所示。

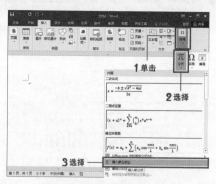

图 5-17 选择"插入新公式"选项

图 5-18 选择"下标"选项

❸ 在公式编辑框中即可输入下标的化学符号,如图 5-19 所示。

❹ 按照相同的方法输入其他化学符号,选择"公式工具>设计"选项卡,在"结构"选项组中单击"分数"下拉按钮,选择"分数(竖式)"选项,如图 5-20 所示。

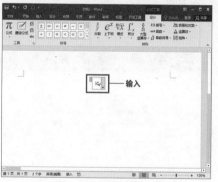

图 5-19 输入下标的化学符号

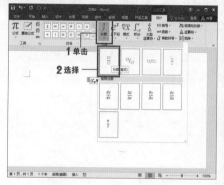

图 5-20 选择"分数(竖式)"选项

❺ 在公式编辑框中继续输入分数,在"结构"选项组中单击"运算符"下拉按钮,选择"右箭头在下"选项,如图 5-21 所示。

❻ 在公式编辑框中插入运算符,并在运算符上方的文本框中输入所需文字,如图 5-22 所示。

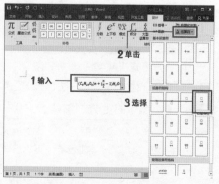

图 5-21 选择"右箭头在下"选项

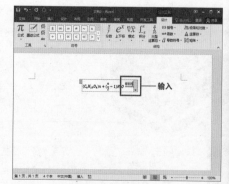

图 5-22 输入所需文字

⑦ 按照相同的方法，完成化学方程式的输入，效果如图5-23所示。

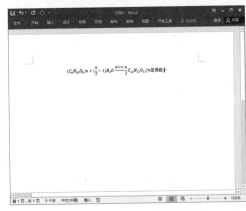

$$(C_nH_{10}O_5)n + (\tfrac{n}{2}-1)H_2O \xrightarrow{\text{稀硫酸}\ n}\ \tfrac{n}{2}C_{12}H_{22}O_{11}(n\text{是偶数})$$

图 5-23 查看输入的化学方程式

制作红头文件

技巧介绍： 红头文件是指各级政府机关，多指中央一级下发的带有大红字标题和红色印章的文件。发布相关文件时可以从网络中下载所需的文件模板，也可以自己制作合适的红头文件。

① 启动Word 2016，输入文件标题名称，设置字体为"宋体"，字号为"一号"，字体颜色为"红色"，将文本加粗并居中对齐，如图5-24所示。

② 按Enter键进行换行操作，输入发文机关名称、发文时间以及发文序号，设置字体为"仿宋"，字号为"三号"，字体颜色为"黑色"，将文本居中对齐，如图5-25所示。

图 5-24 设置文件名称格式

图 5-25 设置相关内容格式

③ 选择"插入"选项卡，在"插图"选项组中单击"形状"下拉按钮，从下拉列表中选择"直线"选项，如图5-26所示。

④ 按住Shift键在合适的位置绘制直线，切换至"绘图工具>格式"选项卡，在"形状样式"选项组中单击"形状轮廓"下拉按钮，从下拉列表中选择"红色"选项，如图5-27所示。

第1章
第2章
第3章
第4章
第5章
第6章
第7章
第8章
第9章
第10章
第11章
第12章
第13章
第14章
第15章
第16章
第17章
第18章

图 5-26 选择"直线"选项

图 5-27 设置形状轮廓颜色

⑤ 继续单击"形状轮廓"下拉按钮，在下拉列表中选择"粗细"选项，从其下级列表中选择"3磅"选项，如图 5-28所示。

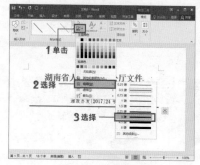

图 5-28 设置线条粗细

实例 083

电话号码升位

技巧介绍： 当前，大部分城市的电话号码都升级到了8位，小W需要更新客户的联系方式，除了手动一个个进行修改外，有其他办法可以快速解决电话号码升位的问题吗？

难度系数：★★★　适用版本：全版本

① 打开本节素材文件"素材\第05章\实例083\客户一览表.docx"，在"联系电话"一列的任意单元格置入插入点，选择"表格工具>布局"选项卡，在"行和列"选项组中单击"在左侧插入"按钮，如图5-29所示。

② 在"联系电话"列左侧插入空白列，并输入要升级的数字8，如图 5-30所示。

图 5-29 单击"在左侧插入"按钮

图 5-30 输入数据内容

❸ 选择新插入的列和"联系电话"列，按下【Ctrl+C】组合键进行复制，打开记事本文档，按下【Ctrl+V】组合键进行粘贴，选择数字"8"后面的空白区域并进行复制，单击"编辑"菜单，从下拉列表中选择"替换"选项，如图 5-31 所示。

❹ 打开"替换"对话框，在"查找内容"文本框中输入复制的空白区域，单击"全部替换"按钮，一次性删除所有电话号码之间的空白区域，如图 5-32 所示。

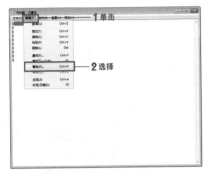

图 5-31 选择"替换"选项

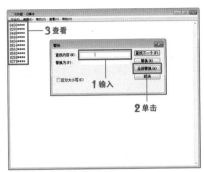

图 5-32 替换空格

❺ 选择并复制记事本中的电话号码，切换至"客户一览表"文档中，选择"联系电话"列的全部电话号码，按下【Ctrl+V】组合键进行粘贴，将电话号码升位，如图 5-33 所示。

❻ 选择左侧多余的列，选择"表格工具>布局"选项卡，在"行和列"选项组中单击"删除"下拉按钮，从下拉列表中选择"删除列"选项，如图 5-34 所示，即可删除表格中多余的列。

图 5-33 粘贴电话号码

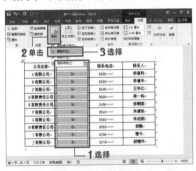

图 5-34 删除列

实例 084

难度系数：★★★★
适用版本：07/13/16/17

制作个人名片技巧

技巧介绍： 可能大家都认为，制作个人名片都只能用PS等专业图像处理软件，但其实利用Word提供的模板，也可以快速制作漂亮的个人名片。

❶ 启动Word 2016，在启动界面的搜索框中输入"名片"文本，单击"开始搜索"按钮，从搜索结果列表框中选择"名片（竹）"选项，如图 5-35所示。

❷ 打开模板预览面板，单击"创建"按钮，如图 5-36所示。

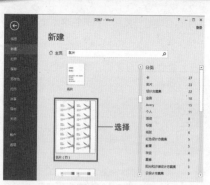

图 5-35 选择"名片（竹）"选项

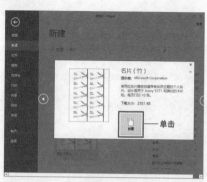

图 5-36 创建模板文档

❸ 单击该按钮后即可下载该模板，并基于该模板创建Word文档，在文档中输入相关信息即可，如图 5-37所示。

图 5-37 输入相关信息

技巧拓展

利用插入图片、插入形状以及插入文本框的功能，我们可以手工制作名片。

a.启动Word 2016，创建空白文档，选择"布局"选项卡，单击"页面设置"选项组对话框启动器按钮，打开"页面设置"对话框，选择"纸张"选项卡，将纸张大小设置为"自定义大小"，并设置宽度值为9，高度值为5.5，如图 5-38所示。

b.选择"页边距"选项卡，将页边距设置为0，如图 5-39所示。

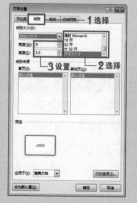

图 5-38 设置纸张大小

图 5-39 设置页面边距

c.选择"插入"选项卡,在"插图"选项组中单击"图片"按钮,插入合适的图片作为名片背景,设置图片的环绕方式为"四周型",并调整好图片的大小和位置,效果如图 5-40 所示。

d.选择"插入"选项卡,在"插图"选项组中单击"形状"下拉按钮,根据个人喜好插入合适的形状,并设置形状样式,为个人名片增添光彩,如图 5-41 所示。

图 5-40 插入图片

图 5-41 插入形状

e.选择"插入"选项卡,在"文本"选项组中单击"文本框"下拉按钮,插入简单文本框,在文本框中输入相关信息,并设置字体及文本框格式,手工制作名片的最终效果如图 5-42 所示。

图 5-42 输入名片内容

Extra tip ＞＞＞＞＞＞＞＞＞＞＞＞

实例 085

制作信纸技巧

技巧介绍: 与制作个人名片相似,我们可以利用 Word 提供的模板制作信纸,也可以利用"插入"选项卡下的功能,手工制作信纸。

① 启动 Word,在启动界面的搜索框中输入"信纸"文本,单击"开始搜索"按钮,从搜索结果列表框中选择"信纸(丰收图案)"选项,如图 5-43 所示。

② 打开模板的预览面板,单击"创建"按钮,如图 5-44 所示。

图 5-43 选择"信纸（丰收图案）"选项

图 5-44 创建模板文档

③ 单击该按钮后即可下载该模板，并基于该模板创建Word文档，在文档中输入相关信息并设置字体格式即可，如图 5-45所示。

④ 我们也可以启动Word，创建空白文档，选择"插入"选项卡，在"插图"选项组中单击"图片"按钮，插入合适的图片作为信纸背景，设置图片的环绕方式为"衬于文字下方"，并调整好图片的大小和位置，效果如图 5-46所示。

图 5-45 输入相关信息

图 5-46 插入背景图片

⑤ 继续插入气球图案，设置图片的环绕方式为"紧密型环绕"，调整好图片的大小和位置，并切换至"图片工具>格式"选项卡，在"调整"选项组中单击"删除背景"按钮，删除气球背景，如图 5-47所示。

⑥ 按照相同的方法插入其余气球图案，如图 5-48所示。

图 5-47 删除图片背景

图 5-48 插入装饰图片

⑦ 选择"插入"选项卡，在"文本"选项组中单击"文本框"下拉按钮，插入简单文本框，在文本框中输入信件内容，并设置字体及文本框格式，最终手工制作的信纸效果如图 5-49 所示。

图 5-49 输入信件内容

实例 086　制作备忘录技巧

技巧介绍：　在与客户交流沟通的过程中，小W负责将双方达成的一致意见记录在备忘录中。我们可以利用Word提供的模板制作备忘录，或根据需要创建个性化的备忘录。

① 启动Word，在启动界面的搜索框中输入"备忘录"文本，单击"开始搜索"按钮，从搜索列表框中选择"办公室内备忘录（专业设计）"选项，如图 5-50 所示。

② 打开模板的预览面板，单击"创建"按钮，如图 5-51 所示。

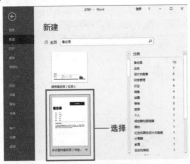

图 5-50 自动求和

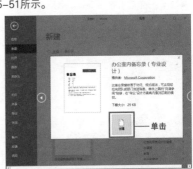

图 5-51 对不同工作表中的同一单元格求和

③ 单击该按钮后即可下载该模板，并基于该模板创建Word文档，在文档中输入相关信息并设置字体格式即可，如图 5-52 所示。

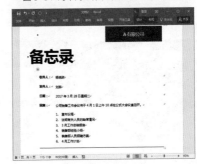

图 5-52 输入相关信息

④ 我们也可以启动Word，创建空白文档，选择"布局"选项卡，在"页面设置"选项组中单击对话框启动器按钮，打开"页面设置"对话框，选择"页边距"选项卡，将纸张方向设置为"横向"，将页边距设置为0，如图 5-53所示。

⑤ 选择"纸张"选项卡，将纸张大小设置为"自定义大小"，并设置宽度为值21，高度值为13，如图 5-54所示。

⑥ 选择"插入"选项卡，在"插图"选项组中单击"形状"下拉按钮，从下拉列表中选择"矩形"选项，在文档中绘制矩形形状，调整好形状的大小和位置后，设置形状样式，如图 5-55所示。

图 5-53 设置页面边距　　　图 5-54 设置纸张大小　　　5-55 插入形状

⑦ 选择"插入"选项卡，在"文本"选项组中单击"艺术字"下拉按钮，选择合适的艺术字样式，在文本框中输入"备忘录"文本，并设置艺术字样式，如图 5-56所示。

⑧ 选择"插入"选项卡，在"文本"选项组中单击"文本框"下拉按钮，插入简单文本框，在文本框中输入备忘录内容，调整矩形形状、艺术字及文本框之间的相对位置，手工制作的备忘录的最终效果如图 5-57所示。

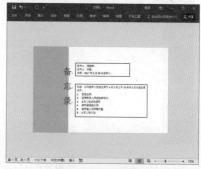

图 5-56 插入艺术字　　　　　　　图 5-57 输入备忘录内容

实例 087

制作书法字帖技巧

技巧介绍： 除了制作名片、信纸、备忘录，在Word提供的Office模板中我们还可以创建书法字帖、简历、求职信、传单等文档，本实例就具体介绍制作书法字帖的方法。

难度系数：★★★　适用版本：07/13/16/17

① 启动Word，在启动界面中选择"书法字帖"选项，如图 5-58所示，打开模板的预览面板，单击"创建"按钮。

❷ 即可下载该模板，在创建Word文档的同时将打开"增减字符"对话框，在"字体"选项区域中选择"书法字体"单选按钮，从下拉列表中选择"汉仪王行繁"选项，如图 5-59所示。

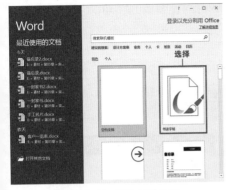

图 5-58 选择"书法字帖"选项

图 5-59 选择书法字体

❸ 在"字符"列表框中选择所需的文字，单击"添加"按钮，将所选文字添加到"已用字符"列表中，如图 5-60所示。

图 5-60 "增减字符"对话框

❹ 单击"关闭"按钮，即可完成书法字体的创建，如图 5-61所示。

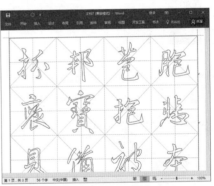

图 5-61 查看创建的书法字帖

技巧拓展

对于已经创建的书法字体，我们可以在"书法"选项卡中修改文档的字体样式、网格样式以及文字排列方式等，如图 5-62所示。

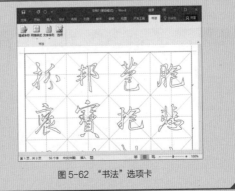

图 5-62 "书法"选项卡

Extra tip ＞＞＞＞＞＞＞＞＞＞＞

113

实例 088 自制新春日历

技巧介绍： 利用Word提供的模板功能，可以快速制作简单的日历。

难度系数：★★★
适用版本：07/13/16/17

① 启动Word，在启动界面的搜索框中输入"日历"文本，单击"开始搜索"按钮，从其中选择合适的日历模板，如图 5-63 所示。

② 打开模板的预览面板，单击"创建"按钮，即可下载该模板，新春日历制作完毕，如图 5-64 所示。

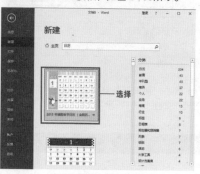

图 5-63 选择日历模板

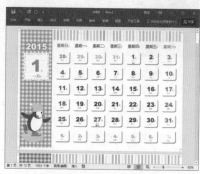

图 5-64 查看创建的日历效果

实例 089 输入汉字偏旁部首

技巧介绍： 在小学的语文考试中，有时需要正确输入汉字的偏旁部首。学生都是通过笔试回答问题，但当教师需要在文档中输入正确答案时，该怎样输入汉字的偏旁部首呢？

① 打开本节素材文件"素材\第05章\实例089\语文试卷.docx"，将插入点置于所需位置，按U键打开搜狗词库提示栏，在词库栏中选择"丿"选项，如图 5-65 所示。

② 继续选择"丨"选项，在词库显示栏中选择单人旁部首，如图 5-66 所示，即可输入汉字偏旁。

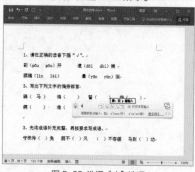

图 5-65 选择"丿"选项

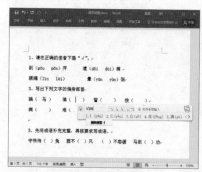

图 5-66 输入汉字偏旁

技巧拓展

常用偏旁部首的拼写输入方法如图 5-67 所示。

偏旁部首	输入	偏旁部首	输入
阝	fu	忄	xin
冂	jie	钅	jin
讠	yan	礻	shi
辶	chuo	廴	yin
冫	bing	氵	shui
宀	mian	冖	mi
扌	shou	犭	quan
纟	si	幺	yao
灬	huo	罒	wang

图 5-67 常用偏旁拼写输入

Extra tip ＞＞＞＞＞＞＞＞＞＞＞＞＞

实例 090

难度系数：★★★　适用版本：07/13/16/17

Word 字体嵌入

技巧介绍： 如果我们编辑文档时应用了从网络上下载的字体，当需要到另一台电脑上打印该文档时，特地设置的字体格式就变为宋体了，这种情况该怎么处理呢？

❶ 打开本节素材文件"素材\第 05 章\实例 090\在职员工受训意见调查.docx"，文档中已经为标题设置了下载的字体格式，如图 5-68 所示。

❷ 在"文件"选项卡中选择"选项"选项，打开"Word选项"对话框，选择"保存"选项，勾选"将字体嵌入文件"复选框，如图 5-69 所示，单击"确定"按钮即可。

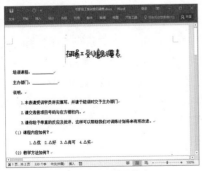

图 5-68 查看字体格式

图 5-69 勾选"将字体嵌入文件"复选框

第1章
第2章
第3章
第4章
第5章
第6章
第7章
第8章
第9章
第10章
第11章
第12章
第13章
第14章
第15章
第16章
第17章
第18章

技巧拓展

a.我们也可以将文档中设置的字体复制到另一台计算机的 "C:\Windows\Fonts" 路径中，安装所需的字体，然后在该电脑上打开Word文档，文档中的字体不会发生变化。

b.当使用保存嵌入字体功能时，在另一台计算机上打开该文档后，不能对嵌入的字体文本进行修改，否则会使嵌入的字体丢失。

Extra tip〉〉〉〉〉〉〉〉〉〉〉〉

职场小知识

贝尔效应

简介： 想着成功，成功的景象就会在内心形成；有了成功的信心，也就成功了一半。

贝尔效应是由美国布道家、学者贝尔提出的，核心内容是：想着成功，成功的景象就会在内心形成；有了成功的信心，也就成功了一半。

要是有三种不同的人生——轰轰烈烈、平平凡凡、凄凄惨惨——让你选择，你会选择哪一种？我想大多数人都会选择轰轰烈烈，但在现实生活中，大多数的人都平平凡凡，甚至凄凄惨惨，为什么不同的人会有如此大的差距呢？他们之间真的有不可逾越的鸿沟吗？当然不是的。成功者与失败者的最大不同，就在于前者坚信自己会成功，而后者则不是。

英国前首相威廉·皮特还是一个孩子时，就相信自己一定能成就一番伟业。在成长过程中，无论他身在何处，无论他做些什么，不管是在上学、工作还是娱乐，他从未放弃过对自己的信心，不断地告诉自己应该成功，应该出人头地。22岁那年，他就进入了国会；第二年，他就当上了财政大臣；到25岁时，他已经坐上了英国首相的宝座。凭着一股要成功的信念，威廉·皮特完成了自己的人生飞跃。

英国作家夏洛蒂很小就认定自己会成为伟大的作家。中学毕业后，她开始向成为伟大作家的道路努力。当她向父亲透露这一想法时，父亲却说：写作这条路太难走了，你还是安心教书吧。她给当时的桂冠诗人罗伯特·骚塞写信，两个多月后，她日日夜夜期待的回信这样说：文学领域有很大的风险，你那习惯性的遐想，可能会让你情绪混乱，也许这个职业对你并不合适。但是夏洛蒂对自己在文学方面的才华太自信了，不管有多少人在文坛上挣扎，她坚信自己会脱颖而出，并且要让自己的作品出版。终于，她先后写出了长篇小说《教师》《简·爱》，成为了世界公认的著名作家。

不论环境如何，在我们的生命里，均潜伏着改变现时环境的力量。如果你满怀信心，积极地想着成功的景象，那么世界就会变成你想要的模样。

第6章

文档快速审阅

日常工作中，有些文件需要领导审阅或者经过大家讨论后才能够执行，这时就需要在这些文件上进行一些批示、修改。利用Word的"审阅"功能，即可轻松完成文件的审批工作，提高办公效率。本章主要介绍"审阅"选项卡下常用功能按钮的使用技巧，包括词典功能、自动生成目录、添加书签、创建与取消超链接等。

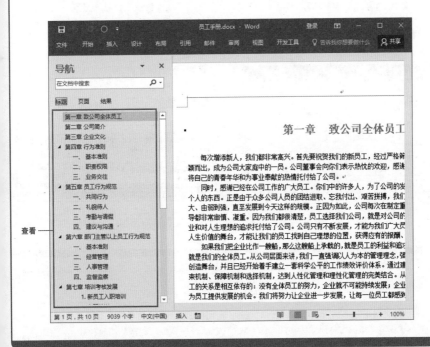

实例 091 使用 Word 词典功能

技巧介绍： 在小W的工作中，有时需要处理一些英文文档，小W的英语不是很好，每次遇到不懂的单词都要借助翻译工具，其实直接利用Word软件的词典功能即可进行翻译。

① 打开本节素材文件"素材\第06章\实例091\实习报告intership-report.docx"，选择"审阅"选项卡，在"语言"选项组中单击"翻译"下拉按钮，从下拉列表中选择"选择翻译语言"选项，如图 6-1 所示。

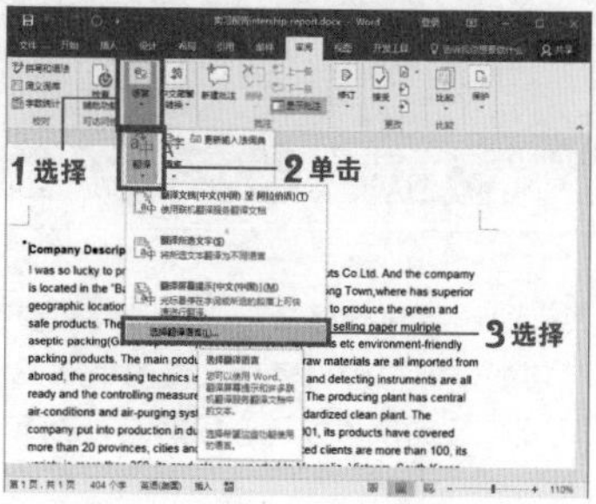

图6-1 选择"选择翻译语言"选项

② 打开"翻译语言选项"对话框，单击"翻译自"文本框右侧下拉按钮，选择"英语（美国）"选项，单击"翻译为"文本框右侧下拉按钮，选择"中文（中国）"选项，如图 6-2 所示。

图6-2 翻译语言设置

③ 单击"确定"按钮，在"语言"选项组中单击"翻译"下拉按钮，从下拉列表中选择翻译文档选项，如图 6-3 所示。

图6-3 选择翻译文档

④ 在打开的"翻译整个文档"提示框中单击"是"按钮，将自动打开浏览器，查看翻译结果，如图 6-4 所示。

图6-4 翻译文档

技巧拓展

在"翻译"下拉列表中，还可以执行翻译所选文字、翻译屏幕提示等操作。

a.选择需要翻译的文本内容，在"语言"选项组中单击"翻译"下拉按钮，从下拉列表中选择"翻译所选文字"选项，如图 6-5 所示。

b.在打开的"翻译整个文档"提示框中单击"是"按钮，将在文档右侧打开"信息检索"窗格，查看所选文本内容的译文，如图6-6所示。

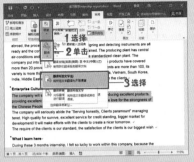

图6-5 选择"翻译所选文字"选项

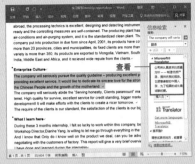

图6-6 查看所选文字的译文

c.关闭"信息检索"窗格，在"语言"选项组中单击"翻译"下拉按钮，从下拉列表中选择"翻译屏幕提示"选项，如图6-7所示。

d.将光标定位至需要翻译的单词或词组上，即可显示翻译内容，如图6-8所示。

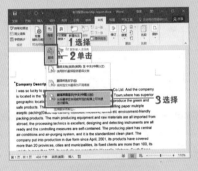

图6-7 选择翻译屏幕提示选项

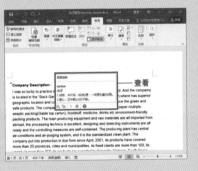

图6-8 查看翻译屏幕提示效果

Extra tip ＞＞＞＞＞＞＞＞＞＞＞＞

实例
092

难度系数：★★★
适用版本：全版本

自定义词典

技巧介绍： 小W在编辑文档时，文档中存在一些词典中并没有的专业词语，拼写检查时会提示错误。这种情况下，我们可以新建自定义词典，避免这个问题。

① 启动Word，在"文件"选项卡中选择"选项"选项，打开"Word选项"对话框，选择"校对"选项，并单击"自定义词典"按钮，如图6-9所示。

② 打开"自定义词典"对话框，单击"新建"按钮，在打开的"创建自定义词典"对话框中设置自定义词典的保存路径及名称，如图6-10所示。

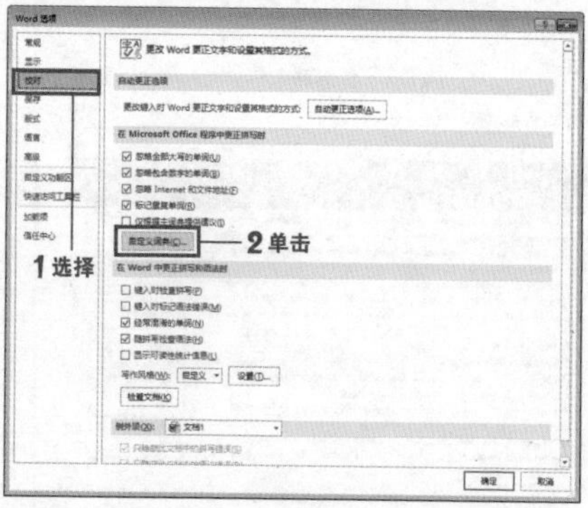

图 6-9 自定义词典

图 6-10 创建自定义词典

③ 单击"保存"按钮返回"自定义词典"对话框，在"词典列表"中选择之前自定义的词典，单击"编辑单词列表"按钮，在打开"对话框的"单词"文本框中输入单词，单击"添加"按钮，将其添加至"词典"列表框中，如图 6-11所示，单击"确定"按钮，完成自定义词典的创建。

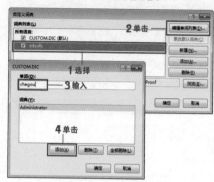

图 6-11 添加单词

技巧拓展

如果需要删除自定义词典中的单词，可以在选中目标单词后单击"删除"按钮；如果需要删除自定义词典，在"词典列表"中选择不需要的词典，单击"删除"按钮即可。

Extra tip ＞＞＞＞＞＞＞＞＞＞＞＞

实例
093

难度系数：★★★★★
适用版本：全版本

自动生成目录与更新目录

技巧介绍： 在编辑文档的过程中，小W最头痛的就是生成文档目录了，一旦文档内容发生变化、结构发生调整，又要重新制作一次目录。其实，我们可以让Word自动生成并及时更新目录。

① 打开本节素材文件"素材\第06章\实例093\员工手册.docx"，选择"致公司全体员工"文本内容，在"开始"选项卡的"样式"选项组中单击"样式"下拉按钮，从下拉列表中选择"标题1"选项，如图 6-12所示，按照相同的方法，设置文档中其他的一级标题。

❷ 选择第四章中的"基本准则"文本内容,在"开始"选项卡的"样式"选项组中单击"样式"下拉按钮,从下拉列表中选择"标题2"选项,如图 6-13所示,按照相同的方法,设置文档中的其他二级标题。

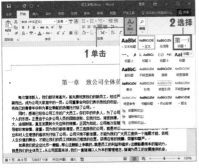

图 6-12 设置一级标题样式

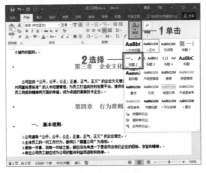

图 6-13 设置二级标题样式

❸ 按照相同的方法设置文档中三级标题的样式后,按下【Ctrl+F】组合键打开"导航"窗格,查看设置效果,如图 6-14所示。

❹ 在文档中将光标定位到目录的插入点,选择"引用"选项卡,在"目录"选项组中单击"目录"下拉按钮,从下拉列表中选择"自定义目录"选项,如图 6-15所示。

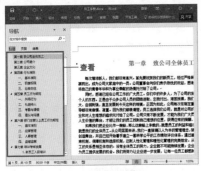

图 6-14 查看设置效果

图 6-15 自定义目录

❺ 打开"目录"对话框,将"显示级别"设置为4,如图 6-16所示。

❻ 单击"确定"按钮,即可在文档中自动生成目录,如图 6-17所示。

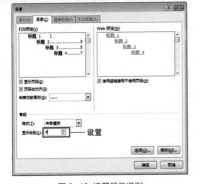

图 6-16 设置显示级别

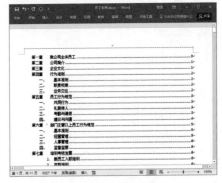

图 6-17 自动生成目录

第1章 第2章 第3章 第4章 第5章 第6章 第7章 第8章 第9章 第10章 第11章 第12章 第13章 第14章 第15章 第16章 第17章 第18章

技巧拓展

当文档内容发生变化时，我们可以及时更新文档中的目录。

在"目录"选项组中单击"更新目录"按钮，弹出"更新目录"对话框，选择"更新整个目录"单选按钮，如图 6-18所示，单击"确定"按钮，即可更新目录页码和目录内容。

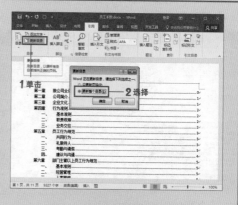

图 6-18 更新目录

Extra tip ＞＞＞＞＞＞＞＞＞＞＞＞

实例 094

更改目录样式

技巧介绍： 小W觉得自动生成的目录看起来不怎么美观，想要对其进行修改，该如何更改目录样式呢？

难度系数：★★★　　适用版本：全版本

① 打开本节素材文件"素材\第06章\实例094\员工手册.docx"，选择插入的目录，切换至"引用"选项卡，在"目录"选项组中单击"目录"下拉按钮，从下拉列表中选择"自定义目录"选项，打卡"目录"对话框，单击"格式"右侧下拉按钮，选择"正式"选项，如图 6-19所示。

② 单击"确定"按钮，弹出Microsoft Word提示框，继续单击"确定"按钮，即可快速更改目录样式，如图 6-20所示。

图 6-19 选择目录样式

图 6-20 更改目录样式

第1章
第2章
第3章
第4章
第5章
第6章
第7章
第8章
第9章
第10章
第11章
第12章
第13章
第14章
第15章
第16章
第17章
第18章

技巧拓展

除了选择系统自带的目录样式外，我们还可以自己设置目录样式。

a.在"目录"对话框的"格式"下拉列表中选择"来自模板"选项，并单击"修改"按钮，如图6-21所示。

b.打开"样式"对话框，选择需要修改的目录级别，单击"修改"按钮，如图6-22所示。

图6-21 选择目录样式

图6-22 修改目录级别

c.在打开的"修改样式"对话框中，可以设置目录文本的字体、字号、颜色等格式，如图6-23所示。

d.单击"确定"按钮，返回"样式"对话框，按照相同的方法设置二级目录和三级目录格式后，单击"确定"按钮，即可完成自定义目录格式的设置，如图6-24所示。

图6-23 设置目录文本格式

图6-24 查看效果

Extra tip ▶ ▶ ▶ ▶ ▶ ▶ ▶ ▶ ▶ ▶ ▶ ▶

实例 095

为目录页码添加括号

技巧介绍： 小W看到在同事制作的文档中，目录页码添加了括号，这是怎么做到的呢？其实只需利用"查找和替换"功能，即可统一为目录页码添加括号。

难度系数：★ ★ ★ ★
适用版本：全版本

❶ 打开本节素材文件"素材\第06章\实例095\员工手册.docx"，按住Ctrl键的同时选中目录中的页码，如图6-25所示。

② 按下【Ctrl+H】组合键打开"查找和替换"对话框，在"查找内容"文本框中输入"([0-9]{1,})"，在"替换为"文本框中输入"(\1)"，单击"更多"按钮，勾选"使用通配符"复选框，如图 6-26 所示。

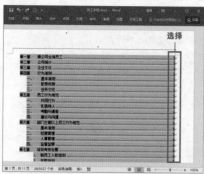

图 6-25 选中目录中的页码

图 6-26 "查找和替换"对话框

③ 单击"全部替换"按钮，弹出 Microsoft Word 提示框，继续单击"否"按钮，即可为整篇文档的目录页码添加括号，所得结果如图 6-27 所示。

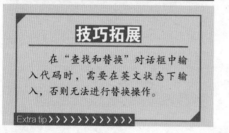

技巧拓展

在"查找和替换"对话框中输入代码时，需要在英文状态下输入，否则无法进行替换操作。

Extra tip ＞＞＞＞＞＞＞＞＞＞＞＞

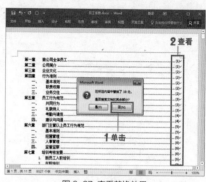

图 6-27 查看替换效果

实例 096

难度系数：★★★　适用版本：全版本

在文档中添加书签

技巧介绍： 小 W 正在检查并修改"员工手册"文档，修改到一半时公司组织了一场研讨会，回来后找不到之前修改的位置了。遇到这种情况我们可以在文档中添加书签，从而轻松地定位到所需的位置。

① 打开本节素材文件"素材\第 06 章\实例 096\员工手册.docx"，在需要的位置置入光标插入点，选择"插入"选项卡，在"链接"选项组中单击"书签"按钮，如图 6-28 所示。

图 6-28 单击"书签"按钮

❷ 打开"书签"对话框，设置书签名，并单击"添加"按钮，如图 6-29 所示，在文档中添加书签。

❸ 当需要快速定位到添加书签的位置时，只需打开"书签"对话框，单击"定位"按钮即可。

图 6-29 添加书签

技巧拓展

我们也可以为文档中的文字或段落添加书签。选择所需的段落或文字，打开"书签"对话框，设置书签名，并单击"添加"按钮，当再次打开打开"书签"对话框，双击新建的书签名，同样可以快速定位文档。

Extra tip ▶▶▶▶▶▶▶▶▶▶▶▶

实例 097

在文档中插入并编辑批注

技巧介绍： 小W将检查好的"员工手册"文档给人事部长查看，部长觉得文档中还有需要修改的地方，便利用"批注"功能在文档中提出了修改建议，到底是怎样在文档中添加批注的呢？

❶ 打开本节素材文件"素材\第06章\实例097\员工手册.docx"，在需要的位置置入光标插入点，选择"审阅"选项卡，在"批注"选项组中单击"新建批注"按钮，如图 6-30 所示。

❷ 在文档右侧将出现批注文本框，在文本框中输入批注内容即可，如图 6-31 所示。

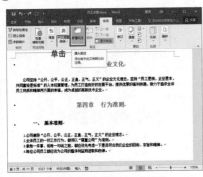

图 6-30 单击"新建批注"按钮

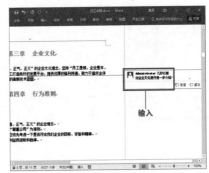

图 6-31 输入批注内容

❸ 选择插入的批注，在"审阅"选项卡下单击"修订"选项组中的对话框启动器按钮，打开"修订选项"对话框，单击"高级选项"按钮，如图 6-32 所示。

❹ 打开高级"修订选项"对话框，单击"批注"下拉按钮，从下拉列表中选择"蓝色"选项，如图 6-33 所示，单击"确定"按钮，即可修改批注框的颜色。

图 6-32 单击"高级选项"按钮

图 6-33 设置批注框颜色

⑤ 选择批注中的文本，在"开始"选项卡的"样式"选项组中单击"样式"下拉按钮，从下拉列表中选择"应用样式"选项，如图 6-34 所示。

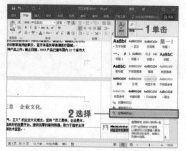

图 6-34 选择"应用样式"选项

⑥ 在打开的"应用样式"对话框中单击"修改"按钮，打开"修改样式"对话框，设置文本字体、字号及颜色，如图 6-35 所示。

图 6-35 设置字体格式

⑦ 返回"应用样式"对话框，单击"重新应用"按钮，即可更改批注文本的样式，如图 6-36 所示。

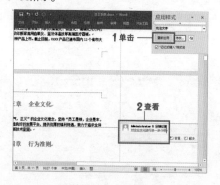

图 6-36 更改批注文本样式

技巧拓展

选择插入的批注，在"批注"选项组中单击"删除"下拉按钮，从下拉列表中选择"删除"选项，如图 6-37 所示，即可删除该批注；若选择"删除文档中的所有批注"选项，则删除文档中的所有批注。

图 6-37 删除批注

Extra tip 〉〉〉〉〉〉〉〉〉〉〉〉

实例 098

应用域功能

技巧介绍： 小W在之前的学习及现在的工作中都没有接触过"域"功能，感到很好奇。其实使用域功能可以在文档中灵活地插入各种对象，会给工作带来极大的方便。

① 打开本节素材文件"素材\第06章\实例098\办公室物资管理条例.docx"，在文档中需要的位置置入光标插入点，选择"插入"选项卡，在"文本"选项组中单击"文档部件"下拉按钮，从下拉列表中选择"域"选项，如图6-

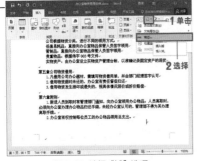

图 6-38 选择"域"选项

② 打开"域"对话框，在"类别"下拉列表中选择"日期和时间"选项，在"域名"列表框中选择CreateDate选项，在"日期格式"下拉列表中选择2017-03-28选项，如图6-39所示。

图 6-39 "域"对话框

③ 单击"确定"按钮，即可在文档中插入域，如图6-40所示。

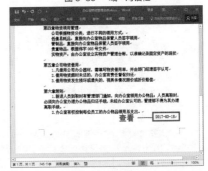

图 6-40 查看效果

实例 099

创建与取消文档超链接

技巧介绍： 工作报告会议上，小W发现有些同事只需单击文档中的内容，就可以自动打开浏览器并跳转到指定的网页，这样的操作看起来很方便，小W很想知道具体的设置方法。

① 打开本节素材文件"素材\第06章\实例099\ Office2016 十大新功能.docx"，选择"共同编辑"文本内容，切换至"插入"选项卡，在"链接"选项组中单击"超链接"按钮，如图6-41所示。

❷ 打开"插入超链接"对话框,在"地址"文本框中输入需要链接的网址,如图 6-42所示。

图 6-41 单击"超链接"按钮

图 6-42 输入需要链接的网址

❸ 单击"确定"按钮,按住Ctrl键并单击"共同编辑"文本,即可打开相关的网页,如图 6-43所示。

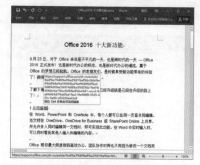

图 6-43 查看插入超链接效果

技巧拓展

a.在"插入超链接"对话框中选择需要链接的文档,并单击"确定"按钮,即可链接到Word内部文件。

b.右击添加了超链接的文本,在快捷菜单中执行"取消超链接"命令,如图 6-44所示,即可取消超链接。

c.若需要取消整个文档的超链接,只需按下【Ctrl+A】组合键全选文档,然后按下【Ctrl+Shift+F9】组合键,即可一次性取消文档中全部的超链接。

Extra tip ＞＞＞＞＞＞＞＞＞＞＞＞

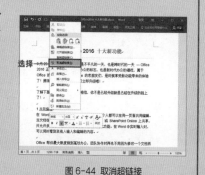

图 6-44 取消超链接

实例 100

难度系数: ★★★
适用版本: 全版本

保护文档内容

技巧介绍: 小W在编辑完文档内容后,为了防止他人查看或修改文档数据,想将文档保护起来。在Word中,我们可以对整个文档进行加密,也可以保护文档中的部分内容不被修改。

❶ 打开本节素材文件"素材\第06章\实例100\2016年度工作总结.docx"，在"文件"选项卡中选择"信息"选项，单击"保护文档"下拉按钮，从下拉列表中选择"用密码进行加密"选项，如图 6-45 所示。

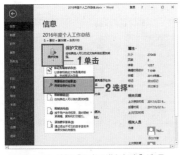

图 6-45 选择"用密码进行加密"选项

❸ 保存并关闭文档，再次打开文档时，将弹出"密码"对话框，只有输入正确的密码才可打开文档，如图 6-47 所示。

图 6-47 查看设置效果

❺ 在文档右侧将打开"限制编辑"窗格，勾选"仅允许在文档中进行此类型的编辑"复选框，单击"是，强制启动保护"按钮，打开"启动强制保护"对话框，输入设定的密码，如图 6-49 所示。

图 6-49 设置密码

❷ 打开"加密文档"对话框，在"密码"文本框中输入设定的密码，单击"确定"按钮，弹出"确认密码"对话框，再次输入设定的密码，如图 6-46 所示。

图 6-46 设置密码

❹ 选择"文件"选项卡，执行"信息"命令，单击"保护文档"下拉按钮，从下拉列表中选择"限制编辑"选项，如图 6-48 所示。

图 6-48 选择"限制编辑"选项

❻ 单击"确定"按钮，在"限制编辑"窗格中将显示文档已受保护的信息，如图 6-50 所示；若要取消文档保护，则在"限制编辑"窗格中单击"停止保护"按钮，打开"取消保护文档"对话框，输入正确的密码，单击"确定"按钮即可。

图 6-50 取消文档保护

技巧拓展

在文档中选择允许编辑的文本范围，切换至"审阅"选项卡，在"保护"选项组中单击"限制编辑"按钮，如图 6-51 所示，同样可以打开"限制格式和编辑"窗格。

Extra tip ▷▷▷▷▷▷▷▷▷▷▷▷

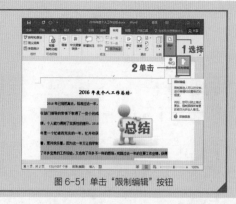

图 6-51 单击"限制编辑"按钮

职场小知识 — 酒与污水定律

简介： 对团体中的人才加以指引和筛选，剔除团队中的"污水"，不要让它坏了一缸美酒。

几乎每个团队都有一些难管的成员，他们存在的目的似乎就是把事情搞砸。表现为到处搬弄是非，传播流言，破坏组织内部的和谐，甚至还有着惊人的破坏力，使集体分化，组员相互猜忌。他们就像"烂苹果"，一箱苹果都会被它的腐败之气糟蹋掉。

这就是管理心理学上的"酒与污水定律"：如果把一勺酒倒进一桶污水，得到的是一桶污水；如果把一勺污水倒进一桶酒里，得到的还是一桶污水。污水和酒的比例并不能决定这桶东西的性质，只要一勺污水，再好的美酒都变成了无用的污水。

破坏总比建设来得容易，酿成一坛美酒需要岁月的积淀，而毁掉它只需短短一瞬；一位能工巧匠花费时日精心制作的陶瓷器，一头驴子一秒钟就能把它毁坏掉。同样，一个正直能干的人进入一个各方面混乱的单位，尽管他始终保持"英雄本色"，但终究会被其周围的环境所吞没，起码会被那些"污水"染上些"杂色"。相反，如果一个无德无才的多事者，也可能将一个团结、高效的单位变成一盘散沙。

一本名为《界限对谈》的管理心理学著作指出，"职场污水"很可能从小就缺乏界限感，他们对错与对、不合理与合理的认识不清晰。若他们最初的一些破坏行为得到容忍，甚至尝到了甜头，就会把管理者的忍让理解为惧怕自己，从而变本加厉。对付"职场污水"的最好办法是"慎于始"。领导者不要苟且容忍他们最初的破坏性行为，应依据相关规范给予惩罚，给他们设立明确的"界限"。也就是说，管理者需要一点"硬手腕"，才能对他们有所震慑，让他们收敛。对团体中的人才加以指引和筛选，剔除具有破坏力的"污水"，使合格者的力量指向同一目标，这就是人才的运作。

第7章

表格快速操作

从这一章开始,我们将与小E一起,进入Excel的世界进行学习。Excel凭借其强大的数据分析计算、图表制作功能,可以轻松地解决工作中的疑难问题。在本章中,我们主要认识Excel工作簿及工作表,并介绍一些表格的快速操作技巧,包括打开工作簿、加密工作簿、切换工作簿、修复Excel文件、选择所有工作表、设置工作簿标签颜色和字号、锁定编辑区域以及冻结窗格等内容。

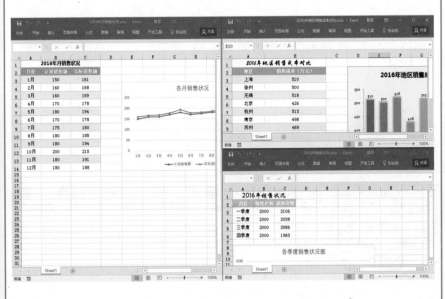

第1章
第2章
第3章
第4章
第5章
第6章
第7章
第8章
第9章
第10章
第11章
第12章
第13章
第14章
第15章
第16章
第17章
第18章

实例 101 快速启动 Excel 2016

难度系数：★★★ 适用版本：全版本

技巧介绍： 只要接触过计算机，知道怎么打开软件的人肯定也知道如何打开Excel，但是启动Excel的方法不止一种，下面介绍同种常用的方法。

❶ 最常用的方法，应该是双击桌面上的应用程序图标，Excel 2016，如图 7-1所示。

❷ 单击"开始"按钮，选择"所有程序"选项，在打开的程序列表中选择Excel 2016选项，如图 7-2所示，即可启动该应用程序。

图 7-1 双击快捷方式

图 7-2 选择 Excel 2016 选项

❸ 双击需要打开的Excel要作表，如图 7-3所示，即可启动应用程序并打开Excel表格。

图 7-3 双击 Excel 工作表

实例 102 自定义并共享主题样式

难度系数：★★★★ 适用版本：全版本

技巧介绍： 应用Excel的主题功能可以快速修改工作表中的颜色、字体及效果，快速达到美化效果。当Exce提供的主题不能满足需要时，也可以自定义主题样式，并将创建好的主题进行共享。

❶ 打开本节素材文件"素材\第07章\实例102\2016年销售状况.xlsx"，选择"页面布局"选项卡，在"主题"选项组中单击"主题"下拉按钮，从下拉列表中选择"基础"选项，如图 7-4所示，即可应用所选主题样式。

❷ 如果没有合适的主题样式，在"主题"选项组中单击"颜色"下拉按钮，从下拉列表中选择"自定义颜色"选项，如图 7-5 所示。

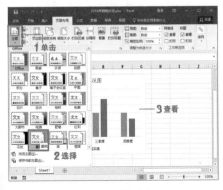

图 7-4 选择主题颜色

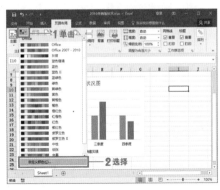

图 7-5 选择"自定义颜色"选项

❸ 打开"新建主题颜色"对话框，在"名称"文本框中输入自定义主题名称，并设置对话框中各项目颜色，如图 7-6 所示。

图 7-6 "新建主题颜色"对话框

❹ 单击"保存"按钮，返回 Excel 工作界面，继续单击"颜色"下拉按钮，从下拉列表中可以看到自定义的主题颜色，如图 7-7 所示。

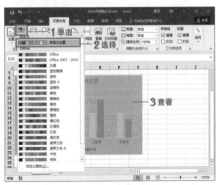

图 7-7 查看自定义主题颜色

❺ 在"主题"选项组中单击"字体"下拉按钮，从下拉列表中选择"新建主题字体"选项，如图 7-8 所示。

图 7-8 选择"自定义字体"选项

❻ 打开"新建主题字体"对话框，在"名称"文本框中输入自定义字体名称，并设置文字的字体样式，如图 7-9 所示。

图 7-9 "新建主题字体"对话框

⑦ 单击"保存"按钮，返回Excel工作界面，继续单击"字体"下拉按钮，从下拉列表中可以看到自定义的主题字体，如图 7-10 所示。

图 7-10 查看自定义字体

⑧ 在"主题"选项组中单击"效果"下拉按钮，从下拉列表中选择"锈迹纹理"选项，为工作表应用主题效果，如图 7-11 所示。

图 7-11 选择主题效果

⑨ 自定义完主题后，单击"主题"下拉按钮，从下拉列表中选择"浏览主题"选项，打开"选择主题或主题文档"对话框，选择需要共享的主题文件，如图 7-12 所示，单击"打开"按钮，即可完成共享该文件的主题。

图 7-12 选择需要共享的主题文件

技巧拓展

在设置完自定义主题后，我们可以将设置的主题保存下来，单击"主题"下拉按钮，从下拉列表中选择"保存当前主题"选项，在打开的"保存当前主题"对话框中设置保存路径和文件名，如图 7-13 所示，单击"保存"按钮即可。

Extra tip ▶ ▶ ▶ ▶ ▶ ▶ ▶ ▶ ▶ ▶ ▶ ▶

图 7-13 保存当前主题

实例 103

更改视图显示方式

技巧介绍： 还记得在实例037中，通过更改视图显示方式来阅读长篇文档吗？在Excel中有3种视图显示方式，我们可以根据实际需要选择合适的视图。

❶ 打开本节素材文件"素材\第07章\实例103\2016年销售状况.xlsx"，选择"视图"选项卡，在"工作簿视图"选项组中单击"普通"按钮，即可切换至普通视图，如图 7-14 所示。

❷ 在"工作簿视图"选项组中单击"分页预览"按钮，即可切换至分页预览视图，在该视图中可以预览打印工作表时分页的位置，如图 7-15 所示。

图 7-14 普通视图

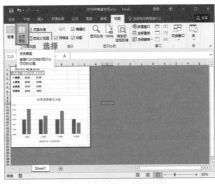

图 7-15 分页预览视图

❸ 在"工作簿视图"选项组中单击"页面布局"按钮，即可切换至页面布局视图，在该视图中可以添加页眉和页脚，如图 7-16 所示。

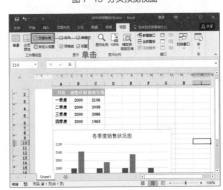

图 7-16 页面布局视图

实例 104

难度系数：★ ★ ★
适用版本：07/13/16/17

快速打开指定文件夹

技巧介绍： 小E常用的文件夹存放在电脑E盘的某个文件夹中，第次打开该文件夹都要打开多个文件夹才能找到，有什么方法可以快速打开所需的文件夹吗？

❶ 找到指定文件夹以后，为了节省以后查找文件夹的时间，我们可以右击该文件夹，从快捷菜单中选择"发送到"命令，从子列表中选择"桌面快捷方式"选项，如图 7-17 所示，在桌面添加快捷方式。

❷ 我们也可以选择所需的文件夹，按住鼠标左键将其拖动至"收藏夹"列表中，如图 7-18 所示，在收藏夹中创建链接。

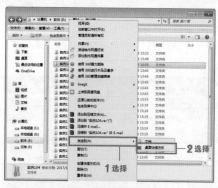

图 7-17 添加快捷方式

图 7-18 移动至收藏夹

技巧拓展

我们也可以对Excel进行设置，使其每次启动时自动打开所需文件夹中的工作簿文件。

a.在"文件"选项卡下选择"选项"选项，如图 7-19所示，打开"Excel选项"对话框。

b.选择"高级"选项，在"启动时打开此目录中的所有文件"文本框中输入工作簿所在目录，单击"确定"按钮，如图 7-20所示，关闭并重新启动Excel应用程序，将自动打开该目录中的文件。

图 7-19 选择"选项"选择

图 7-20 设置文档所在目录

Extra tip ▶▶▶▶▶▶▶▶▶▶▶▶

实例 105

快速查看工作簿路径

技巧介绍： 在工作簿中进行编辑后，小E在关闭工作簿之前想要知道该工作簿的存放位置，方便下一次打开工作簿，该怎样查看工作簿路径呢？

难度系数：★★

适用版本：07/13/16/17

① 选择"文件"选项卡，在"信息"选项面板的"2016年销售状况"下方可以查看到该工作簿的路径，如图 7-21所示。

❷ 将光标放置在"打开文件位置"按钮上，也可显示该工作簿的存放路径，如图 7-22所示。

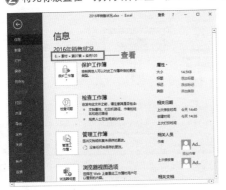

图 7-21 查看工作簿路径

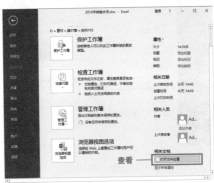

图 7-22 查看工作簿路径

❸ 在"文件"选项卡下选择"另存为"选项，在"另存为"面板右侧的"当前文件夹"列表区域中，也可看到该工作簿的路径，如图 7-23所示。

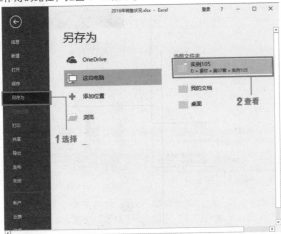

图 7-23 查看工作簿路径

实例 106

打开工作簿的多种方式

技巧介绍： 当我们需要打开工作簿文件时，通常都是通过双击要打开工作簿图标进行打开的。但如果需要一次打开多个工作簿、以只读方式打开工作簿、以副本方式打开工作簿，该怎么操作呢？

❶ 启动Excel应用程序，在"文件"选项卡中选择"打开"选项，然后在右侧"打开"列表中选择"浏览"选项，如图 7-24所示。

❷ 弹出"打开"对话框，在"素材\第07章\实例106"文件夹中按住Ctrl键的同时选择多个需要打开的文件，如图 7-25所示，单击"打开"按钮，即可一次性打开多个工作簿文件。

图 7-24 选择"浏览"选项

图 7-25 打开多个工作簿

❸ 在"打开"对话框中选择"2016年销售状况.xlsx"工作簿,单击"打开"下拉按钮,从下拉列表中选择"以只读方式打开"选项,如图 7-26

❹ 打开所选工作簿后,在标题栏中将显示"只读"字样,如图 7-27所示。

图 7-26 选择"以只读方式打开"选项

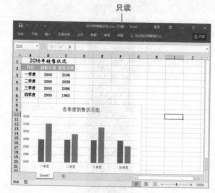

图 7-27 以只读方式打开

❺ 在"打开"对话框中选择"2016年地区销售成本对比.xlsx"工作簿,单击"打开"下拉按钮,从下拉列表中选择"以副本方式打开"选项,如图 7-28所示。

❻ 打开所选工作簿后,在标题栏中将显示"副本"字样,如图 7-29所示。

图 7-28 选择"以副本方式打开"选项

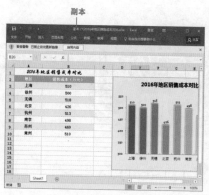

图 7-29 以副本方式打开

技巧拓展

我们还可以在受保护的视图中打开工作簿文件。

a.在"打开"对话框中选择"2016年月销售状况.xlsx"工作簿，单击"打开"下拉按钮，从下拉列表中选择"在受保护的视图中打开"选项，如图 7-30 所示。

b.打开工作簿文件后，在标题栏中将显示"受保护的视图"字样，如图 7-31 所示。

图 7-30 选择"在受保护的视图中打开"选项

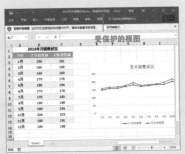

图 7-31 在受保护的视图中打开

Extra tip ＞＞＞＞＞＞＞＞＞＞＞＞

实例 107

隐藏最近打开的工作簿

技巧介绍： 小E在打开工作簿时，看到在"最近使用的文档"列表中会显示最近使用过的工作簿记录，为了保护个人隐私，可以隐藏访问过的工作簿吗？

难度系数：★★ 适用版本：07/13/16/17

① 启动Excel应用程序，在启动屏幕左侧"最近使用的文档"列表中右击需要删除的工作簿名称，从快捷菜单中执行"从列表中删除"命令，如图 7-32 所示。

② 以上这种方法，只能逐个删除工作簿使用记录。在"文件"选项卡中选择"选项"选项，打开"Excel选项"对话框，在左侧列表框中选择"高级"选项，修改"显示此数目的'最近使用的工作簿'"为0，单击"确定"按钮，如图 7-33 所示，则清空了最近使用的文档列表。

图 7-32 清除单个工作簿使用记录

图 7-33 设置工作簿显示数目为 0

技巧拓展

当我们将"显示此数目的'最近使用的工作簿'"数值框中的数字进行修改时，即可设置"最近使用的文档"列表中的工作簿显示数量。

Extra tip ▶▶▶▶▶▶▶▶▶▶▶▶

实例 108

为工作簿添加摘要

技巧介绍： 小E的计算机中的报表比较杂乱，每次都要打开工作簿文件才知道文件所包含的内容，同事建议小E为工作簿添加摘要，该怎样操作呢？

① 打开本节素材文件"素材\第07章\实例108\2016年销售状况.xlsx"，选择"文件"选项卡，在"信息"选项面板中单击"属性"下拉按钮，从下拉列表中选择"高级属性"选项，如图7-34所示。

② 在打开的对话框中选择"摘要"选项卡，为工作簿添加详细的摘要信息，如图7-35所示。

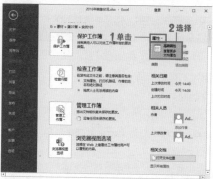

图 7-34 选择"高级属性"选项

图 7-35 添加摘要信息

③ 单击"确定"按钮，在"信息"选项面板单击"显示所有信息"文本链接，即可看到添加的摘要信息，如图7-36所示。

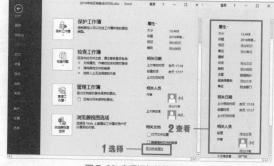

图 7-36 查看添加的摘要信息

实例 109

快速从其他工作簿中提取数据

技巧介绍: 在"2016年地区销售成本对比"工作簿中包含Excel图表,现在小E想将工作簿中的数值提取出来,除了利用复制粘贴操作,还有没有其他办法呢?

① 启动Excel应用程序,在"文件"选项卡中选择"打开"选项,在"打开"列表中选择"浏览"选项,如图 7-37 所示。

② 弹出"打开"对话框,在路径"素材\第07章\实例109"中选择"2016年地区销售成本对比.xlsx",单击"打开"下拉按钮,从下拉列表中选择"打开并修复"选项,如图 7-38 所示。

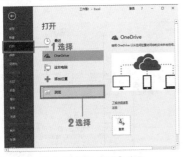

图 7-37 选择"浏览"选项

图 7-38 选择"打开并修复"选项

③ 弹出Microsoft Excel提示框,单击"提取数据"按钮,在弹出的新提示框中单击"转换到值"按钮,如图 7-39 所示。

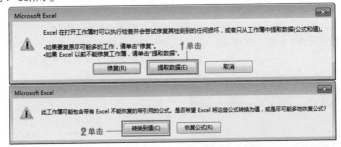

图 7-39 提取数据

④ 即可将工作簿中的数据提取出来,所得结果如图 7-40 所示,单击"关闭"按钮即可。

图 7-40 查看提取结果

第1章
第2章
第3章
第4章
第5章
第6章
第7章
第8章
第9章
第10章
第11章
第12章
第13章
第14章
第15章
第16章
第17章
第18章

实例 110 对工作簿进行加密

难度系数：★★★ 适用版本：07/13/16/17

技巧介绍： 为了防止他人查看或修改工作簿，我们可以对工作簿文件进行加密。

① 打开本节素材文件"素材\第07章\实例110\2016年地区销售成本对比.xlsx"，选择"文件"选项卡，在"信息"选项面板中单击"保护工作簿"下拉按钮，从下拉列表中选择"用密码进行加密"选项，如图7-41所示。

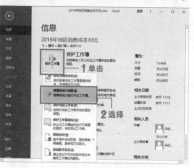

图 7-41 选择"用密码进行加密"选项

③ 保存并关闭工作簿文件，再次打开该工作簿时，将弹出"密码"对话框，只有输入正确的密码才可打开文件，如图7-43所示。

图 7-43 "密码"对话框

② 打开"加密文档"对话框，在"密码"文本框中输入设定的密码，单击"确定"按钮，弹出"确认密码"对话框，再次输入设定的密码，如图7-42所示。

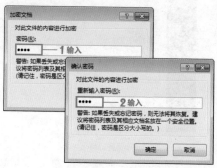

图 7-42 设定密码

④ 在"文件"选项卡中选择"另存为"选项，或按F12功能键打开"另存为"对话框，设置好保存路径和文件名后，单击"工具"下拉按钮，从下拉列表中选择"常规选项"选项，如图7-44所示。

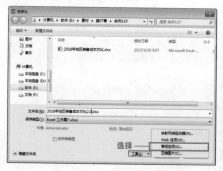

图 7-44 选择"常规选项"选项

⑤ 打开"常规选项"对话框，在"打开权限密码"文本框中输入打开密码，单击"确定"按钮，弹出"确认密码"对话框，再次输入设定的密码，如图7-45所示。

⑥ 单击"保存"按钮，关闭并重新打开工作簿，将弹出"密码"对话框，输入密码后方可打开工作簿，如图7-46所示。

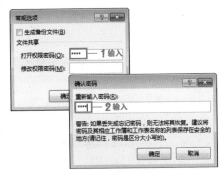

图 7-45 设定密码 -2

图 7-46 "密码"对话框 -2

技巧拓展

　　打开"常规选项"对话框后，如果在"修改权限密码"文本框中输入修改密码，单击"确定"按钮，再次打开该工作簿，如果不知道对应的密码，将只能以只读方式打开工作簿，如图 7-47 所示。

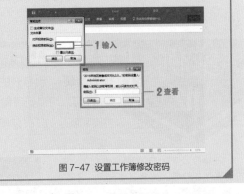

图 7-47 设置工作簿修改密码

Extra tip ＞＞＞＞＞＞＞＞＞＞＞

实例 111

在同一窗口平铺显示多个工作簿

技巧介绍： 小E需要同时打开多个工作簿文件，并比较分析各工作簿之间的数据联系，可不可以将多个工作簿显示在同一个窗口中，以便查看数据？

难度系数：★★★　　适用版本：全版本

① 在路径"素材\第07章\实例111"中打开多个工作簿，选择其中任意一个工作簿，切换至"视图"选项卡，在"窗口"选项组中单击"全部重排"按钮，如图 7-48 所示。

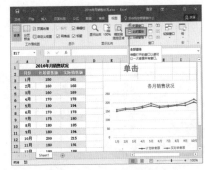

图 7-48 单击"全部重排"按钮

② 打开"重排窗口"对话框，选择"平铺"单选按钮，如图 7-49所示。

③ 单击"确定"按钮，即可将多个工作簿显示在同一个窗口，如图 7-50所示。

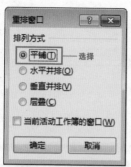

图 7-49 选择排列方式

图 7-50 查看重排结果

实例 112　快速切换工作簿

技巧介绍： 当打开的工作簿数量较多时，小E需要一个个查看，才可以切换到所需的工作簿，有没有快捷的办法可以迅速切换到所需的工作簿呢？

难度系数：★★★　适用版本：全版本

在路径"素材\第07章\实例112"中打开多个工作簿，选择其中任意一个工作簿，切换至"视图"选项卡，在"窗口"选项组中单击"切换窗口"下拉按钮，从下拉列表中选择需要切换的工作簿，如图 7-51所示，即可实现快速切换工作簿。

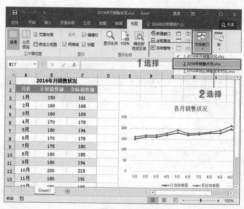

图 7-51 切换窗口

实例 113　修复 Excel 文件

技巧介绍： 在实例109中，我们利用"打开并修复"功能提取了工作簿中的数据。其实使用"打开并修复"功能最主要目的在于修复受损的Excel文件。

难度系数：★★★　适用版本：07/13/16/17

① 启动Excel应用程序，在"文件"选项卡中选择"打开"选项，在"打开"列表中选择"浏览"选项，如图 7-52所示。

② 弹出"打开"对话框，在路径"素材\第09章\实例113"中选择本节素材文件"2016年月销售状况.xlsx"工作簿，单击"打开"下拉按钮，从下拉列表中选择"打开并修复"选项，如图 7-53所示。

图 7-52 选择"浏览"选项

图 7-53 "选择打开并修复"选项

③ 弹出Microsoft Excel提示框，提示是否修复文件，单击"修复"按钮，如图 7-54所示。

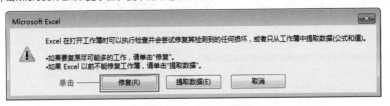

图 7-54 Microsoft Excel 提示框

④ 弹出"修复到'2016年月销售状况.xlsx'"对话框，如图 7-55所示，单击"关闭"按钮，完成工作簿修复工作。

图 7-55 修复工作簿

实例 114

快速插入工作表

技巧介绍： Excel默认只有一张工作表，小E需要在同一个工作簿中添加工作表以记录不同的数据，该怎样快速插入工作表呢？

① 打开本节素材文件"素材\第07章\实例114差旅费报销单.xlsx",右击"Sheet1"工作表标签,从快捷菜单中执行"插入"命令,如图 7-56所示。

② 打开"插入"对话框,选择"工作表"选项,单击"确定"按钮,即可插入Sheet2工作表,如图 7-57所示。

图 7-56 选择"插入"命令

图 7-57 插入工作表

③ 在"开始"选项卡的"单元格"选项组中单击"插入"下拉按钮,从下拉列表中选择"插入工作表"选项,如图 7-58所示,同样可以快速插入工作表。

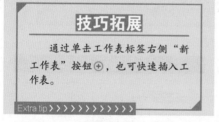

技巧拓展

通过单击工作表标签右侧"新工作表"按钮⊕,也可快速插入工作表。

Extra tip ＞＞＞＞＞＞＞＞＞＞＞＞＞

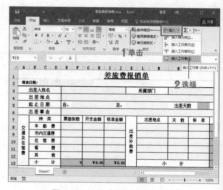

图 7-58 选择"插入工作表"选项

实例 115　快速选择所有工作表

技巧介绍：在工作中经常需要创建包含多个工作表的工作簿文件,小E现在需要选择工作簿中的全部工作表,该怎样将这些工作表快速全部选中呢?

① 打开本节素材文件"素材\第07章\实例115\2017年日历.xlsx",选择"2017整年"工作表标签,按住Shift键选择12工作表标签,即可全部选中工作表,并在标题栏显示"工作组"字样,如图 7-59所示。

② 右击任意工作表标签,从快捷菜单中执行"选定全部工作表"命令,如图 7-60所示,同样可以选择全部工作表。

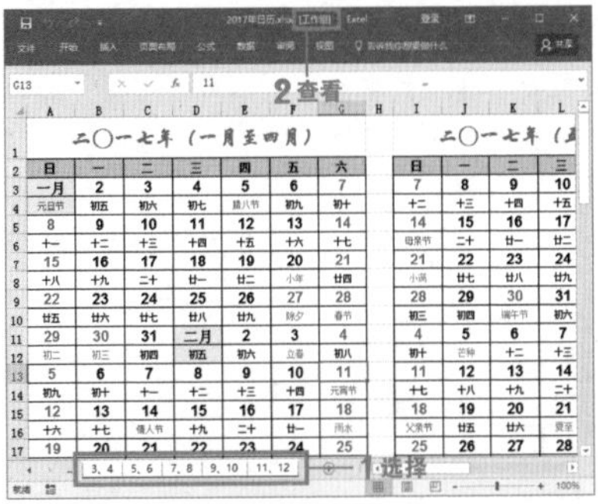

图 7-59 选择全部工作表

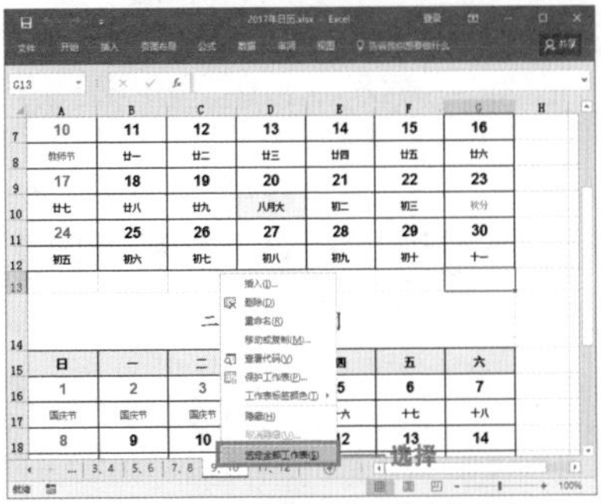

图 7-60 执行“选定全部工作表”命令

技巧拓展

按住Shift键可以选择连续的工作表，按住Ctrl键可以选择间断的工作表，如图 7-61所示。

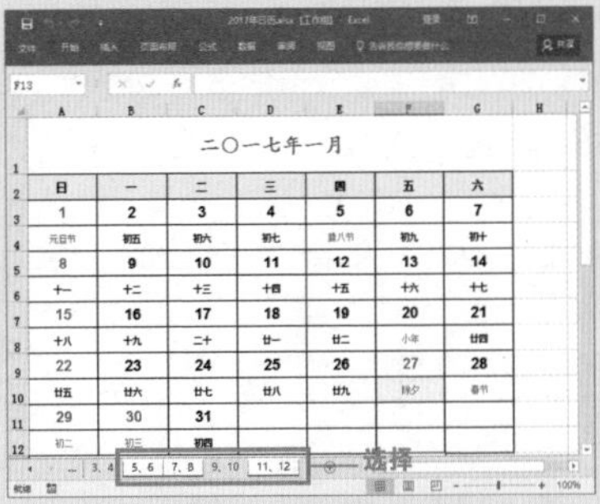

图 7-61 选择间断的工作表

Extra tip >>>>>>>>>>>>>

实例 116 设置工作表标签颜色和字号

难度系数：★★★ 适用版本：全版本

技巧介绍： 在工作簿中插入多张工作表后，每个工作表标签除名称外没有任何的不同，这样在查阅工作表内容时各工作表标签之间的差别不明显，可不可以为工作表标签设置不同的颜色和字号呢？

① 打开本节素材文件“素材\第07章\实例116\2017年日历.xlsx”，右击“2017整年”工作表标签，从快捷菜单中选择“工作表标签颜色”命令，从其子列表中选择“浅蓝”选项，如图 7-62所示，即可修改工作表标签颜色为“浅蓝”。

图 7-62 设置工作表标签颜色

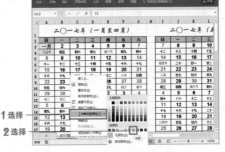

② 按照相同的方法，设置其余工作表标签颜色，如图 7-63所示。

③ Excel中的默认字体都是由操作系统提供的，当需要对工作表标签的字体进行修改时，就需要进入相关系统界面进行修改。在桌面空白区域右击，从快捷菜单中选择"个性化"选项，在打开窗口的"个性化"面板中，单击"窗口颜色"按钮，如图 7-64所示。

图 7-63 查看设置不同工作表标签颜色的效果

图 7-64 对不同工作表中的同一单元格求和

④ 打开"窗口颜色和外观"对话框，单击"项目"下拉按钮，从下拉列表中选择"滚动条"选项，在"大小"文本框中输入20，如图 7-65所示。

⑤ 单击"确定"按钮，即可修改工作表标签的字号大小，如图 7-66所示。

图 7-65 设置滚动条大小

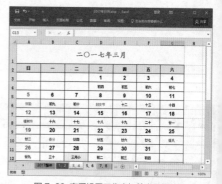

图 7-66 查看设置工作表标签字号的效果

实例 117 扩大工作表工作区域

技巧介绍：当工作表中包含的数据较多，Excel工作界面较小，不方便查看工作表中的数据。这时我们可以对标题栏、功能区以及工作表标签进行隐藏，从而更便利地查看数据。

① 打开本节素材文件"素材\第07章\实例116\2017年日历.xlsx"，选择"视图"选项卡，在"显示"选项组中取消勾选"编辑栏"和"标题"复选框，如图 7-67所示，隐藏编辑栏和标题。

② 单击界面右上角的"功能区显示选项"按钮，从下拉列表中选择"显示选项卡"选项，如图 7-68所示，隐藏功能区。

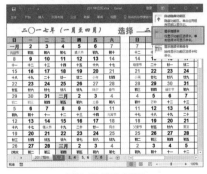

图 7-67 隐藏编辑栏和标题　　　　　　　图 7-68 隐藏功能区

❸ 在"文件"选项卡下选择"选项"选项，打开"Excel选项"对话框，选择"高级"选项，取消勾选"显示工作表标签"复选框，如图 7-69 所示，隐藏工作表标签。

❹ 单击"确定"按钮，最终效果如图 7-70 所示。

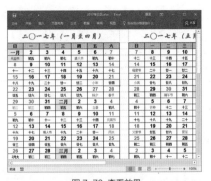

图 7-69 隐藏工作表标签　　　　　　　　图 7-70 查看效果

技巧拓展

a.在功能区单击"折叠功能区"按钮，或在功能区右击，从快捷菜单中执行"折叠功能区"命令，如图 7-71 所示，同样可以隐藏功能区。

b.双击选项卡名称或单击界面右上角的"功能区显示选项"按钮，从下拉列表中选择"显示选项卡和命令"选项，如图 7-72 所示，即可显示隐藏的功能区。

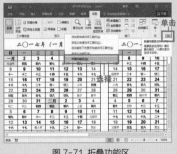

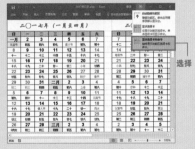

图 7-71 折叠功能区　　　　　　　　　　图 7-72 显示功能区

c.单击界面右上角的"功能区显示选项"按钮,从下拉列表中选择"自动隐藏功能区"选项,如图 7-73所示,即可隐藏功能区。

7-73 自动隐藏功能区

Extra tip > > > > > > > > > > > > >

实例 118

难度系数:★★★ 适用版本:全版本

添加单元格提示信息

技巧介绍: 小E将制作的报表给同事看,同事觉得报表做得不错,就是没有提示信息。为了避免"自己做报表时看得懂,领导不一定看得懂"的情况发生,就要为单元格添加提示信息。

❶ 打开本节素材文件"素材\第07章\实例118差旅费报销单.xlsx",选择合并后的A3单元格,单击鼠标右键,从快捷菜单中选择"插入批注"命令,如图 7-74所示。

❷ 在添加的批注文本框中输入提示信息,单击其他任意单元格,提示信息添加完毕。当选择A3单元格时,即会显示出提示信息,如图7-75所示。

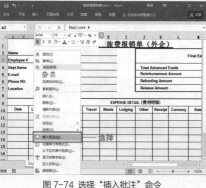

图7-74 选择"插入批注"命令

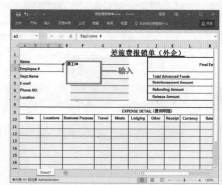

图7-75 输入提示信息

❸ 除此之外,我们还可以利用"超链接"功能添加提示信息。选择合并后的J2单元格,单击鼠标右键,从快捷菜单中选择"超链接"命令,如图7-76所示。

❹ 打开"插入超链接"对话框,选择"本文档中的位置"选项,并单击"屏幕显示"按钮,打开"设置超链接屏幕提示"对话框,在"屏幕提示文字"文本框中输入"结算情况"文本,如图 7-77所示。

图 7-76 插入超链接

图 7-77 输入屏幕提示文字

5 单击"确定"按钮，即可为单元格添加超链接提示信息，如图 7-78所示。

图 7-78 查看添加效果

第 1 章
第 2 章
第 3 章
第 4 章
第 5 章
第 6 章
第 7 章
第 8 章
第 9 章
第 10 章
第 11 章
第 12 章
第 13 章
第 14 章
第 15 章
第 16 章
第 17 章
第 18 章

实例 119

单元格命名

技巧介绍： 除了添加提示信息的方法，通过给单元格命名，也可以对单元格内容进行说明，为别人查看数据提供方便。

1 打开本节素材文件"素材\第07章\实例 119\差旅费报销单.xlsx"，选择合并后的J4单元格，单击鼠标右键，从快捷菜单中选择"定义名称"命令，如图 7-79所示。

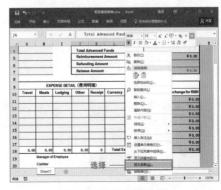

图 7-79 选择"定义名称"命令

② 打开"新建名称"对话框，在"名称"文本框中输入"预支金额"，单击"范围"下拉按钮，从下拉列表中选择Sheet1选项，如图7-80所示。

③ 单击"确定"按钮，在名称框中即可看到定义的单元格名称，如图7-81所示。

图 7-80 "新建名称"对话框

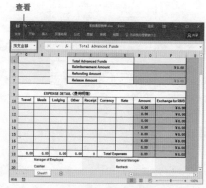

图 7-81 查看定义的名称

技巧拓展

a.选择合并后的J5单元格，切换至"公式"选项卡，在"定义的名称"选项组中单击"定义名称"按钮，如图7-82所示，同样可以打开"新建名称"对话框。

b.在"公式"选项卡的"定义的名称"选项组中单击"名称管理器"按钮，在打开的"名称管理器"对话框中可以进行新建名称、编辑名称、删除名称等操作，如图7-83所示。

图 7-82 单击"定义名称"按钮

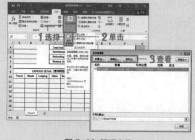

图 7-83 管理名称

Extra tip ＞＞＞＞＞＞＞＞＞

实例 120

难度系数：★★★ 适用版本：全版本

锁定编辑区域

技巧介绍： 当需要保护工作簿内容时，我们可以给工作簿加密，使其他人不能打开工作簿，也可以锁定工作表中的单元格区域，防止其他人修改工作表中的数据。

❶ 打开本节素材文件"素材\第07章\实例120\差旅费报销单.xlsx",选择A1:P20单元格区域并右击,从快捷菜单中执行"设置单元格格式"命令,如图7-84所示。

❷ 打开"设置单元格格式"对话框,切换至"保护"选项卡,勾选"锁定"复选框,如图7-85所示。

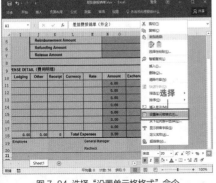

图 7-84 选择"设置单元格格式"命令

图 7-85 勾选"锁定"复选框

❸ 单击"确定"按钮,选择"审阅"选项卡,在"更改"选项组中单击"保护工作表"按钮,如图7-86所示。

❹ 在弹出的"保护工作表"对话框中,设置密码及可执行的操作,单击"确定"按钮,弹出"确认密码"对话框,输入设定的密码,单击"确定"按钮,保护工作表功能生效,如图7-87所示。

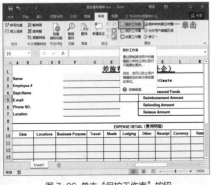

图 7-86 单击"保护工作表"按钮

图 7-87 设置工作表保护密码

❺ 当对A1:P20单元格区域进行设置单元格格式、设置列格式、插入列等操作时,将弹出如图7-88所示的提示框,提示不能对设置保护的单元格区域执行修改操作。

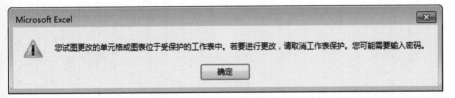

图 7-88 Microsoft Excel 提示框

技巧拓展

选择"审阅"选项卡，在"更改"选项组中单击"撤销保护工作表"按钮，在弹出的对话框中输入设定的密码，单击"确定"按钮，即可撤销工作表保护，如图 7-89 所示。

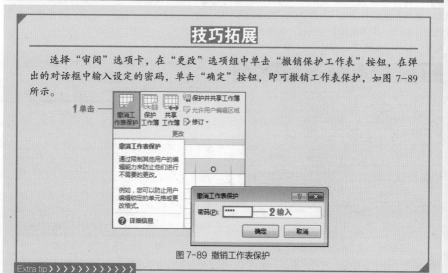

图 7-89 撤销工作表保护

实例 121 使用冻结窗格功能

技巧介绍： 小 E 遇到了一个麻烦，随着鼠标滚轮向下滚动，工作表的表头逐渐向上移动，这样在查看数据时就分不清数据对应的列标题了，有没有办法使列标题一直处于可见状态呢？

① 打开本节素材文件"素材\第07章\实例 121\2017日历.xlsx"，选中 A3 单元格，切换至"视图"选项卡，在"窗口"选项组中单击"冻结窗格"下拉按钮，选择"冻结拆分窗格"选项，如图 7-90 所示。

② 当向下移动滚动条时，第1、2两行的单元格区域始终保持可见，如图 7-91 所示。

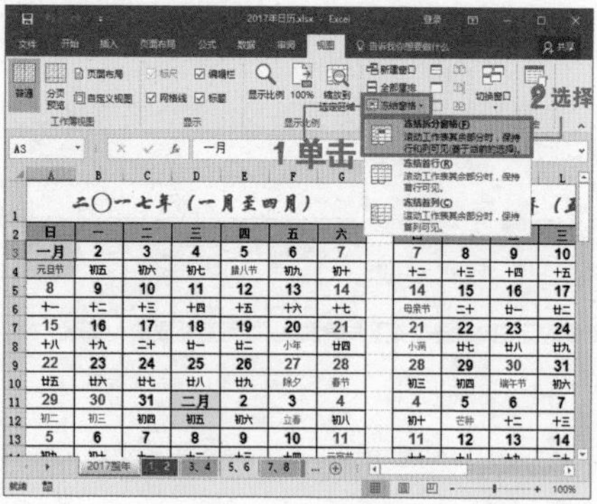

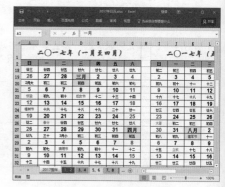

图 7-90 冻结拆分窗格

图 7-91 查看冻结效果

③ 选择“视图”选项卡，在“窗口”选项组中单击“冻结窗格”下拉按钮，选择“取消冻结窗格”选项，即可取消冻结窗格功能，如图 7-92所示。

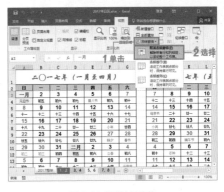

图 7-92 取消冻结窗格

技巧拓展

选择“视图”选项卡，在“窗口”选项组中单击“冻结窗格”下拉按钮，选择“冻结首行”或“冻结首列”选项，即可快速冻结第1行或A列单元格区域。

Extra tip >>>>>>>>>>>>

实例 122 多窗口协同作业

难度系数：★★ 适用版本：全版本

技巧介绍： 小E发现同事在进行数据比较时，工作表看起来被分成好几个窗口，每个窗口里都有一个完整的工作表区间，这是怎么回事呢？这其实是利用“拆分”功能，实现了多窗口协同作业。

① 打开本节素材文件“素材\第07章\实例122\出货表.xlsx”，选中E7单元格，切换至“视图”选项卡，在“窗口”选项组中单击“拆分”按钮，如图 7-93所示。

② 即可得到拆分后的效果，如图 7-94所示，拖动滚动条即可查看工作表不同区域的数据信息。

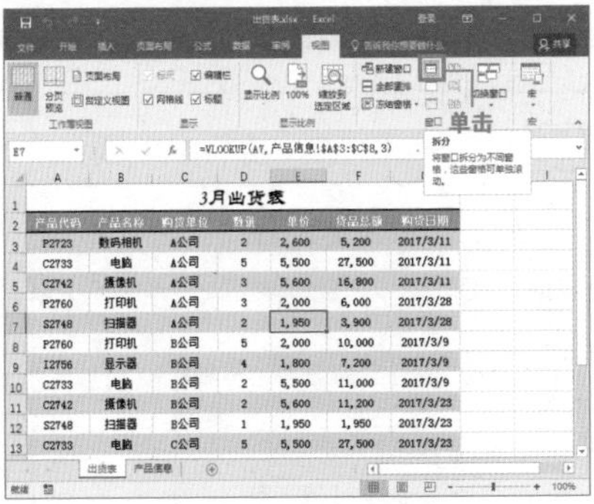

图 7-93 单击“拆分”按钮

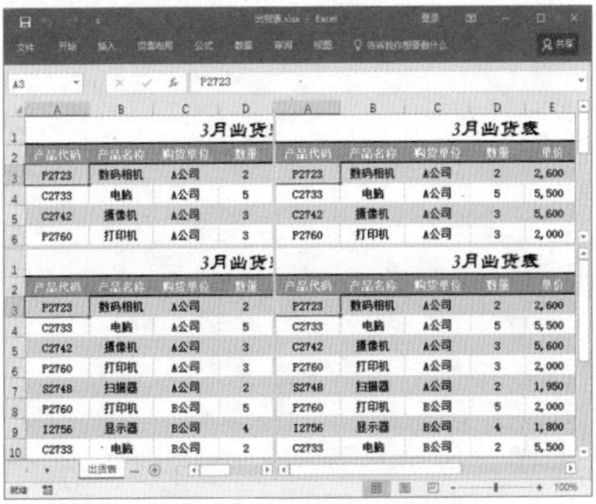

图 7-94 查看拆分效果

技巧拓展

再次单击“窗口”选项组中的“拆分”按钮，即可取消窗口拆分操作，返回默认的视图效果。

Extra tip >>>>>>>>>>>>

实例 123

创建 PDF 文件

难度系统: ★★★　适用版本: 全版本

技巧介绍: 有时我们需要将制作的Excel文件发送到其他设备上查看,但设备上并没有安装Office办公组件,我们可以将工作簿另存为PDF格式的文件来解决这个问题。

① 打开本节素材文件"素材\第07章\实例123\出货表.xlsx",按住F12功能键打开"另存为"对话框,单击"保存类型"下拉按钮,从下拉列表中选择PDF(*.pdf)选项,如图 7-95所示。

② 设置文件保存路径及文件名,单击"保存"按钮,即可将工作簿另存为PDF文档,如图 7-96所示。

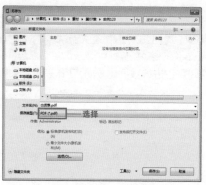

图 7-95 "另存为"对话框

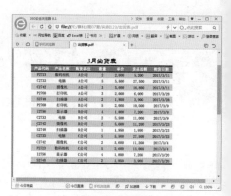

图 7-96 查看效果

技巧拓展

　　若需要保存的工作簿中含有多个工作表,则在"另存为"对话框中单击"选项"按钮,弹出"选项"对话框,将"发布内容"设置为"整个工作簿",如图 7-97所示,单击"确定"按钮,即可发布整个工作簿中的内容。

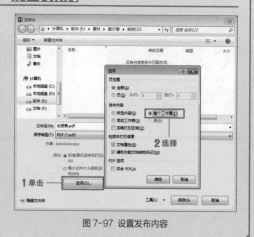

图 7-97 设置发布内容

Extra tip ＞＞＞＞＞＞＞＞＞＞＞＞

职场小知识

首因效应

简介: 注重"第一印象",充分利用首因效应进行自我推销,可以开创良好的人际关系氛围。

"第一印象"是一个妇孺皆知的道理,为官者总是很注意烧好上任之初的"三把火",平民百姓也深知"下马威"的妙用,每个人都力图给别人留下良好的"第一印象"。心理学家给"第一印象"取了一个很好听的专业名词,称为"首因效应"。

美国社会心理学家洛钦斯以实验证明了首因效应的存在。他用两段杜撰的故事做实验材料,描写的是一个叫詹姆的学生的生活片断。其中一段将詹姆描写成一个活泼外向的人:他与朋友一起上学,与熟人聊天,与刚认识不久的女孩打招呼等。而另一段则将他描写成一个内向的人。洛钦斯对这两段文字进行了如下排列。

一种是将描述詹姆性格热情外向的材料放在前面,描写他性格内向的材料放在后面。

一种是将描述詹姆性格冷淡内向的材料放在前面,描写他性格外向的材料放在后面。

一种是只出示那段描写热情外向的詹姆的故事。

一种是只出示那段描写冷淡内向的詹姆的故事。

洛钦斯分别让水平相当的中学生阅读这四段组合材料,并让他们进行评价。

第一组被试者中有78%的人认为詹姆是个比较热情而外向的人;第二组被试者中只有18%的人认为詹姆是个外向的人;第三组被试者中有95%的人认为詹姆是外向的人;第四组被试者只有3%的人认为詹姆是外向的人。这项研究结果证明,信息呈现的顺序会对社会认知产生影响,先呈现的信息比后呈现的信息有更大的影响作用。

一位心理学家曾做过这样一个实验:他让两个学生都做对30道题中的一半,但是让学生A做对的题目尽量出现在前15题,让学生B做对的题目尽量出现在后15道题,然后让一些被试者对两个学生进行评价,结果发现,多数被试者都认为学生A更聪明。

首因效应体现在先入为主上,这种先入为主给人带来的第一印象是鲜明、强烈、过目难忘的。对方最容易将"首因效应"存进大脑档案,留下难以磨灭的印象。虽然我们也知道仅凭一次见面就给对方下结论为时过早,甚至还有可能会出现很大的差错,但是,绝大多数的人还是会下意识地跟着"首因效应"的感觉走。

既然在人际交往中有这样一个"首因效应"在起作用,就可以充分利用它来帮助我们完成漂亮的自我推销:首先,要注重仪表风度,一般情况下人们都愿意同衣着干净整齐、举止落落大方的人接触和交往;其次,言辞幽默、侃侃而谈、不卑不亢、举止优雅的人,定会给人留下难以忘怀的印象。首因效应在人们的交往中起着非常微妙的作用,只要能准确地把握它,定能为自己的事业开创良好的人际关系氛围。

第8章

单元格
快速操作

单元格是Excel工作表的最小单位，数据的输入、修改、计算都是在单元格中进行的。本章主要介绍单元格的操作，包括选择单元格、套用单元格样式、设置表格行高与列宽、复制粘贴单元格格式等。

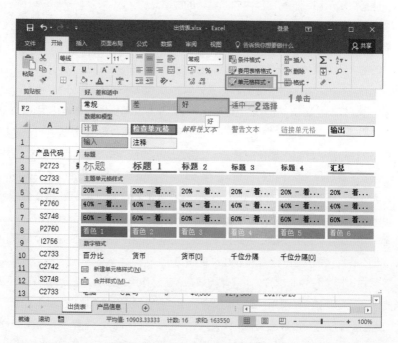

实例 124

单元格文本自动换行

技巧介绍： 小E发现因为在单元格中输入了大量数据信息，有许多内容都显示不全，需要对数据进行换行操作。在Excel中怎样对文本进行换行呢？

① 打开本节素材文件"素材\第08章\实例124\安全工作检查表.xlsx"，选择C4单元格，按住鼠标左键并向右下方拖动至F15单元格，选中C4:F15单元格区域，在"开始"选项卡的"对齐方式"选项组中单击"自动换行"按钮，如图 8-1 所示。

② 单元格区域中的文本将自动换行，效果如图 8-2 所示。

图 8-1 单击"自动换行"按钮

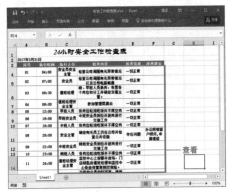

图 8-2 查看自动换行效果

③ 选择C4:F15单元格区域并右击，从快捷菜单中执行"设置单元格格式"命令，如图 8-3 所示。

④ 打开"设置单元格格式"对话框，切换至"对齐"选项卡，勾选"自动换行"复选框，如图 8-4 所示，单击"确定"按钮，同样可以实现自动换行。

图 8-3 选择"设置单元格格式"命令

图 8-4 勾选"自动换行"复选框

技巧拓展

我们也可以强制设置文本的换行位置：双击单元格，将光标定位至"值班经理"文本后，按下【Alt+Enter】组合键将"安全主管"文本内容强制移动到下一行，如图 8-5 所示。

Extra tip ＞＞＞＞＞＞＞＞＞＞＞

	A	B	C	B	C
1			24小时与		24小时与
2	2017年3月31日			日	
3	序号	执行时间	执行人员	执行时间	执行人员
4	01	04:00	安全员安全主管	04:00	安全员安全主管
5	02	07:00	安全员	07:00	安全员
6	03	08:30	值班经理	08:30	值班经理
7	04	09:00	值班经理安全主管	09:00	值班经理安全主管

图 8-5 使用组合键换行

实例 125 快速清除单元格格式

难度系数：★★★　适用版本：全版本

技巧介绍： 小E制作的"出货表"工作表，借用同事报表中的数据内容时，不需要其中的单元格格式，该怎样快速清除单元格格式呢？

① 打开本节素材文件"素材\第08章\实例125\出货表.xlsx"，选择A1单元格，按住鼠标左键并向右下方拖动至G17单元格，选择A1:G17单元格区域，在"开始"选项卡的"编辑"选项组中单击"清除"下拉按钮，从下拉列表中选择"清除格式"选项，如图 8-6 所示。

② 即可快速清除单元格格式，所得结果如图 8-7 所示。

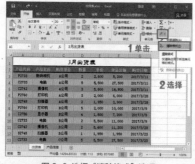

图 8-6 选择"清除格式"选项

图 8-7 查看效果

技巧拓展

a.执行"清除格式"命令后，即可清除所选单元格区域的边框、字体、对齐方式、数字格式、单元格填充颜色的显示，只保留表格中的内容。

b.在"清除"下拉列表中，我们还可以选择清除内容、清除批注、清除超链接等选项。

Extra tip ＞＞＞＞＞＞＞＞＞＞＞

实例 126　套用单元格样式

技巧介绍： 小E试着自己设置单元格格式，突出显示表格中的某些单元格区域，同事说直接套用单元格样式更方便快捷。单元格样式是什么？该怎样套用单元格样式呢？

难度系数：★★　适用版本：全版本

❶ 打开本节素材文件"素材\第08章\实例126\出货表.xlsx"，选择F2单元格，按住鼠标左键并向右下方拖动至F17单元格，选择F2:F17单元格区域，在"开始"选项卡的"样式"选项组中单击"单元格样式"下拉按钮，从下拉列表中选择"好"选项，如图 8-8 所示。

❷ 即可快速套用单元格样式，所得效果如图 8-9 所示。

图 8-8 选择单元格样式

图 8-9 查看效果

实例 127　快速选定特殊格式单元格

技巧介绍： 某些单元格设置了条件格式、添加了批注，或设置了数据验证后，小E现在需要定位到这些设置了特殊格式的单元格，可是这些单元格又不是连续的，该如何操作呢？

难度系数：★★　适用版本：全版本

❶ 打开本节素材文件"素材\第08章\实例127\出货表.xlsx"，在"开始"选项卡的"编辑"选项组中单击"查找和替换"下拉按钮，从下拉列表中选择"定位条件"选项，如图 8-10 所示。

❷ 打开"定位条件"对话框，选择"条件格式"单选按钮，如图 8-11 所示。

图 8-10 选择"定位条件"选项

图 8-11 选择"条件格式"单选按钮

第1章 第2章 第3章 第4章 第5章 第6章 第7章 第8章 第9章 第10章 第11章 第12章 第13章 第14章 第15章 第16章 第17章 第18章

❸ 单击"确定"按钮，即可快速选择设置了条件格式的单元格，所得结果如图 8-13 所示。

图 8-12 查看效果

技巧拓展

按下【Ctrl+G】组合键打开"定位"对话框，单击"定位条件"按钮，如图 8-14所示，也可打开"定位条件"对话框。

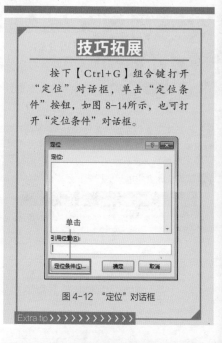

图 4-12 "定位"对话框

Extra tip > > > > > > > > > > > >

实例 128

快速填充所有空白单元格

技巧介绍： 在上个实例中，我们利用"定位"功能可以快速选择特殊格式的单元格。我们也可以利用"定位"功能快速选择工作表中的空白单元格，并填充相同的数据。

❶ 打开本节素材文件"素材\第08章\实例128\出货表.xlsx"，选择A2:G17单元格区域，在"开始"选项卡的"编辑"选项组中单击"查找和替换"下拉按钮，从下拉列表中选择"定位条件"选项，如图 8-13所示。

❷ 打开"定位条件"对话框，选择"空值"单选按钮，如图 8-14所示。

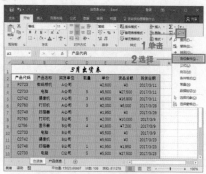

图 8-13 选择"定位条件"选项

图 8-14 选择"空值"单选按钮

❸ 在编辑栏中输入2，按下【Ctrl+Enter】组合键输入数据内容，如图 8-15所示。

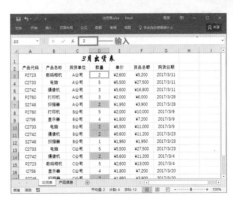

图 8-15 查看效果

技巧拓展

　　a.在"开始"选项卡的"编辑"选项组中单击"查找和替换"下拉按钮，从下拉列表中选择"替换"选项，打开"查找和替换"对话框，在"替换为"文本框中输入2，如图 8-16所示，单击"全部替换"按钮，同样可以快速填充空白单元格。

　　b.Excel中"查找和替换"功能的快捷键与Word中的快捷键一致，即按下【Ctrl+F】组合键，可以快速进行查找操作；按下【Ctrl+H】组合键，可以快速进行替换操作。

Extra tip >>>>>>>>>>>>>

图 8-16 替换空白单元格

实例 129

绘制表头斜线并输入文字

技巧介绍： 有时我们在表格中需要设置斜线表头并输入文字内容，以区分行与列的含义，该怎样绘制表头斜线并输入表头内容呢？

❶ 打开本节素材文件"素材\第08章\实例129\进货表.xlsx"，右击A2单元格，从快捷菜单中执行"设置单元格格式"命令，如图 8-17所示。

❷ 打开"设置单元格格式"对话框，切换至"边框"选项卡，选择边框线条样式，单击斜线边框按钮，如图 8-18所示。

图 8-17 选择"设置单元格格式"命令

图 8-18 选择斜线边框

❸ 单击"确定"按钮，在A2单元格中输入"项目"文本内容，按下【Alt+Enter】组合键实现强制换行，继续输入"时间"文本内容，如图 8-19所示。

❹ 在"对齐方式"选项组中单击"左对齐"按钮，将鼠标定位至"项目"文本左侧，通过键入空格，调整文本至合适的位置，完成斜线表头的制作，如图 8-20所示。

图 8-19 输入表头内容

图 8-20 设置对齐方式

技巧拓展

利用插入形状及设置上下标的方法，也可以在工作表中绘制斜线表头。

a.选择"插入"选项卡，在"插图"选项组中单击"形状"下拉按钮，选择"直线"形状，如图 8-21所示，在A2单元格中绘制直线。

b.选择绘制的直线，在"绘图工具>格式"选项卡下的"形状样式"选项组中单击"形状轮廓"下拉按钮，设置直线颜色为"黑色，文字1"，如图 8-22所示。

图 8-21 绘制直线形状

图 8-22 设置形状轮廓

c.在A2单元格中输入表头文本内容，选择"项目"文本内容，按下【Ctrl+1】组合键打开"设置单元格格式"对话框，勾选"上标"复选框，如图 8-23 所示。

d.按照相同的方法设置"时间"文本格式为下标，单击"确定"按钮。通过键入空格，调整文本至合适的位置，也可输入表头文字，如图 8-24 所示。

图 8-23 勾选"上标"复选框

图 8-24 查看效果

e.在相邻的两行中输入表头内容，绘制斜线形状后选择"视图"选项卡，在"显示"选项组中取消勾选"网格线"复选框，隐藏网格线，同样可以制作斜线表头，如图 8-25 所示。

图 8-25 隐藏网格线

Extra tip ＞＞＞＞＞＞＞＞＞＞＞

实例 130 — 更改单元格行高与列宽的多种方式

技巧介绍： 为了让单元格中的数据显示完全，或者为了整个表格内容的美观与协调，我们可以对表格的行高和列宽进行设置。

❶ 打开本节素材文件"素材\第08章\实例130\安全工作检查表.xlsx"，工作表中的部分单元格已经设置了自动换行，看起来行高不统一，显得十分凌乱，如图 8-26 所示，我们可以设置统一的行高，并对各列列宽进行调整。

❷ 选择第4行至第15行单元格区域并右击，从快捷菜单中选择"行高"命令，在弹出的"行高"对话框中输入行高值为36，如图 8-27 所示。

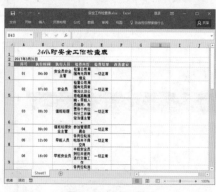

图 8-26 凌乱的工作表

图 8-27 输入行高值

❸ 单击"确定"按钮,统一行高,但我们发现有些单元格中的内容显示不全。这时我们可以手动调节表格的列宽,将光标移动到B列右侧,当光标变成十字形形状时,向右拖动鼠标至所需的列宽,如图 8-28所示。

❹ 当我们不确定最合适的行高或列宽时,也可以让Excel进行自动调整。选择A1:F15单元格区域,在"开始"选项卡的"单元格"选项组中单击"格式"下拉按钮,从下拉列表中选择"自动调整行高"或"自动调整列宽"选项,如图 8-29所示,即可快速调整至最佳行高或列宽。

图 8-28 手动调节列宽

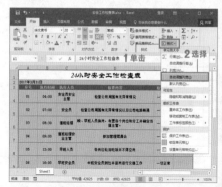

图 8-29 自动调整列宽

技巧拓展

　　a.选择需要调整行高或列宽的行或列单元格区域,在行标签或列标签之间的交界处双击,即可快速调整行高或列宽以适应内容。

　　b.当利用拖动鼠标的方法调整行高或列宽时,若选择了多行或多列,只需调整其中一行或一列的行高或列宽,即可调整多行或多列的行高或列宽。

　　c.在"开始"选项卡下"单元格"选项组的"格式"下拉列表中选择"行高"或"列宽"选项,也可打开"行高"或"列宽"对话框。

Extra tip ＞＞＞＞＞＞＞＞＞＞＞

实例 131

保留格式清除单元格内容

技巧介绍: 在实例125中,小E清除了单元格的格式仅保留了数据内容,但这次小E仅想保留单元格格式,该怎样把内容清除掉呢?

① 打开本节素材文件"素材\第08章\实例131\出货表.xlsx",选择A1:G17单元格区域,在"开始"选项卡的"编辑"选项组中单击"清除"下拉按钮,从下拉列表中选择"清除内容"选项,如图 8-30所示。

② 即可快速清除单元格内容,所得结果如图 8-31所示。

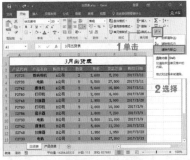

图 8-30 选择"清除内容"选项

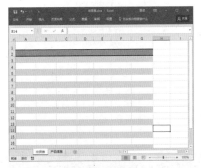

图 8-31 查看效果

技巧拓展

a.选择A1:G17单元格区域,按住Delete键即可快速清除单元格内容。

b.选择A1:G17单元格区域并右击,从快捷菜单中执行"清除内容"命令,如图 8-32所示,也可清除单元格中的数据内容。

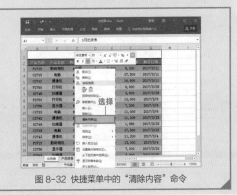

图 8-32 快捷菜单中的"清除内容"命令

Extra tip ＞＞＞＞＞＞＞＞＞＞＞＞

实例 132

选择单元格区域

技巧介绍: 通过拖动鼠标的方法能选择连续的单元格区域,有时我们还需要全选单元格区域,或选择不连续的单元格区域该怎么办呢?对于不同的需求,可以采取不同的选择方法。

① 打开本节素材文件"素材\第08章\实例131\安全工作检查表.xlsx",选择B3单元格,按住Shift键的同时单击E9单元格,同样可以选中B3:E9单元格区域,如图8-33所示。

图 8-33 按住 Shift 键选择单元格区域

② 选择一个单元格或单元格区域后,按住Ctrl键的同时选择其他单元格或单元格区域,即可选中不连续的单元格区域,如图8-34所示。

图 8-34 按住 Ctrl 键选择不连续单元格区域

③ 当当前选择的单元格在数据区域以外时,按下【Ctrl+A】组合键,可以选中工作表内的全部单元格,如图8-35所示。

图 8-35 选中工作表内的全部单元格

④ 当当前选择的单元格在数据区域以内时,按下【Ctrl+A】或【Ctrl+Shift+*】组合键,可以选中工作表内容的数据区域,如图 8-36所示。

图 8-36 选中数据区域

技巧拓展

选择单元格区域还有如下许多小技巧。

a.当表格数据较多时,按下【Ctrl+Home】组合键,即可快速选中第一个单元格;

b.按下【Ctrl】+【Shift】+【方向键】组合键,可以选择自定位单元格开始到数据边缘的区域;

c.按下【Ctrl】+【Shift】+【Home】组合键,选择第一个单元格,至定位单元格的数据区域;

d.按下【Ctrl】+【Shift】+【End】组合键,选择定位单元格,至数据最后一个单元格的数据区域。

Extra tip ＞＞＞＞＞＞＞＞＞＞＞＞

实例 133 为单元格区域设置权限

难度系数：★★★★ 适用版本：全版本

技巧介绍： 如何保护工作簿中的数据不被他人删改，小E总结了一下：可以加密工作簿，也可以锁定编辑区域。除此之外，我们还可以为单元格区域设置权限。

❶ 打开本节素材文件“素材\第08章\实例133\进货表.xlsx”，选择“审阅”选项卡，在“更改”选项组中单击“允许用户编辑区域”按钮，如图 8-37所示。

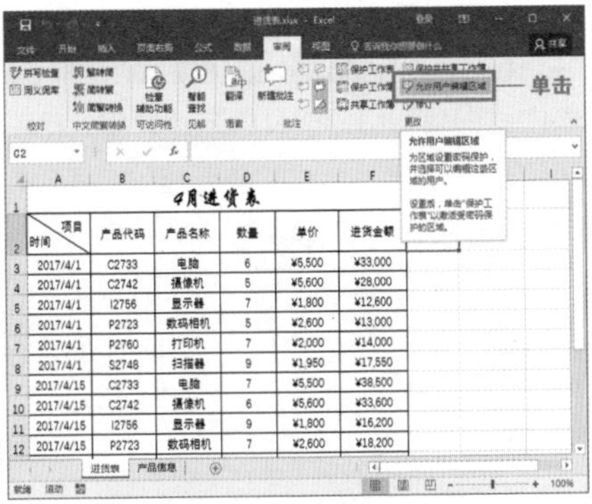

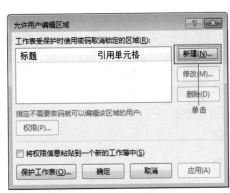

图 8-37 选择“允许用户编辑区域”选项

❷ 打开“允许用户编辑区域”对话框，单击“新建”按钮，如图 8-38所示。

图 8-38 单击“新建”按钮

❸ 打开“新区域”对话框，在“标题”文本框中输入“数据区域”文本后，单击“引用单元格”文本框右侧折叠按钮，选择A3:F20单元格区域，按Enter键返回“新区域”对话框，即在“引用单元格”文本框中输入了“=A3:F20”，在“区域密码”文本框中输入设定的密码，如图 8-39所示。

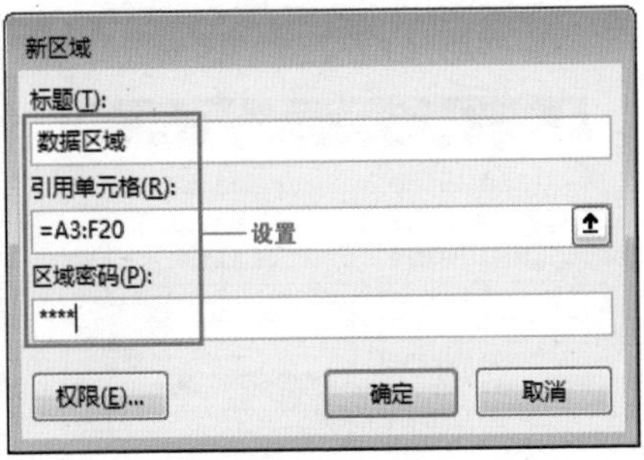

图 8-39 设置新区域

❹ 单击“确定”按钮，在弹出的“确认密码”对话框中输入之前设定的密码，返回“允许用户编辑区域”对话框，单击“保护工作表”按钮，如图 8-40所示。

图 8-40 单击“保护工作表”按钮

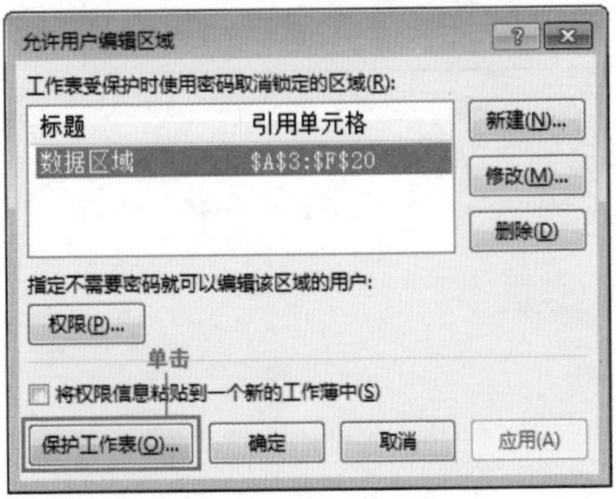

⑤ 在打开的"保护工作表"对话框中输入密码，单击"确定"按钮返回工作表中。当试图修改单元格内容时，将弹出"取消锁定区域"对话框，只有输入正确的密码才可编辑单元格内容，如图 8-41 所示。

图 8-41 "取消锁定区域"对话框

实例 134

定位工作表中含有公式的单元格

技巧介绍： 在工作表中我们会利用公式及函数计算单元格中的数据，小 E 现在需要突出显示含有公式的单元格，该怎么办呢？难道要一个一个查看单元格是否含有公式吗？

① 打开本节素材文件"素材\第08章\实例134\差旅费报销单.xlsx"，按下【Ctrl+G】组合键打开"定位"对话框，单击"定位条件"按钮，如图 8-42 所示。

② 打开"定位条件"对话框，选择"公式"单选按钮，如图 8-43 所示。

图 8-42 单击"定位条件"按钮

图 8-43 选择"公式"单选按钮

③ 单击"确定"按钮，即可快速选择含有公式的单元格，所得结果如图 8-44 所示。

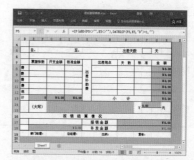

图 8-44 快速选中含有公式的单元格

实例 135

难度系数： ★★★
适用版本： 07/13/10/17

复制与粘贴单元格格式

技巧介绍： 小E想将2017年1月20日销售记录单元格区域的格式设置成和2017年1月10日的格式相同，除了一项一项手动设置外，还有其他快捷方法吗？

① 打开本节素材文件"素材\第08章\实例135\销售记录表.xlsx"，选择A3:F6单元格区域并右击，从快捷菜单中选择"复制"命令，如图 8-45 所示，单元格区域周围将出现绿色虚线。

② 然后选择A15单元格并右击，从快捷菜单中的"选择性粘贴"选项区域中选择"格式"选项，如图 8-46 所示。

图 8-45 复制单元格区域

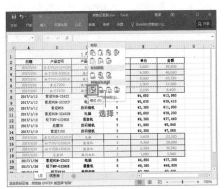

图 8-46 在快捷菜单中选择"格式"选项

③ 或在复制单元格区域后，在"开始"选项卡的"剪贴板"选项组中单击"粘贴"下拉按钮，从下拉列表中选择"格式"选项，如图 8-47所示。

④ 在快捷菜单或"粘贴"下拉列表中选择"选择性粘贴"选项，打开"选择性粘贴"对话框，选择"格式"单选按钮，如图 8-48所示。

图 8-47 在下拉列表中选择"格式"选项

图 8-48 选择"格式"单选按钮

⑤ 即可将A3:F6单元格区域的格式粘贴到A15:F18单元格区域，如图 8-49所示。

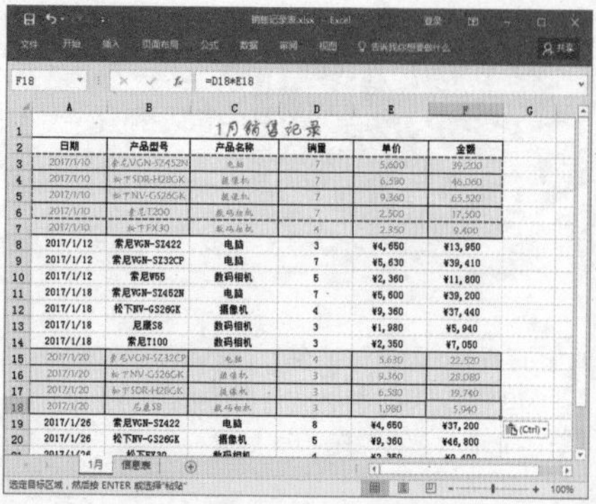

图 8-49 查看粘贴效果

技巧拓展

a.选择所需的单元格区域，按下【Ctrl+C】组合键，即可复制单元格区域；

b.按下【Ctrl+V】组合键，即可粘贴单元格区域；

c.按下【Ctrl+Alt+V】组合键，即可快速打开“选择性粘贴”对话框。

选择A3:F6单元格区域，在“开始”选项卡的“剪贴板”选项组中单击“格式刷”按钮，如图 8-50所示，接着单击A15单元格，即可利用“格式刷”功能粘贴单元格格式。

图 8-50 “格式刷”功能

Extra tip >>>>>>>>>>>>>

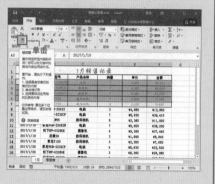

实例 136 以链接形式粘贴内容

难度系数：★★★ 适用版本：07/13/16/17

技巧介绍： 小E发现表格中有些内容输入出错了，需要将数据修改过来。除了利用“查找和替换”功能外，还可以在输入数据内容时，以链接的形式粘贴内容。

① 打开本节素材文件“素材\第08章\实例136\销售记录表.xlsx”，选择B9单元格，按下【Ctrl+C】组合键进行复制操作，然后选择B15单元格并右击，从快捷菜单中选择“选择性粘贴”选项区域中的“粘贴链接”选项，如图 8-51所示。

② 或在复制单元格区域后，在“开始”选项卡下的“剪贴板”选项组中单击“粘贴”下拉按钮，从下拉列表中选择“粘贴链接”选项，如图 8-52所示。

图 8-51 在快捷菜单中选择"粘贴链接"选项

图 8-52 在下拉列表中选择"粘贴链接"选项

❸ 或者按下【Ctrl+Alt+V】组合键，打开"选择性粘贴"对话框，单击"粘贴链接"按钮，如图8-53所示。

❹ 单击"确定"按钮，完成粘贴操作。双击B15单元格，将在单元格和编辑栏中显示"=$B$9"，并且用蓝色的方框标识B9单元格，如图 8-54所示，当改变B9单元格中的数据时，B15单元格中的数据也会随之修改。

图 8-53 单击"粘贴链接"按钮

图 8-54 粘贴链接结果

实例 137

插入行或列

技巧介绍： 在工作表中录入数据时，难免会出现录入的数据有缺漏的情况，我们可以通过插入行或列的方法在数据之间插入空行或空列，将缺漏的数据录入到电子表格中。

❶ 打开本节素材文件"素材\第08章\实例137\销售记录表.xlsx"，选择C列单元格区域并右击，从快捷菜单中选择"插入"命令，如图 8-55所示，即可在C列左侧插入新列，然后根据需要输入所需的内容。

❷ 选择第11行单元格区域，在"开始"选项卡的"单元格"选项组中单击"插入"下拉按钮，从下拉列表中选择"插入工作表行"选项，如图 8-56所示，即可在第11行上方插入新行，根据需要输入2017年1月12日的产品销售记录。

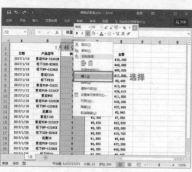

图 8-55 插入一列

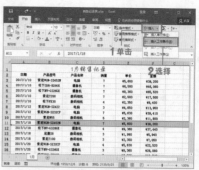

图 8-56 插入一行

③ 选择B11单元格并右击，从快捷菜单中执行“插入”命令，或者按下【Ctrl+Shift+=】组合键，打开“插入”对话框，选择“整行”单选按钮，如图 8-57所示，单击“确定”按钮，即可在B11单元格上方插入空行。

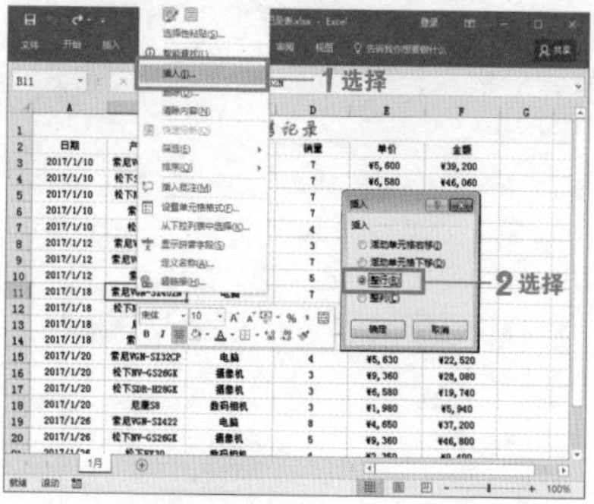

图 8-57 “插入”对话框

技巧拓展

在Excel中，我们可以根据需要一次插入多行或多列。

a.选择第9至11行并右击，从快捷菜单中选择“插入”命令即可一次插入三行，结果如图 8-58所示。

b.按住Ctrl键的同时选择第7行、第10行、第16行单元格区域，在“开始”选项卡的“单元格”选项组中单击“插入”下拉按钮，从下拉列表中选择“插入工作表行”选项，即可一次插入不连续的三行，如图 8-59所示。

图 8-58 插入连续多行

图 8-59 插入不连续多行

Extra tip >>>>>>>>>>>>

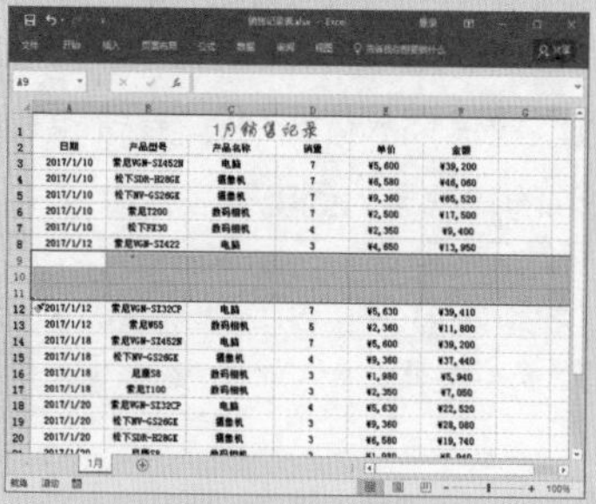

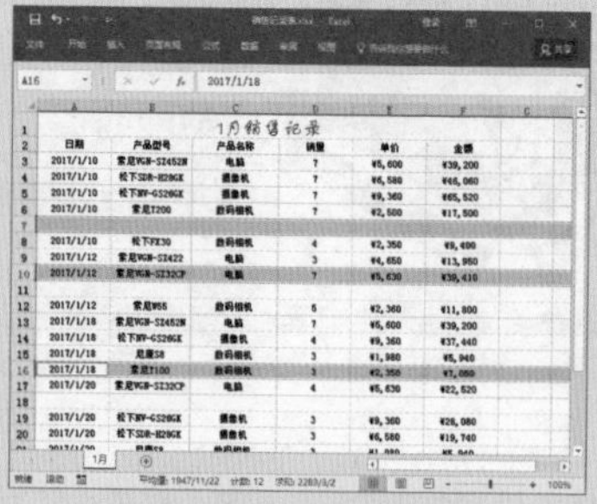

实例
138

准度系数：★★★
适用版本：全版本

快速删除表内所有空行

技巧介绍： 小E在各日期之间插入了空行，这样就能更清晰地查看每天的销售记录了。之后小E打算删除插入的行，怎样一次将表格中的所有空行删除呢？

① 打开本节素材文件"素材\第08章\实例138\销售记录表.xlsx"，选择A3:E28单元格区域，在"开始"选项卡的"编辑"选项组中单击"排序和筛选"下拉按钮，从下拉列表中选择"升序"选项，如图8-60所示

② 表格中的空行会出现在表格最下方，选择第25至28行并右击，从快捷菜单中选择"删除"命令即可，如图8-61所示。

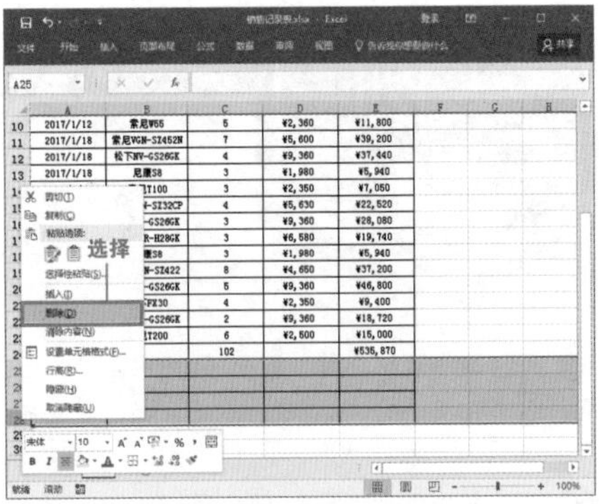

图 8-60 升序排序

图 8-61 使用排序的方法删除行

③ 选择A2:E28单元格区域，在"开始"选项卡的"编辑"选项组中单击"排序和筛选"下拉按钮，从下拉列表中选择"筛选"选项，如图8-62所示

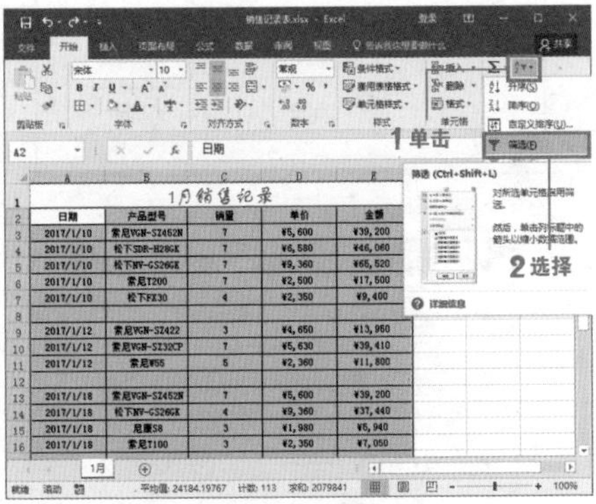

④ A2:E2区域内的单元格右侧将出现下拉按钮。单击任意下拉按钮，在筛选列表中只勾选"空白"复选框，如图8-63所示。

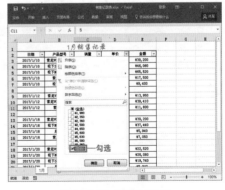

图 8-62 选择"筛选"选项

图 8-63 勾选"空白"复选框

⑤ 将筛选出表格中所有的空行，按住Ctrl键的同时，分别选择所有空行并右击，从快捷菜单中执行"删除行"命令，如图8-64所示，在"排序和筛选"下拉列表中再次单击"筛选"按钮即可。

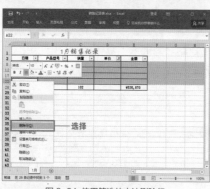

图 8-64 使用筛选的方法删除行

技巧拓展

a.在步骤5的筛选结果中，虽然只显示了部分行标，但如果使用拖动鼠标的方法选择空行的话，则会将第8至22行全部删除掉。

b.在"数据"选项卡的"排序和筛选"选项组中，也可以进行数据的排序和筛选操作。

Extra tip＞＞＞＞＞＞＞＞＞＞＞＞

实例 139

套用与撤销表格格式

技巧介绍： 在Excel中除了套用单元格样式，我们还可以直接套用表格格式，只需几秒钟就可以美化工作表。

进度系数：★★★　　适用版本：全版本

① 打开本节素材文件"素材\第08章\实例139\安全工作检查表.xlsx"，选择A3:F15单元格区域，在"开始"选项卡的"样式"选项组中单击"套用表格格式"下拉按钮，从下拉列表中选择"橙色，表样式中等深浅3"选项，如图 8-65所示。

② 将弹出"套用表格式"对话框，单击"确定"按钮，如图 8-66所示，即可套用表格格式。

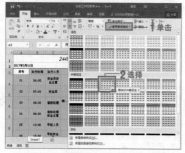

图 8-65 选择要套用的表格格式选项

图 8-66 "套用表格式"对话框

③ 自动切换至"表格工具>设计"选项卡，在"工具"选项组中单击"转换为区域"按钮，如图 8-67所示，在弹出的Microsoft Excel提示框中单击"是"按钮即可。

图 8-67 转换为区域

技巧拓展

如果想撤销对表格格式的套用，则可使用实例125中清除单元格格式的方法。

选择A3:F15单元格区域，在"开始"选项卡的"编辑"选项组中单击"清除"下拉按钮，从下拉列表中执行"清除格式"命令即可。

Extra tip〉〉〉〉〉〉〉〉〉〉〉〉

实例 140 突出显示首末列

技巧介绍： 小E在套用表格格式时，需要将表格的第一列和最后一列设置不同的单元格格式，有什么办法可以突出显示首末列呢？

❶ 打开本节素材文件"素材\第08章\实例140\安全工作检查表.xlsx"，切换至"表格工具>设计"选项卡，在"表格样式选项"选项组中勾选"第一列"和"最后一列"复选框，如图 8-68所示。

❷ 即可突出显示表格的第一列和最后一列，得到的效果如图 8-69所示。

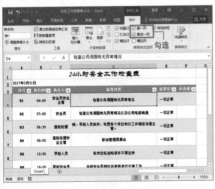

图 8-68 勾选复选框

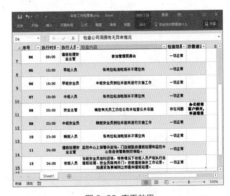

图 8-69 查看效果

实例 141 快速复制列宽

技巧介绍： 小E想将表格中的每一列列宽都设置成与最宽的那列列宽相同。其实，即使我们不知道最宽的那列的列宽，也可以快速统一表格列宽。

❶ 打开本节素材文件"素材\第08章\实例141\进货表.xlsx"，选择F列中的任意单元格，按下【Ctrl+C】组合键进行复制操作，在A至E列的每一列中都选中一个单元格，如A6:E6单元格区域，按下【Ctrl+Alt+V】组合键，打开"选择性粘贴"对话框，选择"列宽"单选按钮，如图 8-70所示。

② 单击"确定"按钮，即可将其余列的列宽与F列匹配，如图 8-71 所示。

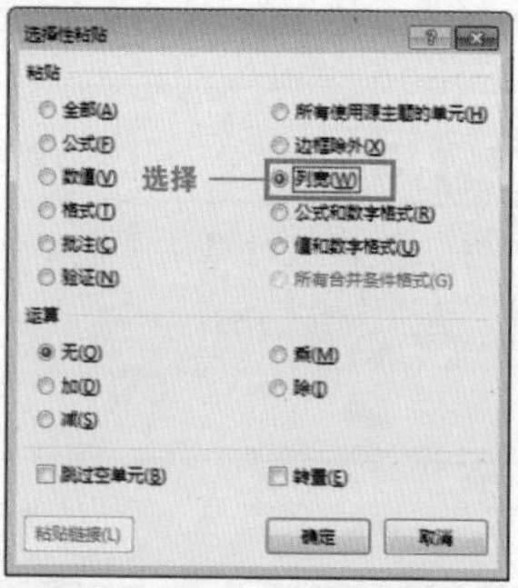

图 8-70 选择"列宽"单选按钮

图 8-71 查看效果

职场小知识

格雷欣法则

简介： 做好对员工的实际能力与心理考察，不要让职场中的"劣币"驱逐"良币"。

格雷欣法则是一条经济法则，也称劣币驱逐良币法则，意为在双本位货币制度的情况下，两种货币同时流通时，如果其中之一发生贬值，其实际价值相对低于另一种货币的价值，实际价值高于法定价值的"良币"将被普遍收藏起来，最终被驱逐出流通领域，实际价值低于法定价值的"劣币"将在市场上泛滥成灾，导致货币流通不稳定。

追溯到古罗马时代，人们就习惯从金银钱币上切下一角，这意味着在货币充当买卖媒介时，货币的价值含量就减小了。古罗马人不是傻瓜，他们很快就觉察到货币越变越轻。当他们知道货币减轻的真相时，就把足值的金银货币积存起来，专门用那些不足值的货币，这样坏钱就把好钱从流通领域中排挤出去了。早在公元前2世纪，西汉的贾谊曾指出"奸钱日繁，正钱日亡"的事实。

"劣币驱逐良币"的现象不仅在铸币流通时代存在，在纸币流通中也有。当钱包里既有新钱又有旧钱的时候，大家都愿意把旧钱花出去买东西，留下"新票"，这种现象在现实生活中比比皆是。

"格雷欣法则"在企业员工薪酬管理方面有着如下表现：在同一企业，由于旧人事与薪酬制度惯性等，一些低素质员工薪酬超出高素质员工，从而导致低素质员工对高素质员工的"驱逐"；一些低素质员工与高素质员工薪酬大体相当，从而导致低素质员工对高素质员工的"驱逐"；虽然高素质员工薪酬超出低素质员工，但与员工对企业的相对价值不成比例。

在有效的劳动力市场，如果公司雇佣员工的薪水过低，会造成优秀的员工频频跳槽，差些的员工却往往留下来，这就是职场中的"劣币"驱逐"良币"现象。要避免这种现象，企业做好对员工的实际能力与心理考察就显得尤为重要了。

第9章

数据快速编辑

小E在打开Excel后，总是马上就开始输入数据，却在输入过程中遇到许多麻烦，比如输入以0开头的数据、输入大写数字、输入特殊符号等。尽管小E打字速度挺快，却还是在数据录入时耗费了许多时间。在Excel中输入与编辑数据时是有许多技巧的，比如输入等差序列或等比序列、填充计算公式、在不连续区域输入相同的数据、查找和替换数据内容等。掌握了数据输入与编辑的技巧，在录入数据时，就会减少录入错误并节约输入时间。

实例 142

难度系数：★★★
适用版本：全版本

输入 0 开头数据

技巧介绍： 在电子表格中，经常需要输入数据序号，小E在单元格中输入了01，可是只能得到1，这是因为Excel自动取消了首位0值的显示，那怎样输入以0开头的数据呢？

1 打开本节素材文件"素材\第09章\实例142\安全工作检查表.xlsx"，选择A4:A15单元格区域并右击，从快捷菜单中选择"设置单元格格式"命令，打开"设置单元格格式"对话框，在"数字"选项卡的"分类"列表框中选择"文本"选项，如图9-1所示，单击"确定"按钮。

2 在A4单元格中再次输入数据01，此时Excel就不会取消0值的显示了，如图9-2所示。

图 9-1 设置数字格式为文本

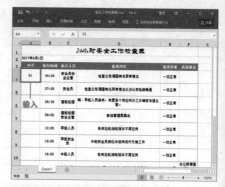

图 9-2 输入 01

3 在输入序号前，先输入英文状态下的单引号"'"，然后再输入01，如图9-3所示，也可输入0开头的数据。

4 选择A4:A15单元格区域，在"开始"选项卡的"数字"选项组中单击"数字格式"下拉按钮，从下拉列表中选择"文本"选项，如图9-4所示，然后在单元格区域中输入序号，同样可以输入0开头的数据。

图 9-3 输入英文单引号

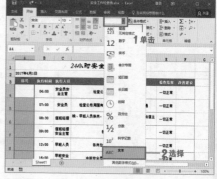

图 9-4 选择"文本"选项

技巧拓展

选择A4:A15单元格区域，按下【Ctrl+1】组合键打开"设置单元格格式"对话框，在"数字"选项卡的"分类"列表框中选择"自定义"选项，在"类型"文本框中输入自定义代码：0#，如图 9-5 所示，单击"确定"按钮，也可输入以0开头的数字。

Extra tip》》》》》》》》》》》》

图 9-5 自定义数字格式

实例 143

输入不同类型分数

技巧介绍： 小E需要在"请假登记表"中输入员工的请假比率，可是当输入"3/31"时，却显示"3月31日"，那么该怎样在单元格中输入分数呢？

① 打开本节素材文件"素材\第09章\实例143\请假登记表.xlsx"，选择C3单元格，先输入0，键入一个空格后输入分数3/31，如图 9-6 所示，即可在单元格中输入分数。

② 当在单元格中输入带分数如32/31时，需要先输入分数的整数部分1，键入一个空格后输入1/31即可，如图 9-7 所示。

	A	B	C
1	3月请假登记表		
2	姓名	请假天数	请假比率
3	李海	3	0 3/31
4	苏杨	1	
5	陈霞	4	
6	武海	6	
7	刘繁	2	
8	袁锦辉	3	
9	贺华	5	
10	钟兵	8	
11	总计	32	

图 9-6 输入分数

	A	B	C
1	3月请假登记表		
2	姓名	请假天数	请假比率
3	李海	3	3/31
4	苏杨	1	1/31
5	陈霞	4	4/31
6	武海	6	6/31
7	刘繁	2	2/31
8	袁锦辉	3	3/31
9	贺华	5	5/31
10	钟兵	8	8/31
11	总计	32	1 1/31

图 9-7 输入带分数

③ 选择C3:C10单元格区域，按下【Ctrl+1】组合键打开"设置单元格格式"对话框，在"数字"选项卡的"分类"列表框中选择"分数"选项，在"类型"列表框中选择"分母为两位数"选项，如图 9-8所示，在单元格中输入分数或小数时，即可显示分母为两位数的分数。

图 9-8 选择分数类型

实例 144 自动输入小数点

技巧介绍： 在工作表中输入金额数据时，经常需要输入大量小数数据，但频繁地输入小数点却让小E很是头痛，可不可以让Excel自动帮我们添加小数点呢？

① 打开本节素材文件"素材\第09章\实例144\ 2016年产品销售利润年度报表.xlsx"，选择B3:H13单元格区域，按下【Ctrl+1】组合键打开"设置单元格格式"对话框，在"数字"选项卡的"分类"列表框中选择"数值"选项，设置"小数位数"为2，如图 9-9所示。

② 单击"确定"按钮，即可为数据添加两位小数，如图 9-10所示。

图 9-9 设置小数位数

图 9-10 查看设置效果

③ 在"文件"选项卡下选择"选项"选项，打开"Excel选项"对话框，在"高级"选项 面板中勾选"自动插入小数点"复选框，并设置"位数"为2，如图 9-11所示，单击"确定"按钮，当在表格中输入数据时，即可为数据自动输入小数点。

④ 选择B3:H13单元格区域，在"开始"选项卡的"数字"选项组中单击"数字格式"下拉按钮，从下拉列表中选择"数字"选项，如图 9-12所示，也可为数据添加小数点。

图 9-11 设置小数位数

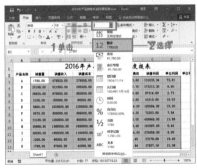

图 9-12 设置数字格式

技巧拓展

选择B3:H13单元格区域，打开"设置单元格格式"对话框，在"数字"选项卡的"分类"列表框中选择"自定义"选项，在"类型"文本框中输入自定义代码：#.##00，如图 9-13所示，单击"确定"按钮，也可自动输入小数点。

Extra tip〉〉〉〉〉〉〉〉〉〉〉〉

图 9-13 自定义数字格式

实例 145

大小写数字转换

技巧介绍： 小E每次都是用输入法输入中文数字的，输入小写数字还好，当输入大写数字时就比较麻烦了。其实不需要借助输入法，Excel可以直接将阿拉伯数字转换为中文数字。

① 打开本节素材文件"素材\第09章\实例145\销售记录表.xlsx"，选择E25单元格，按下【Ctrl+1】组合键打开"设置单元格格式"对话框，在"数字"选项卡的"分类"列表框中选择"特殊"选项，在"类型"列表框中选择"中文小写数字"选项，如图 9-14所示。

图 9-14 选择"中文小写数字"选项

第 1 章
第 2 章
第 3 章
第 4 章
第 5 章
第 6 章
第 7 章
第 8 章
第 9 章
第 10 章
第 11 章
第 12 章
第 13 章
第 14 章
第 15 章
第 16 章
第 17 章
第 18 章

② 单击"确定"按钮，即可自动将E25单元格数字转换为中文小写金额，如图 9-15 所示。

③ 当在"类型"列表框中选择"中文大写数字"选项时，即可将阿拉伯数字转换为大写金额，如图 9-16 所示。

图 9-15 查看设置效果

图 9-16 转换为中文大写数字

实例 146　输入特殊符号

技巧介绍： 有时我们需要在单元格中输入一些特殊的符号，如对勾符号、方框符号等，这些符号都收录在"符号"对话框中。下面就具体介绍怎样在工作表中输入特殊符号。

① 打开本节素材文件"素材\第09章\实例146\员工需求调查表.xlsx"，双击合并后的A2单元格，将光标定位在红色文字的双引号中，选择"插入"选项卡，在"符号"选项组中单击"符号"按钮，如图 9-17 所示。

② 打开"符号"对话框，在"字体"下拉列表中选择Wingdings 2选项，从符号列表框中选择"√"，如图 9-18 所示。

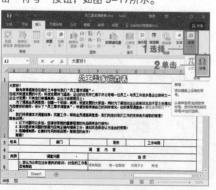

图 9-17 单击"符号"按钮

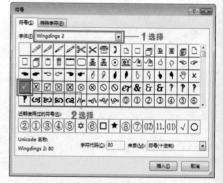

图 9-18 选择"√"

③ 单击"插入"按钮，并关闭"符号"对话框，即可在文本中插入对勾符号，如图 9-19 所示。

④ 按照相同的方法，在各选项左侧添加方框符号，所得结果如图 9-20 所示。

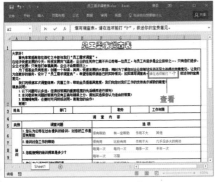

图 9-19 查看插入效果

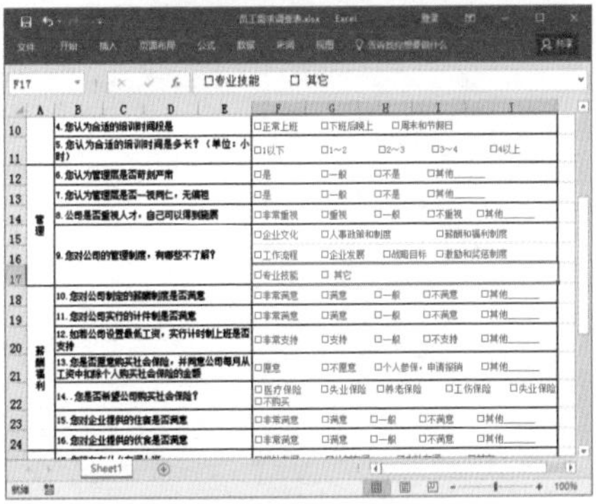

图 9-20 插入方框符号

技巧拓展

a.当需要插入大量相同的符号时，我们可以利用F4键重复上一步的操作。

b.在"符号"对话框中，插入过一次的符号将出现在"近期使用过的符号"选项区域中，如图 9-21所示，这样就节省了在符号列表框中寻找符号的时间。

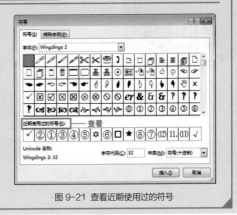

图 9-21 查看近期使用过的符号

Extra tip > > > > > > > > > > > >

实例 147

使用记忆性键入功能

技巧介绍： 当需要输入大量数据时，通常会遇到许多相同或相似的数据，这时可以利用记忆性键入功能帮助我们快速录入数据。

① 打开本节素材文件"素材\第09章\实例147\销售记录表.xlsx"，在"文件"选项卡中选择"选项"选项，打开"Excel选项"对话框，选择"高级"选项，并勾选"为单元格启用记忆式键入"复选框，如图 9-22所示，单击"确定"按钮。

② 在B3单元格中输入"索尼VGN-SZ452N"文本，在B4单元格中输入"松下SDR-H28GK"文本，选择B5单元格，输入"索尼"文本后，将显示记忆性的文本，如图 9-23所示，按Enter键即可利用记忆性填充功能输入文本。

图 9-22 "Excel 选项"对话框

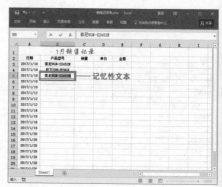

图 9-23 记忆性填充功能

实例 148　快速生成等差序列

技巧介绍： 若要为上千行数据输入"序号"，估计输入完就筋疲力尽了。在Excel中，我们可以快速生成等差序列，从而大大缩短输入数据的时间。

❶ 打开本节素材文件"素材\第09章\实例148\安全工作检查表.xlsx"，在A4单元格中输入数字1，按住Ctrl键，将光标置于该单元格右下角，当光标变成黑色十字形状时，按住鼠标左键向下拖动至A15单元格，即可快速填充"序号"列数据，如图 9-24 所示。

❷ 上个步骤生成的是步长为1的等差序列，如果步长不为1，又该怎样快速输入数据呢？在A4单元格中输入数字1，在A5单元格中输入数字5，选择A4:A5单元格区域，将光标置于该单元格区域右下角，当光标变成黑色十字形状时，按住鼠标左键向下拖动至A15单元格，松开鼠标，即可填充步长为4的等差序列，如图9-25所示。

图 9-24 生成步长为 1 的等差序列

图 9-25 生成步长为 4 的等差序列

技巧拓展

生成等差序列还有其他办法。

a.在A4单元格中输入1,用鼠标右键拖曳单元格右下角填充手柄至A15单元格,释放鼠标,从快捷菜单中选择"序列"选项,如图 9-26所示。

b.打开"序列"对话框,设置序列产生在"列",设置类型为"等差序列",设置步长为5,如图 9-27所示,单击"确定"按钮,即可填充步长为5的等差序列。

图 9-26 选择"序列"选项

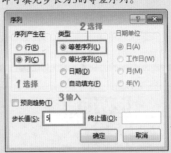

图 9-27 设置序列参数

c.选择A4:A15单元格区域,在"开始"选项卡的"编辑"选项组中单击"填充"下拉按钮,从下拉列表中选择"序列"选项,如图 9-28所示,也可打开"序列"对话框。

图 9-28 选择 A4:A15 单元格区域

Extra tip〉〉〉〉〉〉〉〉〉〉〉〉

实例 149

日期填充

技巧介绍: 实际工作中,在许多表格里都需要记录连续的日期信息,我们可以利用填充功能输入等差序列,可不可以利用填充功能输入连续的日期呢?

❶ 打开本节素材文件"素材\第09章\实例149\一周工作记录表.xlsx",在A3单元格中输入日期2017/3/26,选择A3单元格右下角填充手柄,按住鼠标左键向下拖动至A9单元格,如图 9-29所示,即可快速实现日期自动填充。

❷ 除了将日期从前向后进行填充,还可以实现反向填充。在A9单元格中输入日期2017/4/1,选择A9单元格右下角填充手柄,按住鼠标左键向上拖动至A3单元格,如图 9-30所示,即可快速实现日期反向填充。

图 9-29 填充日期

图 9-30 反向填充日期

技巧拓展

在工作表中输入日期值以后，我们还可以按工作日、按月、按年进行填充。

选择A11单元格，在单元格中输入2017/3/26，按住鼠标右键向下拖曳单元格右下角填充手柄，释放鼠标，从快捷菜单中选择相应的填充命令即可，如图 9-31所示。

图 9-31 填充日期的其他选项

Extra tip ＞＞＞＞＞＞＞＞＞＞＞＞

实例 150

快速输入等比序列

技巧介绍： 既然我们可以填充等差序列，那是不是也可以快速输入等比序列呢？

❶ 启动Excel，在A1单元格中输入数字3，在A2单元格中输入数字6，按住鼠标右键向下拖曳A1:A2单元格区域右下角填充手柄至A15单元格，松开鼠标，从快捷菜单中选择"等比序列"命令，即可输入步长为2的等比序列，如图 9-32所示。

图 9-32 输入等比序列

② 在A1单元格中输入3,用鼠标右键拖曳单元格右下角填充手柄至A15单元格,释放鼠标,从快捷菜单中选择"序列"选项,如图 9-33 所示。

图 9-33 选择"序列"命令

③ 打开"序列"对话框,设置序列产生在"列",设置类型为"等比序列",设置步长为2,如图 9-34 所示,单击"确定"按钮,即可输入步长为2的等比序列。

图 9-34 设置序列参数

技巧拓展

在"序列"对话框中我们还可以设置等比序列的终止值。

a.在A1单元格中输入3,并单击A列列标,选中A列所有单元格,在"开始"选项卡的"编辑"选项组中单击"填充"下拉按钮,从下拉列表中选择"序列"选项,如图 9-35所示。

b.打开"序列"对话框,设置序列产生在"列",设置类型为"等比序列",设置步长为2,终止值为10000,如图 9-36 所示。

图 9-35 选择"序列"选项

图 9-36 设置序列参数

c.单击"确定"按钮,即可在A列生成指定范围内的等比序列,如图 9-37所示。

图 9-37 生成指定范围内的等比序列

第1章 第2章 第3章 第4章 第5章 第6章 第7章 第8章 第9章 第10章 第11章 第12章 第13章 第14章 第15章 第16章 第17章 第18章

实例 151 快速填充公式

难度系数：★★★ 适用版本：全版本

技巧介绍： 小E在进行数据计算时，发现同行或同列所用到的计算公式是相同或类似的，这时可以在一个单元格中输入计算公式，然后利用填充功能将公式自动填充到其他单元格中。

① 打开本节素材文件"素材\第09章\实例151\进货表.xlsx"，选择F3单元格，在编辑栏中输入计算公式"=D3*E3"，按Enter键计算进货金额，如图9-38所示。

② 选择F3单元格右下角填充手柄，按住鼠标左键向下拖动至F20单元格，即可快速填充计算公式，如图9-39所示。

图 9-38 计算进货金额

图 9-39 快速填充计算公式

技巧拓展

当需要向下填充公式时，除了拖曳填充手柄，还有另外两种方法。

a.选择F3单元格，双击其右下角填充手柄，即可向下填充计算公式。

双击填充手柄需要在一定条件下才能使用，它的作用是根据填充手柄所在列旁边列的已有数据长度来进行填充。比如A列从A1到A10有内容，再往下没内容了，那在B1单元格输入公式后双击填充手柄，会自动填充B1到B10单元格区域。如果当前列左边那一列没有数据，那就根据右边那一列来选择要填充到的位置；如果右边那一列也没有数据，那双击填充手柄就没反应了。

b.选择F3:F20单元格区域，在"开始"选项卡的"编辑"选项组中单击"填充"下拉按钮，选择"向下"选项，如图9-40所示，或按下【Ctrl+D】组合键，向下填充计算公式。

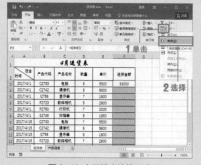

图 9-40 向下填充计算公式

Extra tip ＞＞＞＞＞＞＞＞＞＞＞＞

实例 152

快速输入货币符号

技巧介绍： 在财务报表、工资表或采购报表中，经常需要在金额数据前面添加货币符号，当数据量较大时，可不可以像添加小数点一样统一为数据添加货币符号呢？

① 打开本节素材文件"素材\第09章\实例152\进货表.xlsx"，选择E3:F20单元格区域，按下【Ctrl+1】组合键打开"设置单元格格式"对话框，在"数字"选项卡的"分类"列表框中选择"货币"选项，在"货币符号"列表框中选择"￥"选项，如图 9-41 所示。

② 单击"确定"按钮，即可为E3：F20单元格区域的数据添加货币符号，如图 9-42 所示。

图 9-41 "设置单元格格式"对话框

图 9-42 查看设置效果

③ 我们也可以选择E3:F20单元格区域，在"开始"选项卡的"数字"选项组中单击"数字格式"下拉按钮，从下拉列表中选择"货币"选项，如图 9-43 所示，也可为数据添加货币符号。

图 9-43 选择"货币"选项

技巧拓展

除了添加人民币符号，还可以为数据添加英镑符号、美元符号等。

选择E3:F20单元格区域，在"开始"选项卡的"数字"选项组中单击"会计数字格式"下拉按钮，从下拉列表中选择"欧元"选项，如图 9-44 所示，即可为数据添加欧元符号。

图 9-44 选择"欧元"选项

Extra tip ＞＞＞＞＞＞＞＞＞＞＞

第1章
第2章
第3章
第4章
第5章
第6章
第7章
第8章
第9章
第10章
第11章
第12章
第13章
第14章
第15章
第16章
第17章
第18章

实例 153 设置输入提示信息与出错警告

难度系数：★★★★　适用版本：07/13/16/17

技巧介绍： 小E发现同事在输入数据时，单元格总会提示输入数据的范围，万一输错了，还会弹出错误警告。小E觉得很神奇，那么该怎样设置输入提示信息与出错警告呢？

① 打开本节素材文件"素材\第09章\实例153\进货表.xlsx"，选择D3:D20单元格区域，切换至"数据"选项卡，在"数据工具"选项组中单击"数据验证"按钮，或单击"数据验证"下拉按钮，从下拉列表中选择"数据验证"选项，如图9-45所示。

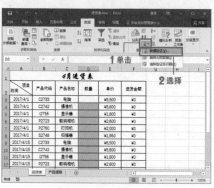

图 9-45 选择"数据验证"选项

② 打开"数据验证"对话框，在"设置"选项卡的"允许"下拉列表中选择"整数"选项，设置"最小值"和"最大值"分别为1和10，如图9-46所示。

图 9-46 设置验证条件

③ 切换至"输入信息"选项卡，在"标题"和"输入信息"文本框中输入提示信息，如图9-47所示。

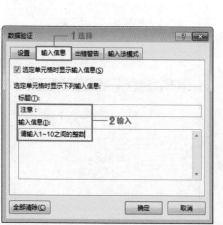

图 9-47 设置输入提示信息

④ 接着切换至"出错警告"选项卡，单击"样式"下拉按钮，从下拉列表中选择"信息"选项，并在"标题"和"错误信息"文本框中输入文本内容，如图9-48所示。

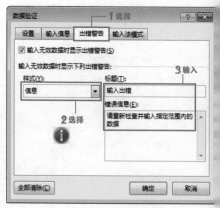

图 9-48 设置出错警告

⑤ 单击"确定"按钮，将光标放置在D3:D20单元格区域的任意单元格上，即可出现提示信息。当在单元格中输入的数据内容不满足设置的验证条件时，将弹出出错警告提示框，如图 9-49所示。

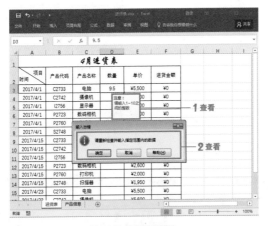

图 9-49 查看设置效果

实例 154

在其他工作表中备份数据

技巧介绍： 为了防止数据丢失，同事建议小E将工作表的数据备份到其他工作表中。小E便动手复制并粘贴工作表中的数据。除此之外，其实还有更便捷的方法实现数据的备份。

① 打开本节素材文件"素材\第09章\实例154\进货表.xlsx"，单击状态栏中的"新工作表"按钮，插入空白工作表，按住Ctrl键的同时选择"1月"和Sheet1工作表，并在"1月"工作表中选择需要备份的数据，在"开始"选项卡下的"编辑"选项组中单击"填充"下拉按钮，从下拉列表中选择"成组工作表"选项，如图 9-50所示。

② 在弹出的"填充成组工作表"对话框中选择"全部"单选按钮，如图 9-51所示。

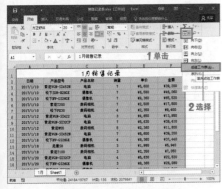

图 9-50 选择"成组工作表"选项

图 9-51 填充成组工作表

❸ 单击"确定"按钮，即可将"1月"工作表中的数据备份到Sheet1工作表中，如图 9-52 所示。

图 9-52 查看设置效果

技巧拓展

我们也可以直接复制或移动工作表中的全部数据。

a.右击"1月"工作表标签，从快捷菜单中选择"移动或复制"命令，如图 9-53所示。

b.弹出"移动或复制工作表"对话框，在"下列选定工作表之前"列表框中选择"（移至最后）"选项，并勾选"建立副本"复选框，如图 9-54所示。

图 9-53 选择"移动或复制"命令

图 9-54 选择复制工作表的位置

c.单击"确定"按钮，即可生成"1月（2）"工作表，"1月"工作表中的数据，包括单元格格式在内，均被复制到"1月（2）"工作表中，如图 9-55所示。

图 9-55 查看设置效果

实例 155

批量删除单元格内的换行符

难度系数：★★★

适用版本：全版本

技巧介绍： 在之前的实例中，我们了解到，可以通过单击"自动换行"按钮，或【Alt+Enter】组合键实现换行，那有什么办法可以批量删除单元格中的换行符吗？

① 打开本节素材文件"素材\第09章\实例155\安全工作检查表.xlsx"，按【Ctrl+H】组合键打开"查找和替换"对话框，在"查找内容"文本框中按住Alt键的同时输入0010，单击"全部查找"按钮，查看查找内容，如图 9-56 所示。

图 9-56 查找换行符

② 确认无误后单击"全部替换"按钮，即可批量删除单元格中的换行符，如图 9-57所示。

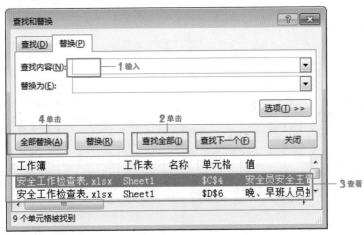

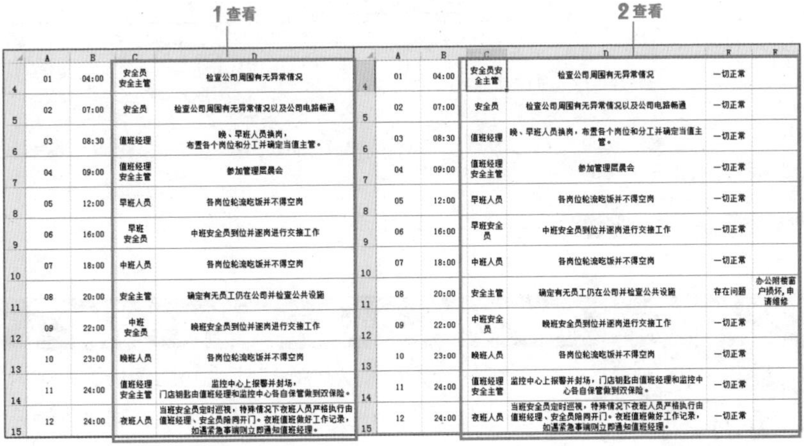

图 9-57 比较效果

实例 156

利用通配符查找并替换内容

技巧介绍： 有时，我们需要将工作表中的多个数据替换成一个数据，除了采取分别替换的方法替换数据，还有更快捷的执行替换操作的方法吗？

① 打开本节素材文件"素材\第09章\实例156\每日进货情况统计表.xlsx"，现在需要将"江苏 淮安""江苏 常州""江苏 徐州"文本均替换为"湖南 长沙"文本，按【Ctrl+H】组合键打开"查找和替换"对话框，在"查找内容"文本框中输入"江苏 *"，在"替换为"文本框中输入"湖南 长沙"，并单击"选项"按钮，勾选"单元格匹配"复选框后，单击"查找全部"按钮，查看查找内容，如图 9-58 所示。

② 确认无误后单击"全部替换"按钮，即可使用通配符将不一致的表述全部替换，如图 9-59 所示。

图 9-58 查找数据　　图 9-59 查看替换效果

技巧拓展

在 Excel 中通配符有 3 个，分别为：?（问号）、★（星号）、~（波形符）。

?（问号）可代表任意单个字符；

★（星号）可代表任意数量的字符；

~（波形符）后可跟?、★或~问号、星号或波形符，例如，"fy06~?"可找到"fy06?"。

实例 157

快速查找包含公式和批注的单元格

技巧介绍： 我们可以利用"定位"功能定位工作表中的公式和批注，也可以利用"查找"功能，查找工作表中的公式或批注。

① 打开本节素材文件"素材\第08章\实例157\差旅费报销单.xlsx",按下【Ctrl+F】组合键打开"查找和替换"对话框,在"查找内容"文本框中输入SUM,并单击"选项"按钮,设置"查找范围"为"公式",单击"查找全部"按钮,即可查找出所有含有SUM函数的单元格,如图 9-60 所示。

② 在"查找内容"文本框中输入"天数"文本,设置"查找范围"为"批注",单击"查找全部"按钮,即可查找所有批注中含有"天数"的单元格,如图 9-61所示。

图 9-60 查找公式   图 9-61 查找批注

实例 158

在指定范围执行替换操作

难度系数：★★★ 适用版本：全版本

技巧介绍： 小E需要在"销售记录表"工作表中将所有的"索尼T100"文本都替换成"索尼HX5C"文本,有没有办法一次替换整个工作簿中的指定内容呢?

① 打开本节素材文件"素材\第09章\实例158\销售记录表.xlsx",按下【Ctrl+H】组合键打开"查找和替换"对话框,在"查找内容"文本框中输入"索尼T100",在"替换为"文本框中输入"索尼HX5C",设置"范围"为"工作簿",单击"查找全部"按钮,查看查找内容,如图 9-62所示。

② 确认无误后单击"全部替换"按钮,即可一次替换工作簿中的指定单元格内容,如图 9-63所示。

图 9-62 设置替换范围

	A	B	C
1		产品信息表	
2	产品型号	产品名称	单价
3	尼康S8	数码相机	¥1,980
4	松下FX30	数码相机	¥2,350
5	松下NV-GS26GK	摄像机	¥9,360
6	松下SDR-H28GK	摄像机	¥6,580
7	索尼HX5C	数码相机	¥2,350
8	索尼T200	数码相机	¥2,500
9	索尼VGN-SZ32CP	电脑	¥5,630
10	索尼VGN-SZ422	电脑	¥4,650
11	索尼VGN-SZ452N	电脑	¥5,600
12	索尼W55	数码相机	¥2,360

图 9-63 查看替换效果

职场小知识

雷尼尔效应

简介： 升职加薪不是留住人才的最优选择，以及优秀的企业文化，打造"美丽的风光"才是留住人才的关键。

人们普遍认为高薪才能留住人才，但有些公司薪酬并不很高，麾下却也有不少人才。这些公司能设身处地关心员工成长，关注其多层次心理需求，提供施展才华的舞台。可见，金钱并不是留住人才的唯一方法。这一现象可用"雷尼尔效应"来解释。

雷尼尔效应来源于美国西雅图华盛顿大学的一次风波。校方曾经选择了一处地点，准备在那里修建一座体育馆。消息一传出，立即引起了教授们的强烈反对，因为一旦场馆建成，就会挡住了美丽的湖光山色。

原来，与当时美国的平均工资水平相比，华盛顿大学教授们的工资要低20%左右。很多教授之所以接受华盛顿大学较低的工资，完全是出于留恋西雅图的湖光山色。他们甚至得意地说，华盛顿大学教授的工资，80%是以货币形式支付的，20%是由美好的环境来支付的。如果因为修建体育馆而破坏了这种景观，就意味着工资降低了20%的程度，教授们就会流向其他大学。由此可见，美丽的景色也是一种无形财富，它起到了吸引和留住人才的作用。

纳尔逊女士是美国卡尔松旅游公司的总裁。为了给员工营造一个舒心的工作环境，公司规定：员工每年都有为期一周的带薪休假；对提出好的建议、工作中有出色表现的员工，公司会给予奖励；积极提倡管理者与员工之间的交流，创造和谐的沟通和工作环境。纳尔逊女士坚定不移地信守诺言使她获得了美誉，员工欣赏她的企业是因为这里不只是追求利润，而且很关心自己的员工。正是通过这个方式，卡尔松旅游公司牢牢地吸引住了人才。

在争夺优秀人才的竞争场上，企业如何用最有效的方法留住优秀的人才呢？升职加薪固然是一个很好的办法，但不是最优选择。优秀的企业文化是公司生存的基石，也是企业能否留住人才的关键。企业有时需要用"美丽的风光"来吸引和留住人才。这里的"美丽的风光"既包括优美的自然环境，还包括独特的人文环境，比如催人奋进的企业精神，良好的人际关系、舒适的工作环境等，能满足员工的各种层次心理需求，帮助员工成长以及实现自我价值，获得成就感，提高幸福感，营造一个"企业为我家"的软环境，很好地将人才凝聚在一起。只有这样，才能让员工们毫无怨言地努力与奉献，也才能从根本上稳定人心，留住人才。

第10章

图表快速应用

在利用Excel处理分析数据时，单一的数据展示难免会使人感到枯燥和乏味，有什么办法可以解决这种状况呢？那就是添加图表，相比单纯的数据，图表更加生动形象，利用图表会使得编制的工作表更易于理解和交流。本章主要介绍Excel图表的应用，包括怎样创建图表、调整图表、设置图表格式，并对数据透视表及数据透视图的应用进行讲解。

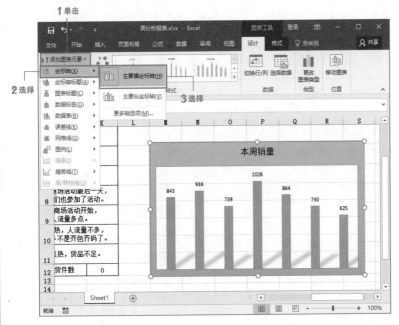

实例 159

快速创建图表

技巧介绍： 使用图表可以非常直观地展示数据，那怎样创建图表呢？

难度系数：★★★　适用版本：全版本

① 打开本节素材文件"素材\第10章\实例159\2016地区销售成本对比.xlsx"，选择表格的数据区域，切换至"插入"选项卡，在"图表"选项组中单击"推荐的图表"按钮，如图10-1所示。

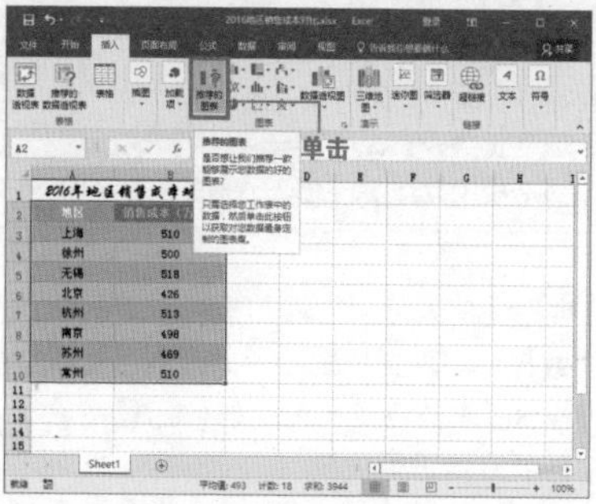

② 打开"插入图表"对话框，在"推荐的图表"选项卡中选择"簇状柱形图"选项，如图10-2所示，单击"确定"按钮，即可使用表中的数据创建柱形图。

图 10-1 单击"推荐的图表"按钮　　　　图 10-2 "插入图表"对话框

技巧拓展

a.在创建图表之前，若没有选中用于创建图表的数据所在单元格区域，则会弹出提示框，如图10-3所示，提示图表无法创建。

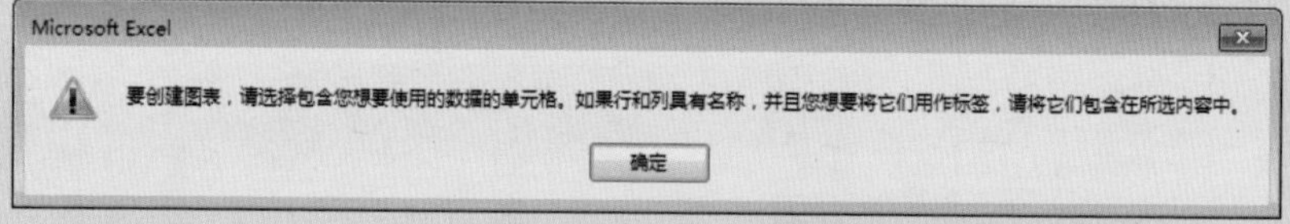

Microsoft Excel

⚠ 要创建图表，请选择包含您想要使用的数据的单元格。如果行和列具有名称，并且您想要将它们用作标签，请将它们包含在所选内容中。

确定

图 10-3 Microsoft Excel 提示框

b.在"图表"选项组中单击"插入柱形图或条形图"下拉按钮，从下拉列表中选择"簇状柱形图"选项，如图10-4所示，同样可以插入柱形图。

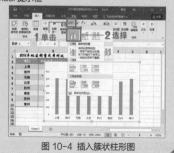

图 10-4 插入簇状柱形图

Extra tip >>>>>>>>>>

实例 160

添加图表标题

技巧介绍： 小E在给图表标题重命名的过程中不小心将标题文本框弄没了，该怎样为图表添加标题呢？

① 打开本节素材文件"素材\第10章\实例160\ 2016地区销售成本对比.xlsx"，选择插入的图表，在"图表工具符号>设计"选项卡的"图表布局"选项组中单击"添加图表元素"下拉按钮，从下拉列表中选择"图表标题"选项，在其下级列表中选择"图表上方"选项，如图 10-5 所示。

② 即可在图表上方添加图表标题，在"图表标题"文本框中重命名图表标题即可，如图 10-6 所示。

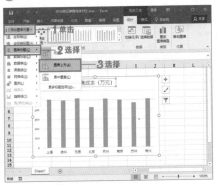

图 10-5 选择图表标题的添加位置

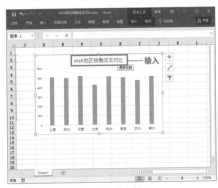

图 10-6 添加图表标题

技巧拓展

a.选择输入的表格标题文本内容，在浮动工具栏或"开始"选项卡的"字体"选项组中，可以设置标题的字体格式，所得结果如图 10-7 所示。

b.选择插入的图表，单击图表右上角的"图表元素"按钮，从下拉列表中选择"图表标题"选项，然后在其下级列表中选择"图表上方"选项，如图 10-8 所示，同样可以为柱形图添加图表标题。

图 10-7 设置字体格式

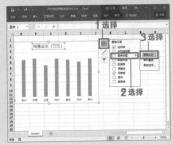

图 10-8 添加图表标题

Extra tip >>>>>>>>>>>>

实例 161 对数据的指定区域创建图表

技巧介绍： 现在小E需要对周一至周日的销售额数据创建图表，但Excel默认是对数据区域的所有数据创建图表。现在只需要对指定区域的数据创建图表，该怎样操作呢？

❶ 打开本节素材文件"素材\第10章\实例161\周分析报表.xlsx"，按住Ctrl键选择B4:B11和D4:D11单元格区域，切换至"插入"选项卡，在"图表"选项组中单击"插入折线图或面积图"下拉按钮，从下拉列表中选择"带数据标记的折线图"选项，如图10-9所示。

❷ 即可对指定的区域创建折线图，如图10-10所示。

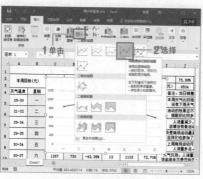

图 10-9 选择折线图样式

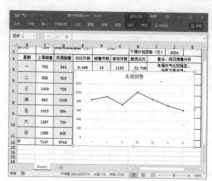

图 10-10 创建拆线图

技巧拓展

选择插入的图表，当光标显示为十字形状时，即可按住鼠标左键移动图表至合适的位置。

Extra tip > > > > > > > > > > > >

实例 162 改变数据系列的颜色

技巧介绍： 小E发现网络上很多人展示的图表总是颜色各异的，十分吸引眼球，而自己插入的图表却总是Excel默认的颜色，该怎样更改图表中数据系列的颜色呢？

❶ 打开本节素材文件"素材\第10章\实例162\周分析报表.xlsx"，选择添加的图表，切换至图表工具>"设计"选项卡，在"图表样式"选项组中单击"更改颜色"下拉按钮，从下拉列表中选择"彩色调色板3"选项，如图10-11所示，即可改变数据系列的颜色。

❷ 或者选择数据系列，切换至"图表工具>格式"选项卡，在"形状样式"选项组中单击"形状填充"下拉按钮，从下拉列表中选择"浅绿"选项，如图10-12所示，同样可以更改数据系列的颜色。

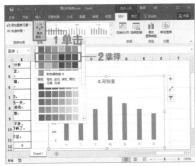

图 10-11 在"更改颜色"下拉列表中选择颜色

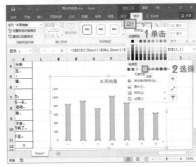

图 10-12 在"形状填充"下拉列表中选择颜色

技巧拓展

除此之外，选择图表的数据系列并右击，在浮动工具栏中单击"填充"下拉按钮，在下拉列表中选择数据系列的颜色，如图 10-13 所示。

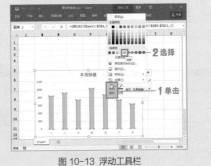

图 10-13 浮动工具栏

Extra tip >>>>>>>>>>>>

实例 163

设置图表形状样式

技巧介绍： 除了改变数据系列的颜色，我们还可以设置图表区及绘图区的颜色，并设置数据系列的形状效果。

① 打开本节素材文件"素材\第10章\实例163\周分析报表.xlsx"，单击图表区，切换至"图表工具>格式"选项卡，在"形状样式"选项组中单击"其他"下拉按钮，从下拉列表中选择合适的形状样式，如图 10-14所示。

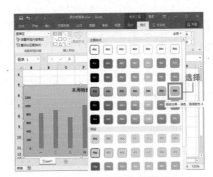

图 10-14 设置图表区形状样式

❷ 单击绘图区，同样在"形状样式"选项组中单击"其他"下拉按钮，从下拉列表中选择合适的形状样式，如图 10-15 所示。

❸ 选择数据系列，在"形状样式"选项组中单击"形状效果"下拉按钮，从下拉列表中选择"阴影"选项，在其下级列表中选择"透视：右上"选项，如图 10-16 所示，为数据系列添加阴影效果。

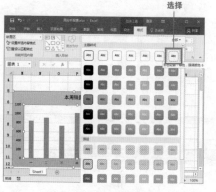

图 10-15 设置绘图区形状样式

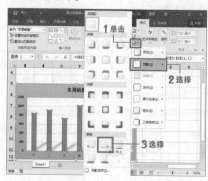

图 10-16 添加阴影效果

技巧拓展

a.选择图表区或绘图区，在"形状样式"选项组中单击"形状填充"下拉按钮，也可设置图表颜色。

b.选择数据系列并右击，从快捷菜单中执行"设置数据系列格式"命令，在打开的"设置数据系列格式"窗格中，可以设置其填充效果、边框效果及形状效果，如图10-17所示。

Extra tip ＞＞＞＞＞＞＞＞＞＞＞＞＞

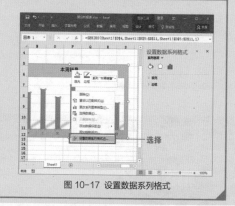

图 10-17 设置数据系列格式

实例 164

快速添加数据标签

技巧介绍： 小E在设置好图表的形状样式后，发现图表并不能精确地显示数据系列的值，可不可以为图表添加数据标签，使其更清楚地显示数据变化趋势呢？

打开本节素材文件"素材\第10章\实例164\ 周分析报表.xlsx"，选择插入的图表，在"图表工具>设计"选项卡的"图表布局"选项组中单击"添加图表元素"下拉按钮，从下拉列表中选择"数据标签"选项，在其下级列表中选择"数据标签外"选项，如图 10-18 所示，即可在数据系列上方显示相应的数据标签。

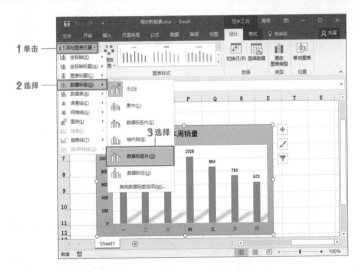

图 10-18 添加数据标签

技巧拓展

选择插入的图表，单击图表右上角的"图表元素"按钮，从下拉列表中选择"数据标签"选项，在其下级列表中选择"数据标签外"选项，如图 10-19所示，同样可以快速添加数据标签。

Extra tip ▶▶▶▶▶▶▶▶▶▶▶▶

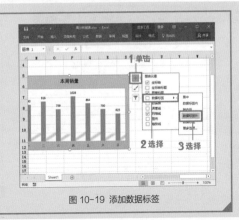

图 10-19 添加数据标签

实例 165

快速调整图表大小

技巧介绍： 我们知道了如何移动图表，是不是觉得与Word中移动图片的方法相同呢？确实是这样的，而且不仅仅是移动图表，就连调整图表大小的方法也与调整图片大小类似。

❶ 打开本节素材文件"素材\第10章\实例165\周分析报表.xlsx"，将光标放置在图表四周的任意一个控制点上，当光标变成双向箭头形状时，按住鼠标左键进行拖动即可，如图 10-20所示。

❷ 或者选中图表后，切换至"图表工具>格式"选项卡，在"大小"选项组的"形状高度"和"形状宽度度"数值框中输入合适的数值即可，如图 10-21所示。

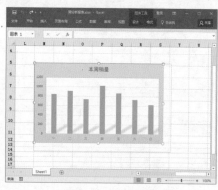

图 10-20 拖动鼠标调整

图 10-21 精确调整

❸ 我们也可以右击添加的图表，从快捷菜单中执行"设置图表区域格式"命令，打开"设置图表区域格式"窗格，切换至"大小与属性"选项卡，在"大小"选项区域中，对图表的"高度"和"宽度"进行设置，如图 10-22 所示。

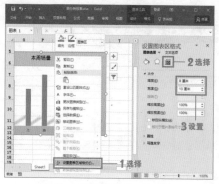

图 10-22 "设置图表区域格式"窗格

技巧拓展

a.在使用鼠标拖曳调整图表大小时，按住Shift键并拖动四角的控制点即可使图片等比例缩放。

b.单击"图表工具>格式"选项卡的"大小"选项组中的对话框启动器按钮，也可打开"设置图表区域格式"窗格。

c.在"设置图表区域格式"窗格中勾选"锁定纵横比"复选框，当对图表的"高度"或"宽度"中的一项进行修改时，另一项将自动发生变化。

Extra tip ＞＞＞＞＞＞＞＞＞＞＞

实例 166

难度系数：★★★　适用版本：全版本

将图表转化成图片

技巧介绍： 小E发现，当表格中的数据发生变化时，图表中的数据也会随之发生改变，如果不想让图表中的数据发生变化，我们可以将图表转化为图片。

❶ 打开本节素材文件"素材\第10章\实例166\周分析报表.xlsx"，选择添加的图表，在"开始"选项卡的"剪贴板"选项组中单击"复制"按钮，从下拉列表中选择"复制为图片"选项，打开"复制图片"对话框，保持系统默认设置，如图 10-23 所示，单击"确定"按钮。

❷ 选择工作表中的任意空白单元格，在"开始"选项卡的"剪贴板"选项组中单击"粘贴"按钮，从下拉列表中选择"粘贴"选项，如图 10-24 所示，即可将图表转化为图片。

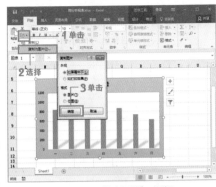

图 10-23 "复制图片"对话框

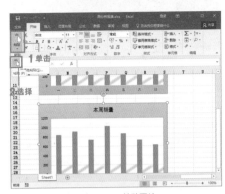

图 10-24 粘贴图片

技巧拓展

选择添加的图表，按下【Ctrl+C】组合键进行复制操作，右击任意空白单元格，从快捷菜单中选择"粘贴选项"中的图片选项，如图 10-25所示，也可以完成图表到图片的转化。

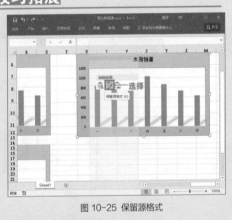

图 10-25 保留源格式

Extra tip ＞＞＞＞＞＞＞＞＞＞＞＞＞

实例 167

隐藏图表坐标轴

技巧介绍： 在Excel中添加的图表通常都是有坐标轴的，可是小E在添加了数据标签后不需要Y坐标轴了，该怎样隐藏图表坐标轴呢？

① 打开本节素材文件"素材\第10章\实例167\周分析报表.xlsx"，选择插入的图表，在"图表工具>设计"选项卡的"图表布局"选项组中单击"添加图表元素"下拉按钮，从下拉列表中选择"坐标轴"选项，在其下级列表中取消选择"主要纵坐标轴"选项，如图 10-26所示，即可隐藏图表中的纵坐标轴，当再次选择"主要纵坐标轴"选项时，即可显示纵坐标轴。

② 需要隐藏横坐标轴时，只需取消选择"主要横坐标轴"选项即可，如图 10-27所示。

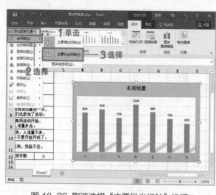

图 10-26 取消选择"主要纵坐标轴"选项

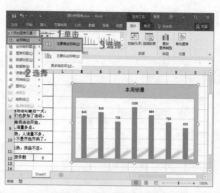

图 10-27 取消选择"主要横坐标轴"选项

技巧拓展

　　选择插入的图表，单击图表右上角的"图表元素"按钮，取消勾选"坐标轴"复选框，或在"坐标轴"下级列表中，选择需要隐藏的坐标轴，如图 10-28 所示，同样可以隐藏图标坐标轴。

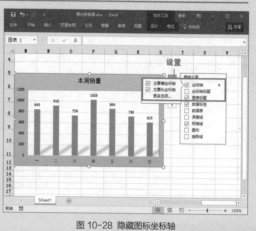

图 10-28 隐藏图标坐标轴

Extra tip ▶ ▶ ▶ ▶ ▶ ▶ ▶ ▶ ▶ ▶ ▶

实例 168

将图表另存为模板

技巧介绍： 在设置完图表格式和图表元素后，小E想将制作的图表保存为模板，这样再制作相同样式和布局的图表时就不会耽误时间了。

① 打开本节素材文件"素材\第10章\实例168\周分析报表.xlsx"，选择插入的图表并右击，从快捷菜单中执行"另存为模板"命令，如图 10-29 所示。

② 在打开的"保存图表模板"对话框中设置模板的文件名，如图 10-30 所示，单击"确定"按钮即可。

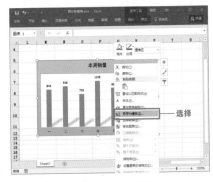

图 10-29 选择"另存为模板"命令

图 10-30 "另存图表模板"对话框

技巧拓展

选择插入的图表，切换至"图表工具>插入"选项卡，在"图表"选项组中单击对话框启动器按钮，在打开的"更改图表类型"对话框中选择"模板"选项，即可看到保存的模板，如图10-31所示，选择该模板即可为图表应用模板样式。

图 10-31 查看保存的模板

Extra tip ＞ ＞ ＞ ＞ ＞ ＞ ＞ ＞ ＞ ＞ ＞ ＞

实例 169

难度系数：★★★　适用版本：全版本

快速创建数据透视表

技巧介绍： 在实际工作中经常需要汇总大量数据，包括各类型数据的合计值、平均值等，小E最头痛的就是这些工作了。这时可以利用数据透视表来分析，那么该怎样创建数据透视表呢？

❶ 打开本节素材文件"素材\第10章\实例169\销售记录表.xlsx"，单击数据区域的任意单元格，选择"插入"选项卡，在"表格"选项组中单击"数据透视表"按钮，如图10-32所示。

❷ 弹出"创建数据透视表"对话框，Excel将自动选择单元格区域，并选择"新工作表"单选按钮，如图10-33所示。

右侧页边栏：
第1章
第2章
第3章
第4章
第5章
第6章
第7章
第8章
第9章
第10章
第11章
第12章
第13章
第14章
第15章
第16章
第17章
第18章

图 10-32 单击"数据透视表"按钮　　　　图 10-33 "创建数据透视表"对话框

③ 单击"确定"按钮，即可新建"Sheet1"工作表，并在工作表中创建数据透视表，如图 10-34 所示。

④ 在"数据透视表字段"窗格中勾选"产品名称""销量"和"金额"字段，Excel 将自动分配字段到合适的位置，如图 10-35 所示，数据透视表创建完毕。

图 10-34 创建空白数据透视表

图 10-34 查看效果

技巧拓展

　　创建数据透视表时，我们还可以将数据透视表放置在当前工作表中。

　　a.在"创建数据透视表"对话框中，选择"现有工作表"单选按钮，并单击"位置"文本框右侧折叠按钮，选择 A25 单元格，如图 10-36 所示。

　　b.单击"确定"按钮，即可以 A25 单元格为左上角，创建空白数据透视表，如图 10-37 所示。

图 10-36 选择"现有工作表"单选按钮

图 10-37 在原工作表下方创建数据透视表

实例 170

自动刷新数据透视表数据

技巧介绍： 数据透视表可以动态地改变表格的版面布置，而且当数据源中的数据发生变化时，还可以更新数据透视表。

难度系数：★★★　适用版本：全版本

① 打开本节素材文件"素材\第10章\实例170\销售记录表.xlsx"，选择"1月"工作表，选择第11至14行单元格区域并右击，从快捷菜单中执行"删除"命令，如图 10-38所示，删除2017年1月18日的销售记录。

图 10-38 删除数据

③ 即可更新数据透视表中的数据，如图10-40所示。

<table>
<tr><td></td><td>A</td><td>B</td><td>C</td></tr>
<tr><td>1</td><td></td><td colspan="2">1查看</td></tr>
<tr><td>2</td><td></td><td></td><td></td></tr>
<tr><td>3</td><td>行标签 ▼</td><td>求和项:销量</td><td>求和项:金额</td></tr>
<tr><td>4</td><td>电脑</td><td>36</td><td>191480</td></tr>
<tr><td>5</td><td>摄像机</td><td>31</td><td>262360</td></tr>
<tr><td>6</td><td>数码相机</td><td>35</td><td>82030</td></tr>
<tr><td>7</td><td>总计</td><td>102</td><td>535870</td></tr>
</table>

<table>
<tr><td></td><td>A</td><td>B</td><td>C</td></tr>
<tr><td>1</td><td></td><td colspan="2">2查看</td></tr>
<tr><td>2</td><td></td><td></td><td></td></tr>
<tr><td>3</td><td>行标签 ▼</td><td>求和项:销量</td><td>求和项:金额</td></tr>
<tr><td>4</td><td>电脑</td><td>29</td><td>152280</td></tr>
<tr><td>5</td><td>摄像机</td><td>27</td><td>224920</td></tr>
<tr><td>6</td><td>数码相机</td><td>29</td><td>69040</td></tr>
<tr><td>7</td><td>总计</td><td>85</td><td>446240</td></tr>
</table>

图 10-40 查看刷新效果

② 切换至Sheet1工作表，选择数据透视表中的任意单元格，切换至"数据透视表工具>分析"选项卡，在"数据"选项组中单击"刷新"按钮，或单击"刷新"下拉按钮，从下拉列表中选择"全部刷新"选项，如图 10-39所示。

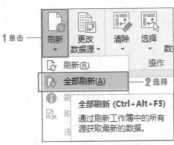

图 10-39 选择"全部刷新"选项

技巧拓展

Excel还提供了自动刷新功能，右击数据透视表中的任意单元格，从快捷菜单中选择"数据透视表选项"命令，打开"数据透视表选项"对话框，切换至"数据"选项卡，勾选"打开文件时刷新数据"复选框，如图 10-41所示，单击"确定"按钮，即可在每次打开文件时都自动刷新数据。

图 10-41 自动刷新数据

Extra tip ＞＞＞＞＞＞＞＞＞＞＞

211

实例 171 在数据透视表内进行快速计算

技巧介绍: 在创建的数据透视表中,我们不仅可以对数据进行求和计算,还可以进行计数、求最大值、最小值,以及求平均等分析计算操作。

① 打开本节素材文件"素材\第10章\实例171\销售记录表.xlsx",选择"Sheet1"工作表,单击B3:B7单元格区域的任意单元格,切换至"数据透视表工具>分析"选项卡,在"活动字段"选项组中单击"字段设置"按钮,如图10-42所示。

② 打开"值字段设置"对话框,在"计算类型"列表框中选择"最大值"选项,如图10-43所示。

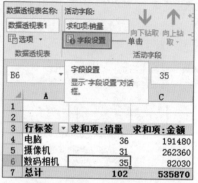

图 10-42 单击"字段设置"按钮

③ 单击"确定"按钮,即可统计各产品销量的最大值,如图10-44所示。

图 10-43 选择"最大值"选项

	A	B	C
1			
2			
3	行标签 ▼	最大值项:销量	求和项:金额
4	电脑	8	191480
5	摄像机	7	262360
6	数码相机	7	82030
7	总计	8	535870

图 10-44 计算最大值

技巧拓展

在"数据透视表字段"窗格中单击"求和项:销量"下拉按钮,从下拉列表中选择"值字段设置"选项,如图10-45所示,也可以打开"值字段设置"对话框。

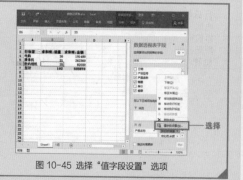

图 10-45 选择"值字段设置"选项

实例 172

年度系数 ★★★

适用版本：全版本

创建数据透视图

技巧介绍： 我们不仅可以创建数据透视表来分析数据，还可以以图表的形式来表现透视表中的数据，这就是数据透视图。下面介绍创建数据透视图的方法。

① 打开本节素材文件"素材\第10章\实例172\销售记录表.xlsx"，选择数据区域的任意单元格，切换至"插入"选项卡，在"图表"选项组中单击"数据透视图"按钮，或单击"数据透视图"下拉按钮，从下拉列表中选择"数据透视图"选项，如图 10-46 所示。

② 打开"创建数据透视图"对话框，Excel将自动选择单元格区域，并将创建的数据透视图放置在"新工作表"中，如图 10-47 所示。

图 10-46 选择"数据透视图"选项

图 10-47 "创建数据透视图"对话框

③ 单击"确定"按钮，即可新建Sheet1工作表，并在工作表中创建数据透视表及透视图，在"数据透视表字段"窗格中勾选相应的字段复选框，即可显示透视图中的数据，对创建的透视图进行格式设置，所得结果如图 10-48 所示。

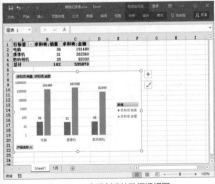

图 10-48 查看创建的数据透视图

技巧拓展

我们也可以直接利用数据透视表创建数据透视图。

打开本节素材文件"素材\第10章\实例171\销售记录表2.xlsx"，选择数据透视表中的任意单元格，切换至"分析"选项卡，在"工具"选项组中单击"数据透视图"按钮，打开"插入图表"对话框，选择"簇状柱形图"选项，单击"确定"按钮，即可创建数据透视图。

Extra tip ＞＞＞＞＞＞＞＞＞＞＞＞

第1章
第2章
第3章
第4章
第5章
第6章
第7章
第8章
第9章
第10章
第11章
第12章
第13章
第14章
第15章
第16章
第17章
第18章

实例 173 — 快速筛选数据透视图内容

技巧介绍： 数据透视图与普通Excel图表的不同之处在于，数据透视图中有字段按钮，在字段按钮下拉列表中选择所需的字段内容，即可快速筛选数据透视图内容。

① 打开本节素材文件"素材\第10章\实例173\销售记录表.xlsx"，单击"产品型号"字段按钮，在打开的下拉列表中选择所需的产品型号，如图10-49所示，执行筛选操作。

② 单击"确定"按钮，数据透视表和透视图中将只显示所选择产品型号的销售数据，如图10-50所示。

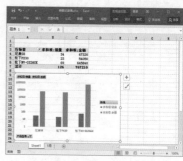

图 10-49 执行筛选操作

图 10-50 查看筛选结果

实例 174 — 恢复数据透视表数据源

技巧介绍： 小E在创建完数据透视表后，不小心将源数据删除了，源数据就只有这么一份，这可怎么办呢？别担心，我们可以进行相应的操作，将源数据找回并显示。

① 打开本节素材文件"素材\第10章\实例174\销售记录表.xlsx"，双击透视表的最后一个单元格，这里双击C14单元格，即可自动生成Sheet2工作表，并在工作表中重新生成原始数据，如图 10-51所示。

② 当双击B4:C15单元格区域的任意单元格，如B9单元格，即可在生成的新工作表中显示"索尼T200"的销售情况，如图 10-52所示。

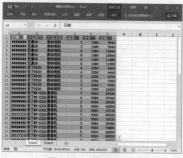

图 10-51 恢复全部数据

图 10-52 恢复部分数据

技巧拓展

如果事先对透视图进行了筛选操作，那么未被筛选的字段项的源数据是不会被恢复的，如图 10-53 所示。

Extra tip ＞＞＞＞＞＞＞＞＞＞＞＞

图 10-53 恢复被筛选的数据

职场小知识

适才适所法则

简介： 将合适的人放在合适的岗位上，合理地"用兵点将"，企业才可能高人一筹。

谈到用才，大多企业可能只是把员工当作企业机器上的某个零件，仅利用单一方面的工作能力，恐怕这个人的价值就连十分之一都没有发挥到位，导致几十个人往往还不如一台机器。做好人力资源配置是人力资源管理的基础，将合适的人放在合适的岗位上，这就是"适才适所法则"。

比如说，同样类型的岗位里有三副不同重量的担子：200斤、100斤、50斤，要选择相应能量的人去承担。这样才能使各种人才的效能得到充分发挥，又使整体工作获得最佳效益；既可避免能挑200斤的人去挑100斤或50斤而窝工浪费，又可避免只能挑50斤的人勉强去挑100斤或200斤而压断腰，完不成任务。

人才与岗位的能级对应不是静态的，而是动态的。企业的岗位要求随着社会经济、科技的发展而发展，随着企业生产的发展而发展，人的才能和精力随着年龄的增长和所受教育、锻炼的积累而演变。企业的管理工作应当按照这两个方面的变化做出相应的调整和更换，以实现能级的动态对应。

要发挥人的价值就不要忘了以下四点。第一，不要忘了人是有头脑的生物，思考体现出了人的最大价值。第二，要给人才做事的空间。空间对于人才是最重要的，没有空间就留不住人才的。第三，把人才的热情发挥出来。第四，用活整个企业的关系资源。

"身为管理者，要按照生产经营管理的要求和员工的素质特长，对人才的特点、能力和性格了如指掌，合理地"用兵点将"，根据员工的不同情况，给他们安排最适合的工作。惟有如此，公司才可能高人一筹。

第11章

公式函数
快速应用

　　公式与函数是Excel处理数据的一个最重要手段，函数的功能十分强大，在生活和工作实践中也有多种应用，但是小E却总是对函数有一种"恐惧感"，觉得它是特别高深且不能理解的，一遇到需要使用函数的情况，脑袋就"死机"了。其实，函数并不可怕，在这一章节中，我们主要对公式和函数的应用技巧进行讲解，一步步揭开函数的神秘面纱。本章的主要内容包括：创建公式、定义名称、计算最大值和最小值、快速求和、高级筛选、排名排序等。

实例 175 快速创建公式

难度系数：★★ 适用版本：全版本

技巧介绍： 利用Excel进行数据计算时，一般都需要用到公式，那么，怎样才能快速地创建公式呢？

① 打开本节素材文件“素材\第11章\实例175\2016年销售状况.xlsx”，现在需要计算销售计划与销售实绩之间的差值。选择需要显示计算结果的D3单元格，并输入“=2106-2000”，按Enter键显示计算结果，如图 11-1所示。

② 我们也可以引用单元格执行计算。选择D4单元格，并输入“=”，接着单击C4单元格，再输入“-”，继续单击B4单元格，此时在单元格中显示公式“=C4-B4”，按Enter键显示计算结果，如图 11-2所示。

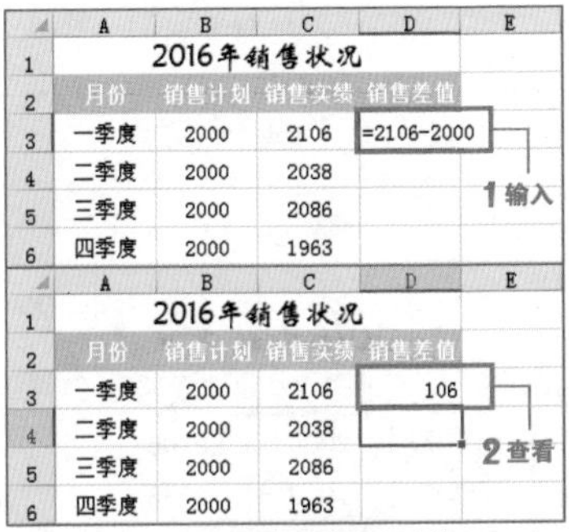

图 11-1 输入数值执行计算

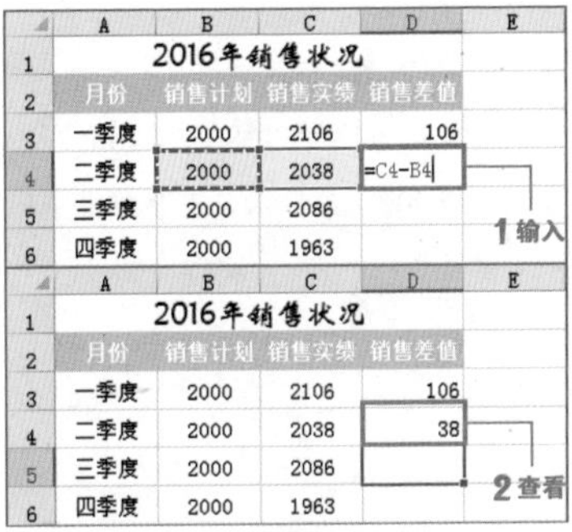

图 11-2 引用单元格执行计算

技巧拓展

利用之前实例中提到的“填充”功能，可以快速向下填充计算公式，计算其余月份的销售差值，如图 11-3所示。

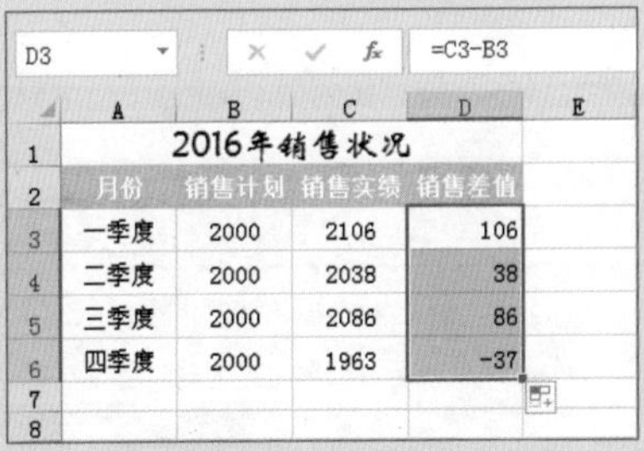

图 11-3 填充公式

Extra tip >>>>>>>>>>>>>>

实例 176 定义公式名称

难度系数：★★★ 适用版本：全版本

技巧介绍： 小E发现自己输入公式时都是引用的单元格，而同事输入公式时，使用的是单元格区域定义的名称，这样不仅可以提高公式输入速度，还便于公式修改，简化公式。

① 打开本节素材文件"素材\第11章\实例176\2016年销售状况.xlsx",选择B3:B6单元格区域,切换至"公式"选项卡,在"定义的名称"选项组中单击"定义名称"按钮,或单击"定义名称"下拉按钮,从下拉列表中选择"定义名称"选项,如图11-4所示。

② 弹出"新建名称"对话框,在"名称"文本框中输入"销售计划",单击"确定"按钮,如图11-5所示。

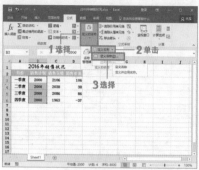

图 11-4 选择"定义名称"选项

图 11-5 "新建名称"对话框

③ 选择B3:B6单元格区域,在名称框中将显示定义的名称,如图11-6所示。

	A	B	C	D
1	2016年销售状况			
2	月份	销售计划	销售实绩	销售差值
3	一季度	2000	2106	106
4	二季度	2000	2038	38
5	三季度	2000	2086	86
6	四季度	2000	1963	-37
7				

图 11-6 显示定义的名称

技巧拓展

a.在"定义的名称"选项组中单击"名称管理器"按钮,打开"名称管理器"对话框,可以看到定义的名称,如图11-7所示;

b.单击"新建"按钮,也可打开"新建名称"对话框;单击"编辑"按钮,即可对定义的名称进行编辑;单击"删除"按钮,即可删除定义的名称。

图 11-7 "名称管理器"对话框

利用函数快速计算结果

技巧介绍： 利用公式可以对单元格中的数据进行加减乘除运算，但仅仅利用公式只能解决少量数据之间的运算，我们可以利用Excel提供的300多个函数，进行更复杂的数据运算。

1 打开本节素材文件"素材\第11章\实例177\销售记录表.xlsx"，选择D66单元格，切换至"公式"选项卡，在"函数库"选项组中单击"插入函数"按钮，如图11-8所示。

2 打开"插入函数"对话框，在"或选择类别"列表框中选择"常用函数"选项，在"选择函数"列表框中选择SUM选项，如图 11-9所示。

图 11-8 单击"插入函数"按钮

图 11-9 选择函数

3 单击"确定"按钮，弹出"函数参数"对话框，Excel将自动输入函数参数，如图11-10所示。

4 单击"确定"按钮，在D66单元格中已经显示了计算结果，在编辑栏中可以看到计算公式，如图11-11所示。

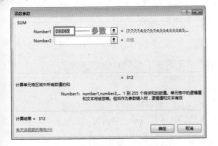

图 11-10 "函数参数"对话框

图 11-11 查看计算结果

技巧拓展

a.选择F66单元格，在"函数库"选项组中单击"自动求和"下拉按钮，从下拉列表中选择"求和"选项，如图11-12所示。

b.在单元格中自动插入了求和公式，默认求值范围为该单元格上方的数据区域，如图11-13所示，按Enter键即可对数据进行行求和。

图 11-12 在"公式"选项卡下选择"求和"选项

图 11-13 查看求和结果

c.选择"开始"选项卡，在"编辑"选项组中单击"求和"下拉按钮，从下拉列表中选择"求和"选项，如图 11-14所示，也可进行求和操作。

d.在编辑栏左侧单击"插入函数"按钮，如图 11-15所示，同样可以打开"插入函数"对话框。

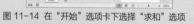

图 11-14 在"开始"选项卡下选择"求和"选项

图 11-15 "插入函数"对话框

Extra tip ▶▶▶▶▶▶▶▶▶▶▶▶

实例 178

引用其他工作簿中的数据

技巧介绍： 在引用单元格数据时，小E一直都是引用同一工作簿中的数据，可是现在他需要统计3个工作簿中的产品销量和销售额，有没有办法引用其他工作簿中的数据呢？

难度系数：★ ★ ★　适用版本：全版本

① 在路径"素材\第11章\实例178"中打开4个工作簿文件，选择"销售记录统计表"工作簿，选中B3单元格，并输入"=SUM("，接着切换至"1月销售记录"工作簿，选择D3:D23单元格区域，输入"，"；切换至"2月销售记录"工作簿，选择D3:D23单元格区域，输入"，"；切换至"3月销售记录"工作簿，选择D3:D23单元格区域，输入"）"。返回"销售记录统计表"工作簿，查看输入的计算公式，如图11-16所示。

② 按Enter键确认公式输入，计算结果如图 11-17所示。

▲	A	B	C
1	销售记录统计		
2		销售量	销售额
3	=SUM('[1月销售记录.xlsx]1月'!		
4	\$D\$3:\$D\$23,'[2月销售记录.xlsx]2		
5	月'!\$D\$3:\$D\$23,'[3月销售记		
6	录.xlsx]3月'!\$D\$3:\$D\$23)|		

图 11-16 输入计算公式

图 11-17 显示计算结果

第 1 章
第 2 章
第 3 章
第 4 章
第 5 章
第 6 章
第 7 章
第 8 章
第 9 章
第 10 章
第 11 章
第 12 章
第 13 章
第 14 章
第 15 章
第 16 章
第 17 章
第 18 章

技巧拓展

当需要引用同一工作簿中其他工作表的数据时，其操作与引用其他工作簿中的数据是一样的，切换至所需的工作表并选择单元格区域即可。

Extra tip ▶▶▶▶▶▶▶▶▶▶

实例 179

启用自动重算功能

技巧介绍： 小E发现当同事更改表中的相关数据，由公式计算出来的结果也会自动发生变化，而自己工作表中的数据却不能自动进行重算，该怎样让Excel自动更新计算结果呢？

① 打开本节素材文件"素材\第11章\实例179\2016年销售状况.xlsx"，选择"文件"选项卡，执行"选项"命令，打开"Excel选项"对话框，选择"公式"选项面板中选择"自动重算"单选按钮，如图 11-18所示。

② 单击"确定"按钮，当修改表中的数据后，"销售差值"一列中的计算结果也会发生变化，如图 11-19所示。

图 11-18 选择"自动重算"单选按钮

图 11-19 查看自动重算结果

技巧拓展

a.如果启用"自动重算"功能，则引用单元格中的值每次发生变化时，系统将自动重新计算。

b.如果单击"手动重算"单选按钮，将禁用计算机的自动重算功能，通过【Shift+F9】的组合键重新计算当前工作表中的公式，通过F9功能键计算所有打开工作簿中的公式。

Extra tip ▶▶▶▶▶▶▶▶▶▶

第1章
第2章
第3章
第4章
第5章
第6章
第7章
第8章
第9章
第10章
第11章
第12章
第13章
第14章
第15章
第16章
第17章
第18章

实例 180

查看公式求值过程

技巧介绍： 在单元格中输入很长的公式后，我们可以利用"公式求值"功能分步查看并理解公式。

难度系数：★★★　适用版本：全版本

① 打开本节素材文件"素材\第11章\实例180\员工工资表.xlsx"，选择J3单元格，切换至"公式"选项卡，在"公式审核"选项组中单击"公式求值"按钮，如图11-20所示。

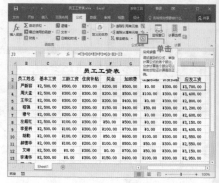

图 11-20 单击"公式求值"按钮

② 打开"公式求值"对话框，先单击"步入"按钮，在单击"步出"按钮，代入C3单元格的数值，如图11-21所示。

③ 按照相同的方法代入D3单元格的数值，并单击"求值"按钮，即可查看计算结果，如图11-22所示，并按照相同的方法继续查看公式求值过程。

图 11-21 代入单元格数值

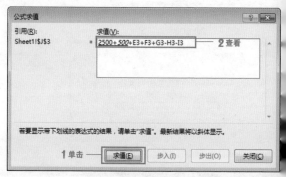

图 11-22 查看计算结果

实例 181

启动自动检查规则

技巧介绍： 小E在计算完数据以后想拜托同事帮忙检查一下有没有输入错误的情况，同事告诉小E，Excel本身就可以帮助我们检查公式中的某些错误。

难度系数：★★★　适用版本：07/13/19/17

1 打开本节素材文件"素材\第11章\实例181\员工工资表.xlsx",在"文件"选项下选择"选项"选项,打开"Excel选项"对话框,选择"公式"选项面板,在"错误检查"选项组中勾选"允许后台错误检查"复选框,在"错误检查规则"选项组中根据需要勾选规则,如图 11-23 所示。

2 单击"确定"按钮,工作表中公式输入错误的单元格左上角将出现绿色三角形,如图 11-24 所示。

图 11-23 设置错误检查规则

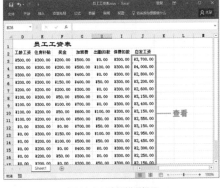

图 11-24 查看错误提示

实例 182

修改错误公式

技巧介绍: 小E启动自动检查规则后,发现工作表中果然有输入错误的公式,该怎样修改错误的公式呢?

1 打开本节素材文件"素材\第11章\实例182\员工工资表.xlsx",单击有错误的单元格,如J4单元格,继续单击单元格左侧出现的感叹号,下拉列表中显示了"公式不一致"的错误原因,选择"从上部复制公式"选项,如图 11-25 所示,即可修改错误公式。

2 或者切换至"公式"选项卡,在"公式审核"选项组中单击"错误检查"按钮,或单击"错误检查"下拉按钮,从下拉列表中选择"错误检查"选项,如图 11-26 所示。

图 11-25 选择"从上部复制公式"选项

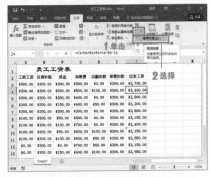

图 11-26 选择"错误检查"选项

③ 在弹出的"错误检查"对话框中显示了出错原因，单击"从上部复制公式"按钮即可修改错误公式，如图 11-27 所示。

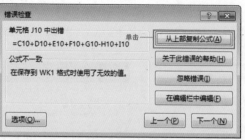

图 11-27 单击"从上部复制公式"按钮

技巧拓展

　　如果检查发现公式并没有输入错误，此时我们可以单击单元格左侧出现的感叹号，从下拉列表中选择"忽略错误"选项，或在"错误检查"对话框中单击"忽略错误"按钮，取消显示单元格左上角的三角形提示，忽略该公式的错误。

Extra tip ＞ ＞ ＞ ＞ ＞ ＞ ＞ ＞ ＞ ＞ ＞ ＞

实例 183　快速计算最大值和最小值

技巧介绍： 小E接到任务，需要计算员工工资表中各费用的最大值与最小值，有什么快捷的方法可以快速计算最大值或最小值吗？

① 打开本节素材文件"素材\第11章\实例183\员工工资表.xlsx"，选择C18单元格，在编辑栏中输入计算公式"=MAX(C3:C17)"，如图 11-28 所示，按Enter键计算基本工资的最大值。

② 选择C19单元格，在编辑栏中输入计算公式"=MIN(C3:C17)"，如图 11-29 所示，按Enter键计算基本工资的最小值。

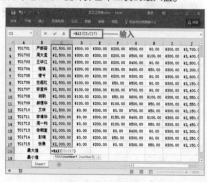

图 11-28 计算最大值

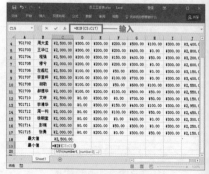

图 11-29 计算最小值

❸ 选择C18:J19单元格区域，在"开始"选项卡的"编辑"选项组中单击"填充"下拉按钮，从下拉列表中选择"向右"选项，如图 11-30所示，快速复制计算公式。

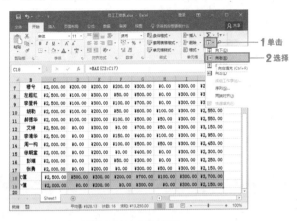

图 11-30 向右填充公式

技巧拓展

a.选择C18:J18单元格区域，在"函数库"选项组中单击"自动求和"下拉按钮，从下拉列表中选择"最大值"选项，如图 11-31所示，即可自动求得工资数据的最大值。

b.选择C19:J19单元格区域，在"开始"选项卡的"编辑"选项组中单击"求和"下拉按钮，从下拉列表中选择"最小值"选项，如图 11-32所示，计算工资数据的最小值。

图 11-31 选择"最大值"选项

图 11-32 选择"最小值"选项

c.MAX函数用于返回一组值中的最大值。

语法格式为：MAX(number1,[number2],...)

其中：

number1,number2,...中number1是必需的，后续数字是可选的。要从中查找最大值的1到255个数字。

d.MIN函数用于返回一组值中的最小值。

语法格式为：MIN(number1,[number2],...)

参数说明与MAX函数相同。

实例 184

多个工作表快速求和

技巧介绍： 工作之余，同事跟小E聊起了关于公式输入的问题："在只有几个工作表的情况下通过切换工作表选择的方法，来输入公式。如果有超过100个工作表，还使用这种方法来输入就会很麻烦。"小E赶紧求着同事支招。

① 打开本节素材文件"素材\第11章\实例184\销售记录表.xlsx"，选择"总计"工作表中的B3单元格，在编辑栏中输入计算公式"=SUM('1月:3月'!D3:D23)"，如图 11-33所示。

② 按Enter键进行确认，计算求和结果。

③ 选择C3单元格，在编辑栏中输入计算公式"=SUM('1月:3月'!F3:F23)"，按Enter键进行确认，如图 11-34所示。

图 11-33 输入计算公式

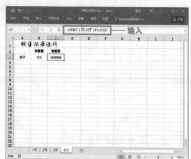

图 11-34 计算销售额合计值

技巧拓展

我们也可以利用"*"通配符进行求和，只需在单元格中输入"=SUM('*'!D3:D23)"即可，如图11-35所示。

图 11-35 利用通配符求和

Extra tip ＞ ＞ ＞ ＞ ＞ ＞ ＞ ＞ ＞ ＞ ＞ ＞

实例 185

提取指定个数的字符串

技巧介绍： 小E公司的订单编号是由客户代码、年份、日期组成的，经常表示成JK2220170106的形式。但是小E对订单编号不敏感，可不可以将各个部分提取出来呢？

① 打开本节素材文件"素材\第11章\实例185\提取订单编号字符串.xlsx",选择B3单元格,在编辑栏中输入计算公式"=LEFT(A3,4)",如图 11-36所示,按Enter键进行确认,提取客户代码。

② 选择C3单元格,在编辑栏中输入计算公式"=MID(A3,5,4)",如图 11-37所示,按Enter键进行确认,提取订单编号的年份。

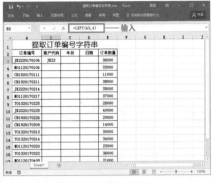

图 11-36 提取客户代码

图 11-37 提取年份

③ 选择D3单元格,在编辑栏中输入计算公式"=RIGHT(A3,4)",如图 11-38所示,按Enter键进行确认,提取订单日期。

④ 选择B3:D20单元格区域,按下【Ctrl+D】组合键向下填充计算公式,如图 11-39所示。

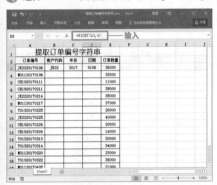

图 11-38 提取日期

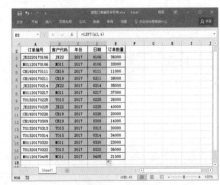

图 11-39 填充公式

技巧拓展

a.LEFT函数用于提取字符串左部指定个数的字符。

语法格式为:LEFT(text,num_chars)

其中:

Text是包含要提取字符的文本串。Num_chars指定要由LEFT所提取的字符个数,该函数从左边开始提取字符。

b.MID函数用于从字符串中提取出指定数量的字符。

语法格式为:MID(text,start_num,num_chars)

其中：

Text是包含要提取字符的文本串，Start_num是文本中要提取的第一个字符的位置，num_chars是要提取的字符个数，从左边开始提取字符。

c.RIGHT函数用于提取字符串右部指定个数的字符。

语法格式为：RIGHT(text,num_chars)

其中：

Text是包含要提取字符的文本串，Num_chars指定希望RIGHT函数提取的字符个数。该函数从右边开始提取字符。

Extra tip ▶▶▶▶▶▶▶▶▶▶▶▶

实例 186

快速批量计算各商品总金额

技巧介绍： 小E在计算数据金额时，一直采取的方法是先计算出一种商品的金额，然后向下进行填充。我们还可以利用数组公式进行批量计算。

① 打开本节素材文件"素材\第11章\实例186\进货表.xlsx"，选择F3:F20单元格区域，并在编辑栏中输入"="，接着选择D3:D20单元格区域，再输入"*"，继续选择E3:E20单元格区域，此时在编辑栏中显示"=D3:D20*E3:E20"，如图 11-40所示。

② 输入完成后，按【Ctrl+Shift+Enter】组合键进行确认，即可计算出所有商品对应的总金额，如图 11-41所示。

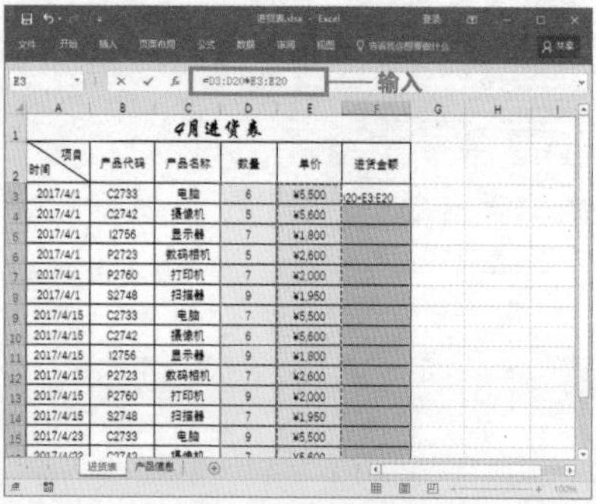

图 11-40 输入计算公式

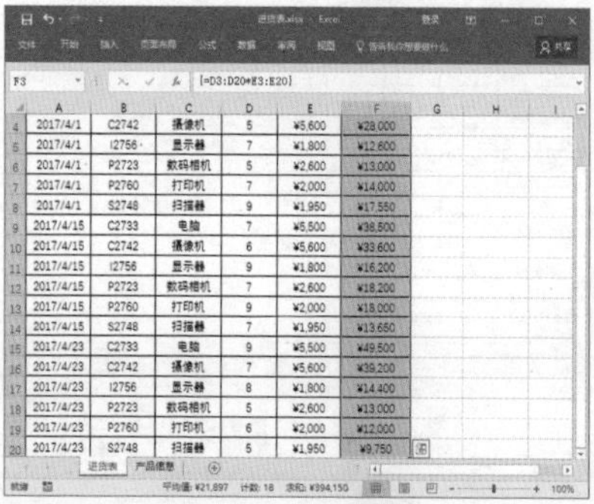

图 11-41 查看计算结果

技巧拓展

输入数组公式首先必须选择用来存放结果的单元格区域（可以是一个单元格），在编辑栏输入公式，然后按【Ctrl+Shift+Enter】组合键锁定数组公式，Excel将在公式两边自动加上大括号"{}"，不要自己键入大括号，否则，Excel认为输入的是一个正文标签

Extra tip ▶▶▶▶▶▶▶▶▶▶▶▶

实例 187 跨表查询数据

难度系数：★★★★　适用版本：全版本

技巧介绍： 在输入产品相关数据时，小E经常需要根据产品代码查询相应的产品名称及单价。在工作表中一行一行地查找太麻烦了，有什么方法可以提高工作效率吗？

① 打开本节素材文件“素材\第11章\实例187\进货表.xlsx”，选择C3单元格，在编辑栏中输入计算公式“=VLOOKUP(B3,产品信息!$A$3:$C$8,2)”，按Enter键计算查询产品代码对应的产品名称，如图 11-42所示。

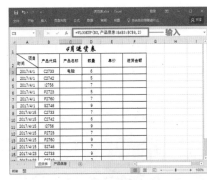

图 11-42 计算产品名称

② 选择E3单元格，在编辑栏中输入计算公式“=VLOOKUP(B3,产品信息!$A$3:$C$8,3)”，按Enter键查询产品代码对应的产品单击，如图 11-43所示。

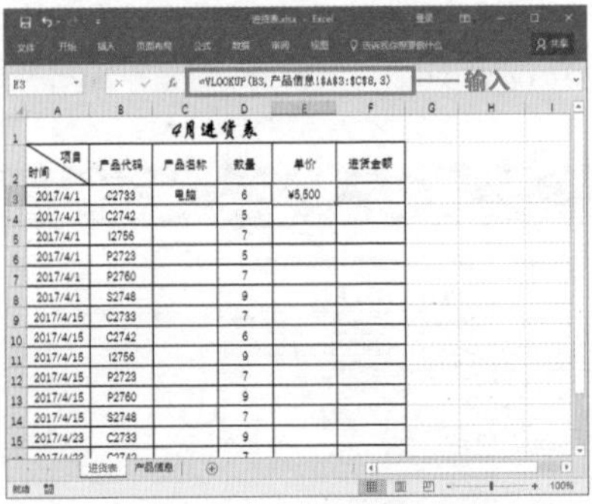

图 11-43 计算产品单价

③ 选择C3:C20以及E3:E20单元格区域，按下【Ctrl+D】组合键，向下填充计算公式，如图 11-44所示。

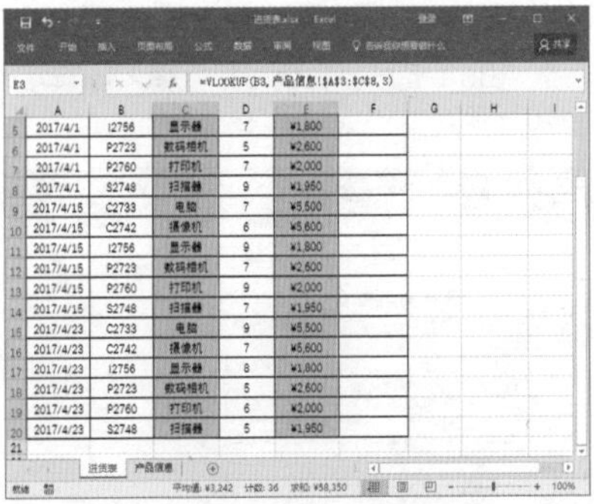

图 11-44 向下填充计算公式

技巧拓展

VLOOKUP函数是一个查找函数，给定一个查找的目标，它就能从指定的查找区域中查找并返回想要查找的值。

语法格式为：VLOOKUP(lookup_value,table_array,col_index_num,range_lookup)

其中：

Lookup_value为需要在数据表第一列中进行查找的数值，可以为数值、引用或文本字符串。

　　Table_array为需要在其中查找数据的数据表，使用对区域或区域名称的引用。

　　Col_index_num为table_array中查找数据的数据列序号。col_index_num为1时，返回table_array第一列的数值，col_index_num为2时，返回table_array第二列的数值，以此类推。

　　Range_lookup为一逻辑值，指明函数VLOOKUP查找时是精确匹配，还是近似匹配。如果为false或0，则返回精确匹配，如果找不到，则返回错误值#N/A。如果range_lookup为TRUE或1，函数VLOOKUP将查找近似匹配值，也就是说，如果找不到精确匹配值，则返回小于lookup_value的最大数值。如果range_lookup省略，则默认为近似匹配。

Extra tip ＞＞＞＞＞＞＞＞＞＞＞

实例 188

进阶系数：★★★★
适用版本：全版本

快速转换日期格式

技巧介绍： 通常我们设置日期格式时，都是通过设置数字格式的方式来实现。在Excel中，我们还可以使用TEXT函数，将日期转换为不同的数字格式。

① 打开本节素材文件"素材\第11章\实例188\转换日期格式.xlsx"，选择B3单元格，在编辑栏中输入计算公式"=TEXT(A3,"yyyymmdd")"，按Enter键进行确认，如图 11-45所示。

② 选择B5单元格，在编辑栏中输入计算公式"=TEXT(A5,"yymdd")"，按Enter键进行确认，如图11-46所示。

图 11-45 查看转换日期格式效果

图 11-46 查看转换日期格式效果

③ 选择B7单元格，在编辑栏中输入计算公式"=TEXT(A7,"mmmddd")"，按Enter键进行确认，如图 11-47所示。

④ 选择B9单元格，在编辑栏中输入计算公式"=TEXT(A9,"mmmmdddd")"，按Enter键进行确认，如图 11-48所示。

图 11-47 查看转换日期格式效果

图 11-48 查看转换日期格式效果

⑤ 选择B11单元格，在编辑栏中输入计算公式 "=TEXT(A11,"mmmm")"，按Enter键进行确认，如图 11-49所示。

⑥ 选择D3单元格，在编辑栏中输入计算公式 "=--TEXT(C3,"0-00-00")"，按Enter键进行确认，如图 11-50所示。

图 11-49 查看转换日期格式效果

图 11-50 查看转换日期格式效果

技巧拓展

TEXT函数可以将数值转换为指定数值格式的文本。

语法格式为：TEXT(value,format-text)

其中：

Value为数值、计算结果为数字值的公式，或对包含数字值的单元格的引用。

Format_text为"单元格格式"对话框中"数字"选项卡下"分类"列表格框中文本形式的数字格式。

Extra tip〉〉〉〉〉〉〉〉〉〉〉

实例 189

难易系数：★★★ 活用版本：全版本

使用条件筛选查找不重复值

技巧介绍： 小E在制作"每日进货情况统计表"时，对产地和采购人分别进行了筛选，然后再记录了筛选列表的内容。我们也可以直接利用"高级筛选"功能筛选不重复的值。

高效能人士 的 Office 商务办公 300 招

第1章
第2章
第3章
第4章
第5章
第6章
第7章
第8章
第9章
第10章
第11章
第12章
第13章
第14章
第15章
第16章
第17章
第18章

❶ 打开本节素材文件"素材\第11章\实例189\每日进货情况统计表.xlsx",选择"数据"选项卡,在"排序和筛选"选项组中单击"高级"按钮,如图 11-51 所示。

❷ 打开"高级筛选"对话框,选择"将筛选结果复制到其他位置"单选按钮,单击"列表区域"文本框右侧折叠按钮,选择E3:E14单元格区域,单击"复制到"文本框右侧折叠按钮,选择G3单元格,并勾选"选择不重复的记录"复选框,如图 11-52 所示。

图 11-51 单击"高级"按钮

图 11-52 "高级筛选"对话框

❸ 单击"确定"按钮,即可在G3:G7单元格区域显示筛选结果,如图 11-53 所示。

❹ 按照相同的方法,筛选产品采购人,所得结果如图 11-54 所示。

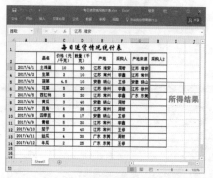

图 11-53 筛选结果

图 11-54 筛选结果

实例 190

难度系数 ★★★ 适用版本:全版本

IF 函数使用技巧

技巧介绍: 小E对商品的销售情况进行记录后,需要判断商品是否畅销:如果销量大于等于5,则判断为畅销产品,如果销量小于5,则判断为不畅销产品。

❶ 打开本节素材文件"素材\第11章\实例190\销售记录表.xlsx",选择F3单元格,在编辑栏中输入计算公式"=IF(C3>=13,"畅销","不畅销")",按Enter键进行确认,如图 11-55 所示。

❷ 双击F3单元格右下角填充柄,向下填充计算公式,如图 11-56 所示。

图 11-55 输入计算公式

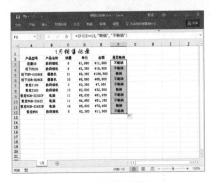

图 11-56 查看计算结果

❸ 小E觉得仅凭一个月的销售数据并不能判断产品的畅销程度，所以他想利用三个月的销售数据来进行判断。打开本节素材文件"素材\第11章\实例190\1-3月销售记录表.xlsx"，选择F3单元格，在编辑栏中输入计算公式"=IF(AND(C3>=13,D3>=13,E3>=13),"畅销","不畅销"))"，按Enter键进行确认，如图 11-57所示。

❹ 双击F3单元格右下角填充手柄，向下填充计算公式，如图 11-58所示。

图 11-57 输入计算公式

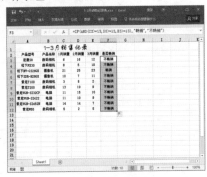

图 11-58 查看计算结果

❺ 用上面的判断方法，小E发现只有少数商品是畅销商品，他想换一个宽松的判断标准：只要商品在某个月的销量超过15就判断为畅销商品，又该怎么操作呢？选择F3单元格，在编辑栏中输入计算公式"=IF(OR(C3>=15,D3>=15,E3>=15),"畅销","不畅销"))"，按Enter键进行确认，如图 11-59所示。

❻ 双击F3单元格右下角填充手柄，向下填充计算公式，如图 11-60所示。

图 11-59 输入计算公式

图 11-60 查看计算结果

第1章
第2章
第3章
第4章
第5章
第6章
第7章
第8章
第9章
第10章
第11章
第12章
第13章
第14章
第15章
第16章
第17章
第18章

技巧拓展

a.IF函数根据指定的条件来判断其"真"(TRUE)、"假"(FALSE)，根据逻辑计算的真假值，从而返回相应的内容。

语法格式为：IF(logical_test, value_if_true, value_if_false)，如果内容为True，则执行某些操作，否则就执行其他操作。

其中：

Logical_test表示计算结果为TRUE或FALSE的任意值或表达式。

Value_if_truelogical_test为TRUE时返回的值。

Value_if_falselogical_test为FALSE时返回的值。

b.AND函数所有参数的逻辑值为真时，返回TRUE；只要一个参数的逻辑值为假，即返回FALSE。当AND的参数全部满足某一条件时，返回结果为TRUE，否则为FALSE。

语法格式为：AND(logical1,logical2,...)

其中：

Logical1,logical2,...表示待检测的1到30个条件值，各条件值可能为TRUE，也可能为FALSE，该参数必须是逻辑值，或者包含逻辑值的数组或引用。

c.OR函数计算在其参数组中，任何一个参数逻辑值为TRUE，即返回TRUE。它与AND函数的区别在于，AND函数要求所有函数逻辑值均为真，结果方为真。而OR函数仅需其中任何一个为真即可为真。

语法格式为：OR(logical1,logical2,...)

其中：

Logical1,logical2,...表示待检测的1到30个条件值，各条件值可能为TRUE，也可能为FALSE，该参数必须是逻辑值，或者包含逻辑值的数组或引用。

Extra tip ＞＞＞＞＞＞＞＞＞＞＞

实例 191

难度系数：★★★★　适用版本：全版本

排名的多种方式

技巧介绍： 看小E先对产品的利润进行排序，然后再利用填充功能给产品排名，同事觉得比较麻烦，让他试试用函数进行排名。该怎样用函数对数据进行排名呢？

① 打开本节素材文件"素材\第11章\实例191\2016年产品销售利润年度排名.xlsx"，选择C3单元格，在编辑栏中输入计算公式"=RANK(B3,$B$3:$B$13,1)"，按Enter键进行确认，并向下填充计算公式至C13单元格，对单位利润进行升序排序，如图11-61所示。

② 选择D3单元格，在编辑栏中输入计算公式"=RANK(B3,$B$3:$B$13,0)"，按Enter键进行确认，并向下填充计算公式至D13单元格，对单位利润进行降序排序，如图11-62所示。

图 11-61 使用 RANK 函数进行升序排序

图 11-62 使用 RANK 函数进行降序排序

③ 选择E3单元格，在编辑栏中输入计算公式 "=COUNTIF($B$3:$B$13,"<"&B3)+1"，按Enter键进行确认，并向下填充计算公式至E13单元格，对单位利润进行升序排序，如图11-63所示。

④ 选择F3单元格，在编辑栏中输入计算公式 "=COUNTIF($B$3:$B$13,">"&B3)+1"，按Enter键进行确认，并向下填充计算公式，对单位利润进行降序排序，如图11-64所示。

图 11-63 使用 COUNTIF 函数进行升序排序

图 11-64 使用 COUNTIF 函数进行降序排序

⑤ 选择G3单元格，在编辑栏中输入计算公式 "=SUM(--(B$3:B$13<B3))+1"，按【Ctrl+Shift+Enter】组合键进行确认，并向下填充计算公式，对单位利润进行升序排序，如图11-65所示。

⑥ 选择H3单元格，在编辑栏中输入计算公式 "=SUM(--(B$3:B$13>B3))+1"，按【Ctrl+Shift+Enter】组合键进行确认，并向下填充计算公式，对单位利润进行降序排序，如图11-66所示。

图 11-65 使用 SUM 函数进行升序排序

图 11-66 使用 SUM 函数进行降序排序

技巧拓展

a.RANK函数用于返回一列数据的数字排位, 数字的排位是其相对于列表中其他值的大小。

语法格式为: RANK(number,ref,[order])

其中:

Number为必需项, 是要找到其排位的数字。

Ref为必需项, 是数字列表的数组对数字列表的引用。Ref中的非数字值会被忽略。

Order为可选项, 是一个指定排位方式的数字。

如果Order为0 (零) 或省略, Microsoft Excel对数字的排位是基于Ref为按照降序排列的列表。

如果Order不为零, Microsoft Excel对数字的排位是基于Ref为按照升序排列的列表。

b.COUNTIF函数是一个统计函数, 用于统计满足某个条件的单元格的数量。

语法格式为: COUNTIF(range,criteria)

其中:

Range为必需项, 是要进行计数的单元格组, 可以包括数字、数组、命名区域或包含数字的引用, 空值和文本值将被忽略。

Criteria为必需项, 是用于决定要统计单元格的数量、表达式、单元格引用或文本字符串。

Extra tip > > > > > > > > > > > >

职场小知识

特雷默定律

简介: 知人善任是企业管理的核心, 企业里没有无用的人才, 只有不会用人的领导者。

英国管理学家E·特雷默提出特雷默定律: 没有无用的人, 只有不会用人的人。

每个人的才华虽然高低不同, 但一定是各有长短, 因此在选拔人才时, 要看重的是他的优点而不是缺点。善于发掘其背后潜藏着的一面, 利用个人特有的才能再委以相应的责任, 各安其职, 这样才会使诸方矛盾趋于平衡。否则, 职位才华不能适应, 使人才应有的能力发挥不出来, 彼此之间互不信服, 势必造成冲突的加剧。

透明水晶刚发掘出来的时候, 是一块黑乎乎的物品, 若据此判断是废物而抛弃, 岂不令人惋惜? 领导若深入其中, 做一些适当的观察与了解, 就有可能发现某位员工在某一技术领域是个行家。如果领导没有发掘潜在人才的观念或眼力, 或者看不到一个人的短处在一定程度上能转化为优势的客观事实, 而只是轻易认定"某某无用", 这就犯了企业用人中以短掩长之大忌。

知人善任是企业管理的核心, 也是企业全体管理者的重要工作和共同责任。现代社会的竞争, 其实质就是人才的竞争。如何科学、合理、有效地惟才是用, 是摆在企业各级领导面前的首要难题。企业里没有无用的人, 只有不会用人的领导者。

第 12 章

Excel 高级应用技巧

在上一章，小E学习了一些常用的Excel函数，如SUM函数、MAX函数、IF函数等。小E体验到函数给工作带来的便利后，还想学习更多的函数应用技巧，这就需要来到第12章了。本章主要利用Excel中的函数来解决实际工作中的问题，如计算日期隔天数、从身份证中提取出生日期、进行四舍五入计算或升级身份证位数等。

高效能人士 的 Office 商务办公 300 招

第1章
第2章
第3章
第4章
第5章
第6章
第7章
第8章
第9章
第10章
第11章
第12章
第13章
第14章
第15章
第16章
第17章
第18章

实例 192

难度系数：★★★
适用版本：全版本

数值转化为人民币格式

技巧介绍： 在Excel中，处理数据时，经常需要将数据转化为人民币货币格式，我们可以通过设置数字格式来实现，也可以直接利用RMB函数将数字转换为货币格式并带有小数的文本。

① 打开本节素材文件"素材\第12章\实例192\每日进货情况统计表.xlsx"，选择D3单元格，在编辑栏中输入计算公式"=RMB(C3,1)"，按Enter键进行确认，现在单价前添加货币符号并保留1位小数，如图12-1所示。

② 双击D3单元格右下角填充柄，迅速向下填充计算公式至D14单元格，如图12-2所示。

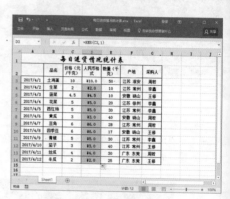

图 12-1 转化为人民币格式

图 12-2 复制计算公式

③ 在数值前添加美元符号，选择D3单元格，在编辑栏中输入计算公式"=DOLLAR (C3,1)"，按Enter键进行确认，即可为价格添加美元符号，如图 12-3 所示。

④ 双击D3单元格右下角填充柄，迅速向下填充计算公式，如图12-4所示。

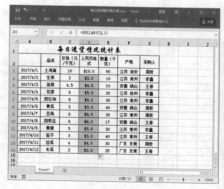

图 12-3 转化为美元格式

图 12-4 复制计算公式

技巧拓展

a.RMB函数用货币格式将数值转换成文本字符。

语法格式为：RMB(number, [decimals])

其中：

number为必需的。该参数包括数字、包含数字单元格的引用或是计算结果为数字的公式。

decimals可选。小数点右边的位数。如果decimals为负数，则number从小数点往左按相应位数四舍五入。如果省略decimals，则假设其值为2。

b.利用DOLLAR函数用美元格式将数值转换成文本字符。

语法格式为：DOLLAR(number, [decimals])

其参数说明与RMB函数相同的。

Extra tip > > > > > > > > > > > >

实例 193

快速删除字符串中多余空格

技巧介绍： 在Excel中输入数据内容时，有时可能不小心在文本中输入了空格，使得工作表看起来"一团糟"，这时候，可以利用TRIM和SUBSTITUTE函数，删除文档中多余的空格。

❶ 打开本节素材文件"素材\第12章\实例193\产品销售目录.xlsx"，选择E3单元格，在编辑栏中输入计算公式"=TRIM(A3)"，按Enter键进行确认，得到删除空格后的数据内容，如图 12-5所示。

❷ 双击E3单元格右下角填充柄，迅速向下填充计算公式，如图 12-6所示。

图 12-5 使用 TRIM 函数删除多余空格

图 12-6 复制计算公式

❸ 或者选择E3单元格，在编辑栏中输入计算公式"=SUBSTITUTE(A3," ","")"，按Enter键进行确认，得到删除空格后的数据内容，如图 12-7所示。

❹ 双击E3单元格右下角填充柄，向下填充计算公式，如图 12-8所示。

第1章
第2章
第3章
第4章
第5章
第6章
第7章
第8章
第9章
第10章
第11章
第12章
第13章
第14章
第15章
第16章
第17章
第18章

图 12-7 使用 SUBSTITUTE 函数删除空格

图 12-8 复制计算公式

技巧拓展

a.TRIM函数用来删除字符串前后的空格,插入在字符串开头和结尾的空格将全部删除,对于插入在字符间的空格,只保留一个作为连接用途,删除其他多余空格。

语法格式为:TRIM(text)

其中:

Text参数表示要去除空格的文本。

b.SUBSTITUTE函数用于在文本字符串中用new_text替代old_text。

语法格式为:SUBSTITUTE(text,old_text,new_text,instance_num)

其中:

Text参数为需要替换其中字符的文本,或对含有文本的单元格的引用。

Old_text参数为需要替换的旧文本。

New_text参数用于替换old_text的文本。

Instance_num参数为一数值,用来指定以new_text替换第几次出现的old_text。如果指定了instance_num,则只有满足要求的old_text被替换;否则将用new_text替换TEXT中出现的所有old_text。

Extra tip > > > > > > > > > > > >

实例 194

计算两个日期之间的天数

技巧介绍: 小E需要计算采购与交货日期之间的天数,虽然被告知是3月份的采购记录,但表格中记录的日期数据却只有"1日""2日"等,这种情况下该怎样计算日期间隔天数呢?

难度系数: ★ ★ ★ ★   适用版本:全版本

① 打开本节素材文件"素材\第12章\实例194\采购明细表.xlsx",选择E3单元格,在编辑栏中输入计算公式"=DATEVALUE($A$14&$A$15&D3)−DATEVALUE($A$14&$A$15&A3)",按Enter键进行确认,得到2017年3月12日与3月1日之间的日期间隔天数,如图 12-9所示。

② 双击E3单元格右下角填充柄,向下填充计算公式,如图 12-10所示。

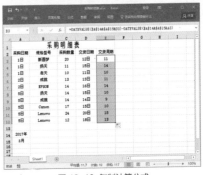

图 12-9 计算交货周期　　　　图 12-10 复制计算公式

③ 如果日期数据以完整的日期形式显示在单元格中，计算日期的相隔天数时，只需将两个日期数据相减即可。打开本节素材文件"素材\第12章\实例194\采购明细表2.xlsx"，在E3单元格中输入计算公式"=D3-A3"，并向下填充计算公式，计算日期隔天数，如图 12-11 所示。

④ 除了DATEVALUE函数，还可以利用DATEDIF函数计算两个日期之间的天数、月数或年数，可用于计算员工年龄。打开本节素材文件"素材\第12章\实例194\员工信息表.xlsx"，选择F3单元格，在编辑栏中输入计算公式"=DATEDIF(E3,TODAY(),"Y")"，并向下填充计算公式，计算出员工年龄，如图 12-12 所示。

图 12-11 计算交货周期　　　　图 12-12 计算员工年龄

技巧拓展

　　a.DATEVALUE函数将存储为文本的日期转换为Excel识别为日期的序列号。例如，公式=DATEVALUE("2017/1/1")返回42736，即日期2017-1-1的序列号。如果工作表包含采用文本格式的日期并且要对这些日期进行筛选、排序、设置日期格式或执行日期计算，则DATEVALUE函数将十分有用。

　　语法格式为：DATEVALUE(date_text)

　　其中：

　　Date_text为必需项。代表采用Excel日期格式的日期文本，或是对包含这种文本单元格的引用。例如，用于表示日期引号内的文本字符串"2017-1-30"或"30-Jan-2017"。

　　b.DATEDIF函数返回两个日期之间的年\月\日间隔数。

　　语法格式为：DATEDIF(start_date,end_date,unit)

　　其中：

Start_date为一个日期，它代表时间段内的第一个日期或起始日期。

End_date为一个日期，它代表时间段内的最后一个日期或结束日期。

Unit为所需信息的返回类型。

注：结束日期必须大于起始日期

Y表示时间段中的整年数；M表示时间段中的整月数；"D"表示时间段中的天数。

"MD"表示start_date与end_date日期中天数的差。忽略日期中的月和年；"YM"表示start_date与end_date日期中月数的差，忽略日期中的年；"YD"表示start_date与end_date日期中天数的差，忽略日期中的年。

Extra tip > > > > > > > > > > > >

实例 195 快速判断奇偶数

技巧介绍： Excel中有一组用于判断奇偶数的函数，即ISEVEN函数与ISODD函数，这两个函数返回的结果均为TRUE或FALSE。

① 打开本节素材文件"素材\第12章\实例195\员工考勤记录表.xlsx"，选择C3单元格，在编辑栏中输入计算公式"=ISEVEN(A3)"，按Enter键进行确认，判断日期是否为偶数日，如图 12-13所示。

② 选择D3单元格，在编辑栏中输入计算公式"=ISODD(A3)"，按Enter键进行确认，判断日期是否为奇数日，如图 12-14所示。

图 12-13 判断日期是否为偶数日

图 12-14 判断日期是否为奇数日

③ 选择C3:D3单元格区域，双击其右下角填充柄，向下填充计算公式，如图 12-15所示。

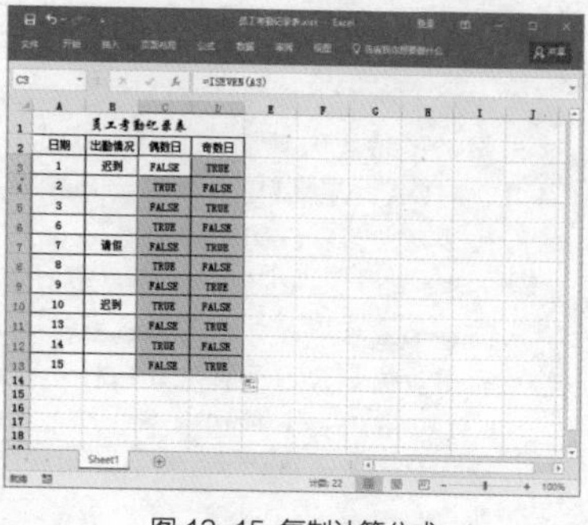

图 12-15 复制计算公式

技巧拓展

a.ISEVEN函数用于检测一个数字是否为偶数，是则返回TRUE，否则返回FALSE。

语法格式为：ISEVEN(number)

b.ISODD函数用于检测一个数字是否为奇数，是则返回TRUE，否则返回FALSE。

语法格式为：ISODD(number)

其中：

两个函数的参数number都是数值，小数部分截尾取整。

如果参数number不是数值，或者不能转换为数值，则函数返回错误值#VALUE!。

c.ISEVEN函数与ISODD函数可以与其他函数组合使用。打开本节素材文件"素材\第12章\实例195\员工信息表.xlsx"，选择D3单元格，在编辑栏中输入计算公式"=IF(ISEVEN(MID(C3,17,1)),"女","男")"，并向下填充计算公式，计算员工性别信息如图12-16所示。

图 12-16 判断员工性别

Extra tip › › › › › › › › › › › ›

实例 196

快速提取身份证中的出生日期

技巧介绍： 小E知道身份证中包含着出生日期信息，如果是18位的身份证，7~10位为年份，11~12位为月份，13~14位为日期。可不可以直接从身份证中提取出生日期呢？

① 打开本节素材文件"素材\第12章\实例196\员工信息表.xlsx"，选择E3单元格，在编辑栏中输入计算公式"=DATE(MID(C3,7,4),MID(C3,11,2),MID(C3,13,2))"，按Enter键进行确认，并向下填充计算公式，提取出生日期信息，如图12-17所示。

② 选择E3单元格，在编辑栏中输入计算公式"=MID(C3,7,4)&"-"&MID(C3,11,2)&"-"&MID(C3,13,2)"，按Enter键进行确认，并向下填充计算公式，如图12-18所示。

图 12-17 提取出生日期

图 12-18 提取出生日期

③ 选择E3单元格，在编辑栏中输入计算公式 "=TEXT(MID(C3,7,8),"0-00-00")"，按 Enter键进行确认，并向下填充计算公式，如图 12-19所示。

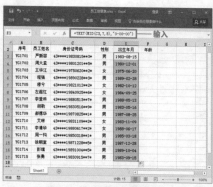

图 12-19 提取出生日期 -3

技巧拓展

以上方法都是适合18位身份证号码的，当身份证号码为15位，或15位与18位为并存时，可以使用以下计算方法。

a.打开本节素材文件"素材\第12章\实例196\员工信息表2.xlsx"，选择E3单元格，在编辑栏中输入计算公式"=IF(LEN(C3)=15,DATE(MID(C3,7,2),MID(C3,9,2),MID(C3,11,2)),IF(LEN(C3)=18,DATE(MID(C3,7,4),MID(C3,11,2),MID(C3,13,2)),"号码有错"))"，按Enter键进行确认，并向下填充计算公式，提取出生日期信息，如图 12-20所示。

b.选择E3单元格，在编辑栏中输入计算公式：=TEXT(IF(LEN(C3)=15,19,"")&MID(C3,7,6+IF(LEN(C3)=18,2,0)),"#-00-00")，按Enter进行确认，并向下填充计算公式，如图 12-21所示。

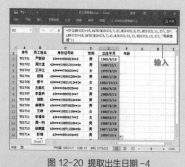

图 12-20 提取出生日期 -4

图 12-21 提取出生日期 -5

实例 197 根据出生日期计算生肖

技巧介绍： 在提取出生日期后，我们可以根据出生日期来计算员工的生肖。

难度系数：★★★★★　适用版本：全版本

① 打开本节素材文件"素材\第12章\实例197\员工信息表.xlsx",选择F3单元格,在编辑栏中输入计算公式"=MID("鼠牛虎兔龙蛇马羊猴鸡狗猪",MOD(YEAR(E3)−4,12)+1,1)",按Enter键进行确认,并向下填充计算公式,计算员工的生肖,如图 12-22所示。

② 选择E3单元格,在编辑栏中输入计算公式"=CHOOSE(MOD(YEAR(E3)−4,12)+1,"鼠","牛","虎","兔","龙","蛇","马","羊","猴","鸡","狗","猪")",按Enter键进行确认,并向下填充计算公式,如图 12-23所示。

图 12-22 计算生肖

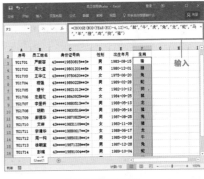

图 12-23 计算生肖

技巧拓展

a.MOD函数用于返回两数相除的余数,结果的符号与除数相同。

语法格式为：MOD(number,divisor)

其中：

Number为必需项。表示计算余数的被除数。

Divisor为必需项。表示除数。

b.CHOOSE函数用于从参数列表中选择并返回一个值。

语法格式为：CHOOSE(index_num,value1,[value2],...)

其中：

index_num为必需项。用于指定所选定的数值参数。index_num必须是介于1~254之间的数字,或是包含1~254之间的数字的公式或单元格引用。如果index_num为1,则CHOOSE返回value1；如果为2,则CHOOSE返回value2,以此类推。

Value1,value2,...Value1是必需的,后续值是可选的。1到254个数值参数,CHOOSE将根据index_num从中选择一个数值或一项要执行的操作。参数可以是数字、单元格引用、定义的名称、公式、函数或文本。

c.当不明白输入的计算公式的意义时,可以利用之前所讲的"公式求值"对话框分析计算公式,如图 12-24所示。

图 12-24 分析计算公式

Extra tip ＞＞＞＞＞＞＞＞＞＞＞＞

第1章
第2章
第3章
第4章
第5章
第6章
第7章
第8章
第9章
第10章
第11章
第12章
第13章
第14章
第15章
第16章
第17章
第18章

实例 198 快速对数据进行四舍五入计算

技巧介绍： 在Excel中经常要进行除法运算，如计算资产管理比率、负债比率等，而此时的计算结果总是包含许多位小数。这时我们可以对计算结果进行四舍五入，保留所需位数的小数。

难度系数：★★★ 适用版本：全版本

① 打开本节素材文件"素材\第12章\实例198\四舍五入计算.xlsx"，选择C2单元格，在编辑栏中输入计算公式"=ROUND($A$2,B2)"，按Enter键进行确认，将计算结果保留5位小数进行四舍五入，如图 12-25所示。

② 双击C3单元格右下角填充柄，向下填充计算公式，计算保留不同小数位数的舍入结果，如图 12-26所示。

图 12-25 四舍五入

图 12-26 复制计算公式

技巧拓展

ROUND函数将数字四舍五入到指定的位数。

语法格式为：ROUND(number,num_digits)

其中：

number为必需项。表示要四舍五入的数字。

num_digits为必需项。表示要进行四舍五入运算的位数。

如果num_digits大于0（零），则将数字四舍五入到指定的小数位数。

如果num_digits等于0，则将数字四舍五入到最接近的整数。

如果num_digits小于0，则将数字四舍五入到小数点左边的相应位数。

Extra tip ＞＞＞＞＞＞＞＞＞＞＞＞

实例 199 快速升级身份证位数

技巧介绍： 在实例196中，针对不同位数的身份证号码，提取出生日期的计算公式是不一样的。小E想，可不可以在提取信息之前，将15位的身份证号码升级为18位呢？

难度系数：★★★★ 适用版本：全版本

❶ 打开本节素材文件"素材\第12章\实例199\员工信息表.xlsx",选择D3单元格,在编辑栏中输入计算公式"=IF(LEN(C3)=15,REPLACE(C3,7,,"19")&"*",C3)",按Enter键进行确认,并向下填充计算公式,将身份证号码全部升级为18位,如图 12-27所示。

❷ 选择E3单元格,在编辑栏中输入计算公式"=IF(LEN(C3)=15,C3,LEFT(REPLACE(C3,7,2,),15))",按Enter键进行确认,并向下填充计算公式,将身份证号码全部变为15位,如图 12-28所示。

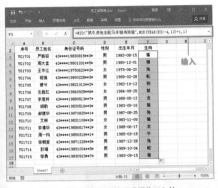

图 12-27 将身份证号码升级为 18 位

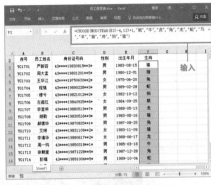

图 12-28 将身份证号码变为 15 位

技巧拓展

REPLACE函数表示用新字符串替换旧字符串,而且替换的位置和数量都是指定的。

语法格式为:REPLACE(old_text,start_num,num_chars,new_text)

其中:

old_text表示需要替换的字符串。

start_num表示开始替换的位置。

num_chars表示替换的字符串个数。

new_text表示新的字符串,在输入时需要加上英文状态下的双引号。

Extra tip > > > > > > > > > > > >

实例 200

计算商品总金额

技巧介绍: 在计算多种商品的总价格时,有没有一个函数可以将PRODUCT函数与SUM函数结合到一起,从而一步计算出商品总金额呢?

❶ 打开本节素材文件"素材\第12章\实例200\进货表.xlsx",选择F21单元格,在编辑栏中输入计算公式"=SUMPRODUCT(D3:D20,E3:E20)",按Enter键进行确认,计算产品的进货总金额,如图 12-29所示。

❷ 选择F3:F20单元格区域,在状态栏中查看数据的求和信息,验证公式是否正确,如图 12-30所示。

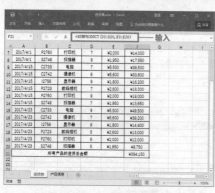

图 12-29 计算产品的进货总金额

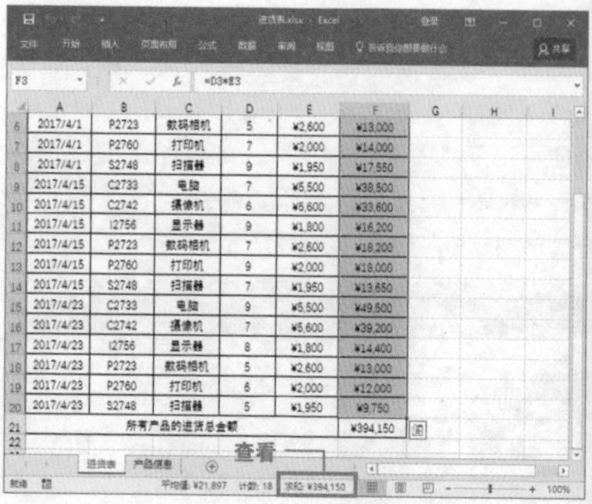

图 12-30 验证公式

❸ 打开本节素材文件"素材\第12章\实例200\商品购买表.xlsx",选择D15单元格,在编辑栏中输入计算公式"=SUMPRODUCT(B3:B14,C3:C14,D3:D14)",按Enter键进行确认,计算商品打折后的总价格,如图 12-31所示。

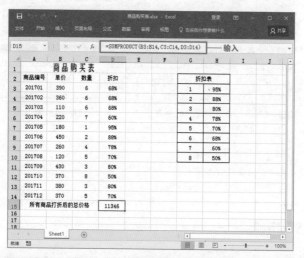

图 12-31 计算商品打折后的总价格

技巧拓展

　　SUMPRODUCT函数用于在给定的几组数组中,将数组间对应的元素相乘,并返回乘积之和。

　　语法格式为:SUMPRODUCT(array1,[array2],[array3],...)

　　其中:

　　array1为必需项。表示需要进行相乘并求和的第一个数组参数。

　　array2,array3,...为可选项。参数的数量为2到255个,表示需要进行相乘并求和的参数。

Extra tip〉〉〉〉〉〉〉〉〉〉〉

职场小知识

乔布斯法则

简介： 一个出色人才能顶50个平庸员工，在招募人才过程中要从实际出发应用乔布斯法则。

"一个出色人才能顶50个平庸员工"，这是美国苹果公司的老板——"管理奇才"史蒂夫·乔布斯的一句名言，从而发展为"乔布斯法则"，风靡西方管理界。

乔布斯说，他花了半辈子时间才充分意识到人才的价值。"我过去常常认为一位出色的人才能顶两名平庸的员工，现在我认为能顶50名。"由于苹果公司需要有创意的人才，所以乔布斯大约把1/4的时间用于招募人才，经常亲临招聘现场，参与招聘工作。

在中国应用乔布斯法则，必须从实际出发，注意以下6个原则。

（1）企业所需和岗位适合相结合。

（2）外部招聘和内部选拔相结合。

（3）企业发展和当前使用相结合。

企业发展代表公司的未来，招聘那些开发能力强、熟悉市场行情的外部人来"掺砂子"，可以内外结合，加快适销对路的产品开发力度。

（4）领导招聘和后续服务相结合。

当前许多企业就像乔布斯那样，一把手现场去招聘。由公司最大、最明白的人现场招聘，可以直接回答应聘者提出的一些问题，双方满意当时就可拍板，既提高效率，又会招到所需的好人才，的确是个好办法。

但是人才进来后，后续服务一定要跟上。不能"招聘会上常见老总，进了公司难见老总"，留住人才是一个"系统工程"，需要愿景留人、待遇留人、情感留人、福利留人、事业留人，"一把手"必须重点做好。

（5）长处突出和允许缺点相结合。

因被召人员的长处、优点突出，又是公司现在或将来发展的需要，实现了公司的优势更突出，劣势变优势，所以会留以重用。

但是，必须认识到"金无足赤、人无完人"，往往优点突出的人，其缺点也很突出。在用人中要发挥他的长处，放大他的优点，规避他的缺点，容忍他的短处。

（6）外不避仇和内不避亲相结合。

外举不避仇。哪怕是他曾在差点将本公司置于死地的对手那里工作过，只要他有公司需要的本事，就应毫不犹豫地去聘用他。一是体现公司宽广的胸怀；二是相信公司自己的本事；三是更好的激励他发挥作用。一举三得，何乐不为？

内举不避亲。只要对公司有利，或利大于弊，无论什么样的人，就算是亲属都可以重用。但要建立防范机制，并要事先做好员工工作。

第13章

幻灯片
页面操作

　　当需要在会议中做报告、向客户介绍新的产品或企业组织员工培训时，大家自然会想到要做一个精彩的PPT。生动的图片、简洁的语言、直观的表格数据、不同的动画效果，甚至搭配上音频或视频文件，清晰、明白地展示出所有的Idea，使会议不再枯燥无味，这些便是PowerPoint（简称PPT）最重要的价值。

　　从本章开始，我们将跟随小P一起学习PPT的各种实用操作，包括幻灯片的快速操作与编辑、多媒体的使用、SmartArt图形的应用、动画的设计以及演示文稿的管理等。同时，还将从基础开始介绍幻灯片的页面操作技巧，如打开演示文稿、更改幻灯片版式、设置幻灯片背景等。

实例 201 启动 PowerPoint 的多种方式

技巧介绍: 启动PowerPoint（简称PPT）的方法与Word和Excel类似，我们可以根据自身的操作习惯进行选择。

① 最常用的方法是双击应用程序图标启动。在桌面上双击PowerPoint 2016快捷方式，即可启动PowerPoint 2016，如图 13-1所示。

② 单击"开始"按钮，选择"所有程序"选项，在打开的程序列表中选择PowerPoint 2016选项，即可启动应用程序，如图 13-2所示。

图 13-1 双击快捷图标

图 13-2 选择 PowerPoint 2016 选项

③ 双击PPT演示文稿启动。双击所需的演示文稿，即可启动并打开该文档，如图 13-3所示。

图 13-3 双击演示文稿

实例 202 应用主题文档

技巧介绍: 小P的演示文稿只是白底黑字，而同事的文档却设置了不同的颜色、字体。其实这些都是软件提供的功能，只需进行简单的设置，就可以让PPT来个华丽的大变身。

① 打开本节素材文件"素材\第13章\实例202\企业文化建设.pptx"，选择"设计"选项卡，在"主题"选项组中单击"其他"按钮，从下拉列表中选择"平面"选项，如图 13-4所示。

② 此时即可为幻灯片应用"平面"主题样式，效果如图 13-5所示。

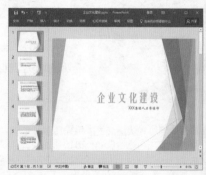

图 13-4 选择主题　　　　　　　　　　　图 13-5 应用主题

实例 203

对原创主题的字体和颜色进行更改

技巧介绍： 在应用完主题样式后，小P觉得所选的样式不能完全满足要求，想要对主题中的字体格式和颜色进行设置，该怎样操作呢？

难度系数：★★★　适用版本：全版本

1️⃣ 打开本节素材文件"素材\第13章\实例203\企业文化建设.pptx"，选择"设计"选项卡，在"变体"选项组中单击"其他"按钮，从下拉列表中选择"颜色"选项，继续从下拉列表中选择"黄色"选项，即可更改主题的颜色，如图 13-6所示。

2️⃣ 选择"设计"选项卡，在"变体"选项组中单击"其他"按钮，从下拉列表中选择"字体"选项，继续从下拉列表中选择"Franklin Gothic 隶书 华文行楷"选项，即可更改主题的字体，如图 13-7所示。

图 13-6 更改主题颜色

图 13-7 更改主题字体

技巧拓展

如果对"颜色"及"字体"下拉列表中提供的选项不满意，可以选择"自定义颜色"及"自定义字体"选项，在打开的对话框中设置自己想要的颜色和字体。

Extra tip ＞＞＞＞＞＞＞＞＞＞＞＞＞

每张幻灯片应用不同主题

实例 204

技巧介绍： 小P发现在应用主题样式、更改字体和颜色时，会应用到整个演示文稿中所有的幻灯片中。可是小P现在想为每个幻灯片都应用不同的主题样式，这该怎么办呢？

① 打开本节素材文件"素材\第13章\实例204\企业文化建设.pptx"，选择"设计"选项卡，在"主题"选项组中右击"环保"选项，从快捷菜单中选择"应用于选定幻灯片"命令，即可只为当前的幻灯片应用主题样式，如图 13-8 所示。

② 按照相同的方法，为其余幻灯片设置不同的主题样式，效果如图 13-9 所示。

图 13-8 应用于选定幻灯片

图 13-9 设置不同的主题样式

技巧拓展

右击所需的样式，从快捷菜单中选择"设置为默认主题"命令，即可将该样式设置为默认主题，按【Ctrl+N】组合键新建演示文稿，新建的文稿已经应用了该主题，如图 13-10所示。

图 13-10 设置为默认主题

Extra tip ▶▶▶▶▶▶▶▶▶▶▶▶

更改幻灯片方向

实例 205

技巧介绍： PowerPoint默认的幻灯片方向为横向，小P现在需要将幻灯片方向更改为纵向，该怎样进行操作呢？

① 打开本节素材文件"素材\第13章\实例205\工作总结.pptx"，选择"设计"选项卡，在"自定义"选项组中单击"幻灯片大小"下拉按钮，从下拉列表中选择"自定义幻灯片大小"选项，如图 13-11所示。

② 打开"幻灯片大小"对话框，选中"纵向"单选按钮，如图 13-12所示。

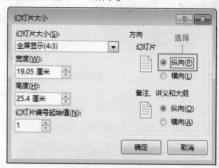

图 13-11 自定义幻灯片大小　　　　　　　图 13-12 设置幻灯片方向

③ 单击"确定"按钮，将弹出Microsoft PowerPoint提示对话框，单击"确保适合"按钮，如图 13-13所示。

④ 即可更改幻灯片方向为纵向，效果如图 13-14所示。

图 13-13 单击"确保适合"按钮　　　　　　图 13-14 更改幻灯片方向

技巧拓展

除了更改幻灯片方向，我们还可以更改幻灯片大小。

a.在"幻灯片大小"下拉列表中，选择"宽屏（16:9）"选项，即可更改幻灯片大小，效果如图 13-15所示。

b.在"幻灯片大小"对话框中单击"幻灯片大小"下拉按钮，从下拉列表中选择合适的选项，如图 13-16所示。单击"确定"按钮，也可更改幻灯片大小。

图 13-15 更改幻灯片大小　　　　　　图 13-16 更改幻灯片大小

Extra tip ＞＞＞＞＞＞＞＞＞＞＞＞

第1章
第2章
第3章
第4章
第5章
第6章
第7章
第8章
第9章
第10章
第11章
第12章
第13章
第14章
第15章
第16章
第17章
第18章

实例 206 更改幻灯片起始编号

技巧介绍： 当PowerPoint中有多张幻灯片时，默认编号从1开始编号。我们也可以在"幻灯片大小"对话框中更改起始编号，使其从某个固定的数字开始。

① 打开本节素材文件"素材\第13章\实例206\工作总结.pptx"，选择"设计"选项卡，在"自定义"选项组中单击"幻灯片大小"下拉按钮，从下拉列表中选择"自定义幻灯片大小"选项，如图 13-17所示。

② 打开"幻灯片大小"对话框，在"幻灯片编号起始值"数值框中输入数值3，在该数值框中可输入0到9999的整数，如图 13-18所示。

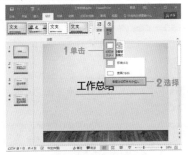

图 13-17 自定义幻灯片大小

图 13-18 更改幻灯片起始编号

③ 单击"确定"按钮，即可使幻灯片的编号从3开始计数，如图 13-19所示。

图 13-19 更改结果

实例 207 保存自定义主题

技巧介绍： 小P在制作好演示文稿以后，想将文稿中自定义的主题颜色和字体格式等保存起来，以后若还需要制作相同主题的演示文稿，可以直接应用。该怎样保存自定义的主题呢？

① 打开本节素材文件"素材\第13章\实例207\新员工培训讲座.pptx"，选择"设计"选项卡，在"主题"选项组中单击"其他"按钮，从下拉列表中选择"保存当前主题"选项，如图 13-20所示。

② 打开“保存当前主题”对话框，设置文件名及保存类型，单击“保存”按钮即可，如图 13-21 所示。

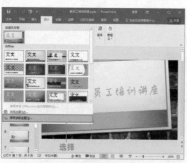

图 13-20 选择“保存当前主题”选项

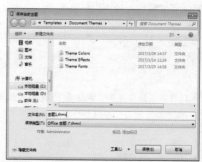

图 13-21 保存当前主题

技巧拓展

a.如果需要调用保存的主题，在“主题”选项组中“其他”下拉列表中选择“浏览主题”选项，如图 13-22所示。

b.打开“浏览主题”对话框，在路径“C:\Users\Administrator\AppData\Roaming\Microsoft\Templates\Document Themes”中选择保存的主题，如图 13-23所示，单击“应用”按钮即可。

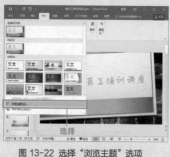

图 13-22 选择“浏览主题”选项

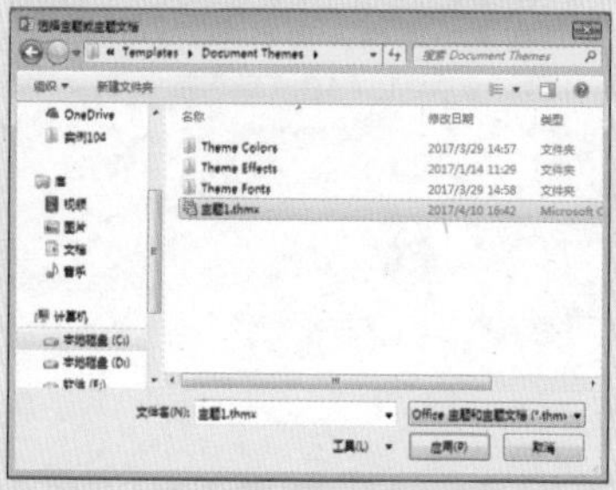

图 13-23 应用主题

Extra tip >>>>>>>>>>>>>

实例 208 更改幻灯片版式

难度系数：★★★ 适用版本：全版本

技巧介绍： 幻灯片版式是PowerPoint软件中的一种常规排版格式，如果我们对当前的版式不满意，可以更改幻灯片版式，切换幻灯片页面内容的排列方式。

① 打开本节素材文件“素材\第13章\实例208\新员工培训讲座.pptx”，选择第2张幻灯片，选择“开始”选项卡，在“幻灯片”选项组中单击“幻灯片版式”下拉按钮，从下拉列表中选择“标题和竖排文字”选项，如图 13-24所示。

② 即可更改内容的排列方式，效果如图 13-25所示。

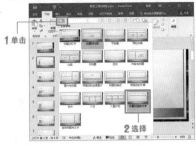

1 单击

2 选择

图 13-24 选择幻灯片版式

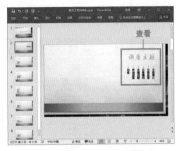

查看

图 13-25 更改幻灯片版式的效果

技巧拓展

　　右击需要更改版式的幻灯片，从快捷菜单中选择"版式"命令，在展开的子菜单中选择所需的版式，如图 13-26、图 13-27所示，同样可以快速更改幻灯片版式。

Extra tip ＞＞＞＞＞＞＞＞＞＞＞＞

1 选择

2 选择

图 13-26 选择幻灯片版式

1 选择

2 选择

图 13-27 选择幻灯片版式

实例 209

难度系数：★★★ 适用版本：全版本

应用幻灯片母版

技巧介绍： 幻灯片母版用于设置幻灯片的样式，例如设定各种标题文字、背景等，只需更改一项内容即可更新所有幻灯片的设计。通过母版，我们可以轻松地设计和修改幻灯片。

① 打开本节素材文件"素材\第13章\实例209\新员工培训讲座.pptx"，选择"视图"选项卡，在"母版视图"选项组中单击"幻灯片母版"按钮，如图 13-28所示。

单击

图 13-28 幻灯片母版

257

② 进入母版视图，在"背景"选项组中单击"颜色"下拉按钮，从下拉列表中选择"视点"选项，如图 13-29 所示。

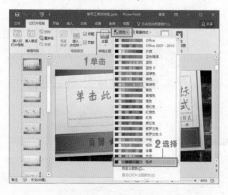

图 13-29 设置母版颜色

③ 继续单击"字体"下拉按钮，从下拉列表中选择"Garamond 方正舒体 方正舒体"选项，如图 13-30 所示。

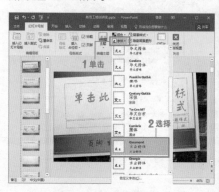

图 13-30 设置母版字体

④ 继续单击"效果"下拉按钮，从下拉列表中选择"棱纹"选项，如图 13-31 所示。

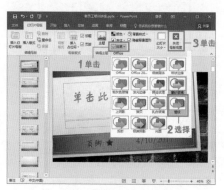

图 13-31 设置母版效果

⑤ 设置完毕后，单击"关闭母版视图"按钮，效果如图 13-32 所示。

图 13-32 查看效果

实例 210 为母版命名

技巧介绍： 对于修改后的幻灯片母版，我们可以为其定义一个个性化的名称。这样即可以快速了解母版内容，又方便查询及调用所需的母版。那么该怎样给母版命名呢？

① 打开本节素材文件"素材\第13章\实例210\新员工培训讲座.pptx"，选择"视图"选项卡，在"母版视图"选项组中单击"幻灯片母版"按钮，如图 13-33 所示。

② 进入母版视图，在"编辑母版"选项组中单击"重命名"按钮，弹出"重命名版式"对话框，在"版式名称"文本框中输入自定义名称，单击"重命名"按钮，如图 13-34 所示。

图 13-34 重命名

图 13-33 幻灯片母版

③ 单击"关闭母版视图"按钮退出母版视图，选择"开始"选项卡，在"幻灯片"选项组中单击"新建幻灯片"下拉按钮，从下拉列表中即可看到重命名了的母版，如图 13-35所示。

图 13-35 查看重命名效果

技巧拓展

在编辑幻灯片母版时，如果发现有些母版是多余的，用户可以将其删除。

选择需要删除的幻灯片模板，在"编辑母版"选项组中单击"删除"按钮，即可删除多余的母版，如图 13-36 所示。

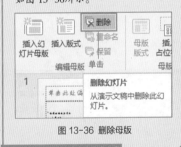

图 13-36 删除母版

Extra tip ＞＞＞＞＞＞＞＞＞＞＞

实例 211

更改母版格式

技巧介绍：我们还可以对幻灯片的母版格式进行修改，使其更加符合个人及工作的需求。对母版格式的修改，主要包括对占位符、页眉页脚、主题及文本对象的修改。

难度系数：★★★　适用版本：全版本

① 打开本节素材文件"素材\第13章\实例211\新员工培训讲座.pptx"，选择"视图"选项卡，在"母版视图"选项组中单击"幻灯片母版"按钮，进入母版视图，在"母版版式"选项组中单击"插入占位符"下拉按钮，从下拉列表中选择"图片"选项，如图 13-37 所示。

② 在幻灯片中按住鼠标左键绘制一个矩形区域，并调整标题与图片区域的排列位置，如图 13-38 所示。

图 13-37 插入占位符

图 13-38 调整图片区域位置

③ 单击"关闭母版视图"按钮退出母版视图，选择"开始"选项卡，在"幻灯片"选项组中单击"新建幻灯片"下拉按钮，从下拉列表中即可看到已经更改格式的母版，如图13-39所示。

图 13-39 查看更改效果

实例 212 设置撤销次数

技巧介绍： 小P在制作幻灯片时，发现之前有一步操作错误了，想要撤回还原之前的设计效果，可是撤销了几次以后就发现不能撤回了，这可怎么办呢？

① 打开本节素材文件"素材\第13章\实例212\工作总结.pptx"，在"文件"选项卡中选择"选项"选项，如图 13-40 所示。

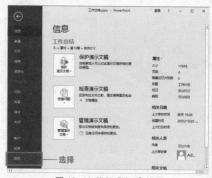

图 13-40 执行"选项"操作

❷ 打开"PowerPoint选项"对话框，选择"高级"选项，在"最多可取消操作数"数值框中设置撤销次数为30，单击"确定"按钮即可，如图13-41所示。

技巧拓展

在PowerPoint中最多可以撤销150次超过150次就不能再进行撤销操作了。

Extra tip >>>>>>>>>>>>

图 13-41 设置撤销次数

实例 213　自定义功能区

技巧介绍： 在进行幻灯片编辑过程中，每个人都有不同的操作习惯及操作要求，比如小P就经常需要执行"保存当前主题"操作，可是他在功能区中并没有找到对应的按钮，他怎么办呢？

❶ 打开本节素材文件"素材\第13章\实例213\工作总结.pptx"，在"文件"选项卡中选择"选项"选项，如图13-42所示。

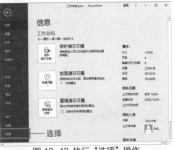

图 13-42 执行"选项"操作

❸ 选择新建的组，单击"重命名"按钮，打开"重命名"对话框，在"显示名称"文本框中输入"保存当前主题"，如图13-44所示。

❷ 打开"PowerPoint选项"对话框，选择"自定义功能区"选项，在"主选项卡"列表中展开"开始"选项组，单击"新建组"按钮，如图13-43所示。

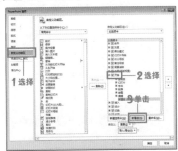

图 13-43 新建组

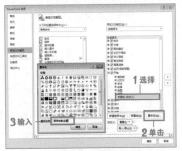

图 13-44 重命名组

261

④ 单击"确定"按钮，返回"PowerPoint选项"对话框，在"从下列位置选择命令"列表中选择"所有命令"选项，在命令列表中选择"保存当前主题"选项，并单击"添加"按钮，如图 13-45 所示。

⑤ 单击"确定"按钮，选择"开始"选项卡，即可看到添加的"保存当前主题"选项组，如图 13-46 所示。

图 13-45 添加命令按钮

图 13-46 查看添加效果

技巧拓展

a.在功能区任意位置右击，从快捷菜单中选择"自定义功能区"命令，如图 13-47 所示。即可快速打开"PowerPoint选项"对话框。

b.在快速访问工具栏中单击"自定义快速访问工具栏"按钮，从下拉列表中选择"其他命令"选项，如图 13-48 所示。同样可以打开"PowerPoint选项"对话框。

图 13-47 自定义功能区

图 13-48 自定义功能区

c.选择不需要显示在功能区的命令，单击"删除"按钮，即可删除该命令，如图 13-49 所示。

图 13-49 删除命令

实例 214

设置幻灯片背景

难度系数：★★★　适用版本：全版本

技巧介绍： 在为幻灯片应用主题后，小P不喜欢当前主题的背景，想将其设置为其他的图片，该怎样设置幻灯片背景呢？

① 打开本节素材文件"素材\第13章\实例214\工作总结.pptx"，选择"设计"选项卡，在"自定义"选项组中单击"设置背景格式"按钮，如图 13-50所示。

② 打开"设置背景格式"窗格，选择"图片或纹理填充"单选按钮，并单击"文件"按钮，如图 13-51所示。

图 13-50 单击"设置背景格式"按钮

图 13-51 "设置背景格式"窗格

③ 在打开的"插入图片"对话框中选择所需的图片，单击"插入"按钮，如图 13-52所示。

④ 返回"设置背景格式"窗格，单击"全部应用"按钮，如图 13-53所示。即可为每张幻灯片都应用相同的图片背景。

图 13-52 插入图片

图 13-53 全部应用

技巧拓展

除了将图片设置为背景外，我们还可以为幻灯片添加纯色背景、渐变背景、纹理背景、图案背景等效果，这些都可以在"设置背景格式"窗格中实现。

Extra tip ＞＞＞＞＞＞＞＞＞＞＞

第1章
第2章
第3章
第4章
第5章
第6章
第7章
第8章
第9章
第10章
第11章
第12章
第13章
第14章
第15章
第16章
第17章
第18章

实例 215

难度系数：★★★　适用版本：全版本

灰度方式预览幻灯片

技巧介绍： 小P想将制作的幻灯片打印出来，可是如果幻灯片背景为黑色，在黑白打印机上将被打印为黑色或灰色，这样幻灯片中的文字可能就看不清楚了。这时该怎样操作呢？

① 打开本节素材文件"素材\第13章\实例215\工作总结.pptx"，选择"视图"选项卡，在"颜色/灰度"选项组中单击"灰度"按钮，如图 13-54所示。

② 即可以灰度方式预览幻灯片，如图 13-55所示。单击"返回颜色视图"按钮，即可返回幻灯片彩色模式。

图 13-54 单击"灰度"按钮

图 13-55 灰度方式预览效果

技巧拓展

除了使用灰度方式预览幻灯片，我们还可以使用黑白模式预览幻灯片。

a.选择"视图"选项卡，在"颜色/灰度"选项组中单击"黑白模式"按钮，如图 13-56所示。

b.即可以黑白模式预览幻灯片，如图 13-57所示。

图 13-56 单击"黑白模式"按钮

图 13-57 黑白模式预览幻灯片

Extra tip ▶▶▶▶▶▶▶▶▶▶▶▶

实例 216

切换视图模式

技巧介绍： PowerPoint提供了多种视图模式供我们选择，默认的视图模式为普通视图。根据实际工作中的不同需要，可以快速切换视图模式。

① 打开本节素材文件"素材\第13章\实例216\企业文化建设.pptx"，选择"视图"选项卡，在"演示文稿视图"选项组中"普通"按钮呈选中状态，如图 13-58所示。在该视图模式下，我们可以进行添加与删除幻灯片、修改幻灯片样式以及更改幻灯片内容等操作。

② 在"演示文稿视图"选项组中单击"大纲视图"按钮，即可切换至大纲视图，如图13-59所示。

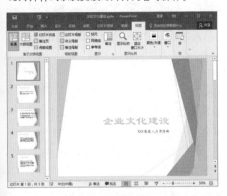

图 13-58 普通视图

图 13-59 大纲视图

③ 在"演示文稿视图"选项组中单击"幻灯片浏览"按钮，即可同时浏览多幅幻灯片的缩略图，如图 13-60所示。可以执行添加、删除、移动幻灯片的操作。

④ 在"演示文稿视图"选项组中单击"备注页"按钮，可以输入要应用于当前幻灯片的备注，编辑备注页的打印外观等操作，如图 13-61所示。

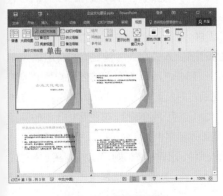

图 13-60 幻灯片浏览视图

图 13-61 备注页视图

❺ 在"演示文稿视图"选项组中单击"阅读视图"按钮，即可将幻灯片以适应窗口大小进行放映查看，如图 13-62 所示。

图 13-62 阅读视图

职场小知识

大荣法则

简介： 企业的发达，乃人才的发达；人才的繁荣，即企业的繁荣。人才的培养是决定企业生存和发展的命脉。

　　号称日本两大百货公司之一的大荣百货公司创建于1957年。初创时的大荣公司只是大阪的一家小百货店，职工十几人，后来扩展到经营糖果、饼干等食品和百货。大荣公司的经营决策是：重视对人才的培养，并由此走上了成功的道路。大荣公司提出的"企业生存的最大课题就是培养人才"，被人们称为"大荣法则"。

　　在企业的发展中，设备条件的提高远远没有员工素质的提高来得重要。要提高员工的素质，就要随时随地开展员工教育与培训工作，启发员工的思想，更新员工的技术。

　　人才建设是任何一个企业生存、发展的重中之重，没有了人才，一切都无从谈起。因此，对人才的培养事关企业的成败！企业发展的关键因素有：资金、设备、产品及人才，并以人才为首要。有许多的企业经营者，无法认清"人才"这项关键因素的重要性，而将大部分的时间与资源投入在营造外界的人际关系，以取得相对容易的资金与业务来源，其次是投入产品的发展，反而将人才当成次要的因素。

　　西方成功的企业，CEO普遍将大部分的时间投入公司人才的经营。斯坦福大学Mr.JimCollins教授在《A到A+》一书中就指出，那些之所以成为卓越公司的关键因素之一就是：Right people on bus first，即"先找到对的人上车"。要成为卓越的公司，要先拥有一群优秀的员工。前GE的CEO–JackWelch（杰克·韦尔奇），花了近10年的时间使GE成为学习型的组织，培育各阶层的人才。这些都是值得中国企业加以深思与学习的。

　　人才就像种子或树苗，种子是由企业自己播种、培养，树苗则是由外购买（招聘或挖角），这些种子或树苗是否能够在土地上扎根生长，关键因素就是土壤，而土壤就是公司的企业文化。没有企业文化的公司，就像是贫瘠的土地，不但种子无法发芽，挖来的树苗也会很快枯萎。只有优秀的企业文化，人才才能够在公司这片土地上滋养成长。

第14章

幻灯片
快速编辑

在对幻灯片页面进行设置以后，我们就该进入幻灯片编辑模块了。本章主要介绍演示文稿中文本以及图片的处理技巧，具体内容包括更改幻灯片顺序、更改页眉页脚位置、为文本内容编号、插入图片、组合图片等操作。

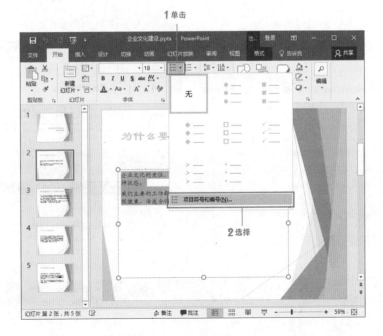

实例 217

难度系数：★★★　适用版本：全版本

快速选择多个幻灯片

技巧介绍： 对幻灯片的所有编辑操作，都需要选中该幻灯片。小P知道，只需单击左侧幻灯片窗格中的缩略图即可选中单个幻灯片，当需要选择多个幻灯片时该怎样操作呢？

① 打开本节素材文件"素材\第14章\实例217\工作总结.pptx"，选中第1张幻灯片后，按住Shift键的同时选择第3张（或第n个）幻灯片，即可选择连续的幻灯片，如图 14-1所示。

② 按住Ctrl键的同时选择第1张和第3张幻灯片，即可选择不连续的多个幻灯片，如图14-2所示。

图 14-1 选择连续的幻灯片

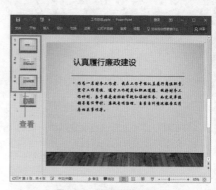

图 14-2 选择不连续的幻灯片

③ 选择所有幻灯片，按【Ctrl+A】组合键即可选中演示文稿中的所有幻灯片，如图 14-3所示。

技巧拓展

在选择幻灯片以后，按Esc键即可取消选择的全部幻灯片；如果只想取消其中的一张或几张幻灯片，可以在按住Ctrl键的同时单击需要取消选定的幻灯片即可。

Extra tip ＞＞＞＞＞＞＞＞＞＞＞＞＞

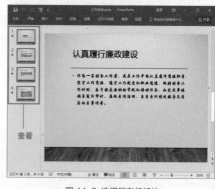

图 14-3 选择所有幻灯片

实例 218

难度系数：★★★　适用版本：全版本

更改幻灯片顺序

技巧介绍： 小P离开了一下位置，等再回来时发现制作的幻灯片顺序被打乱了，原来是同事想戏弄一下他，并说："多学点东西不好吗？试试该怎样更改幻灯片顺序吧"。

① 打开本节素材文件"素材\第14章\实例218\企业文化建设.pptx",选择第二张幻灯片,按住鼠标左键将其拖曳至首位释放鼠标左键,即可移动幻灯片,如图 14-4 所示。

② 选择"视图"选项卡,在"演示文稿视图"选项组中单击"幻灯片浏览"按钮,切换至幻灯片浏览视图,选择第二张幻灯片,按住鼠标左键将其拖曳至首位释放鼠标左键,如图 14-5 所示。系统将自动对其他幻灯片编号进行调整。

图 14-4 鼠标拖曳移动幻灯片

图 14-5 在幻灯片浏览视图中移动幻灯片

实例 219 多窗口操作

难度系数:★★★ 适用版本:全版本

技巧介绍: 演示文稿中的幻灯片数量较多,小P常常分不清哪张幻灯片已经被编辑过了,脑袋里乱作了一团。这时可以使用新建多个窗口的方法,进行多窗口操作。

① 打开本节素材文件"素材\第14章\实例219\新员工培训讲座.pptx",选择"视图"选项卡,在"窗口"选项组中单击"新建窗口"按钮,如图 14-6 所示。

② 即可打开一个包含当前文档视图的新窗口,在标题栏中将显示"新员工培训讲座2",如图 14-7 所示。

图 14-6 单击"新建窗口"按钮

图 14-7 新建窗口效果

③ 按照相同的方法新建多个窗口,此时多个窗口之间以层叠的方式显示,如图 14-8 所示。

④ 在任意窗口中选择"视图"选项卡,在"窗口"选项组中单击"切换窗口"按钮,从下拉列表中选择"新员工培训讲座1"选项,如图 14-9所示。即可迅速切换至"新员工培训讲座1"演示文稿。

图 14-8 层叠窗口

图 14-9 切换窗口

技巧拓展

在"窗口"选项组中单击"全部重排"按钮，窗口将自动全部进行重排，如图 14-10所示。即可同时对不同幻灯片进行操作。

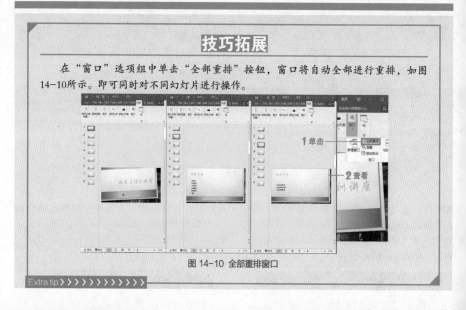

图 14-10 全部重排窗口

Extra tip ▷▷▷▷▷▷▷▷▷▷▷

实例 220

进度系数：★★★★ 适用版本：全版本

巧妙添加日期和时间

技巧介绍： 当需要在幻灯片中添加当前的日期和时间时，小P的方法是先在幻灯片中插入了一个文本框，然后输入了相关的文本，不过power point中有更加快捷且方便的添加方法。

❶ 打开本节素材文件"素材\第14章\实例220\四月销售情况报告.pptx"，选择"插入"选项卡，在"文本"选项组中单击"日期和时间"按钮，如图 14-11所示。

❷ 打开"页眉和页脚"对话框，在"幻灯片"选项卡中勾选"日期和时间"复选框，并选择"固定"单选按钮，在文本框中输入2017/5/8，然后勾选"页脚"复选框，最后单击"全部应用"按钮，如图14-12所示。

图 14-11 单击"日期和时间"按钮

图 14-12 设置插入日期和时间

3 即可在幻灯片的页脚添加设置的日期和时间，如图 14-13 所示。

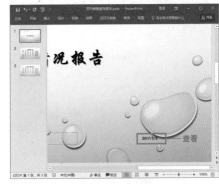

图 14-13 添加效果

技巧拓展

a.选择"插入"选项卡，在"文本"选项组中单击"页眉和页脚"按钮，如图 14-14 所示。同样可以打开"页眉和页脚"对话框。

b.在"页眉和页脚"对话框中选择"自动更新"单选按钮，从下拉列表中选择所需的日期和时间格式，如图 14-15 所示。单击"全部应用"按钮，在每次播放幻灯片时都会显示与电脑系统当前时间一致的日期和时间。

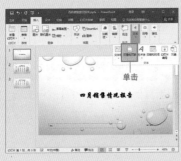

图 14-14 单击"页眉和页脚"按钮

图 14-15 设置插入日期和时间格式

Extra tip〉〉〉〉〉〉〉〉〉〉〉〉

实例 221

统一更改页眉页脚位置

难度系数：★★★　　适用版本：全版本

技巧介绍： 小P想将在幻灯片中添加的日期和时间移动至中间位置，他的操作方法是先选择了插入的日期和时间，然后按住鼠标左键进行移动，有没有其他方法可以统一更改所有页眉页脚的位置呢？

① 打开本节素材文件"素材\第14章\实例221\四月销售情况报告.pptx"，选择"视图"选项卡，在"母版视图"选项组中单击"幻灯片母版"按钮，选择第1张幻灯片，如图 14-16所示。

② 用鼠标拖动幻灯片中的页脚，将其移动至页面中间的位置，如图 14-17所示。

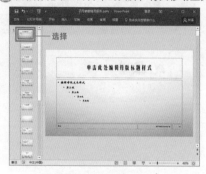

图 14-16 选择第 1 张幻灯片

图 14-17 修改页脚位置

③ 单击"关闭母版视图"按钮，查看页眉页脚的位置，如图 14-18所示。

图 14-18 查看修改结果

实例 222

将演示文稿保存为模板

难度系数：★★　　适用版本：全版本

技巧介绍： 小P正在查看其他人制作的PPT演示文稿，发现许多演示文稿的模板类型都是一样的，感觉不太精彩。其实只需在其模板上进行一点点修改就可以将其应用于更多领域了。那么，该怎样将演示文稿保存为模板呢？

① 打开本节素材文件"素材\第14章\实例222\四月销售情况报告.pptx"，在"文件"选项卡中选择"另存为"选择，继续单击"浏览"按钮，如图 14-19所示。

❷ 打开"另存为"对话框，设置演示文稿的保存路径，在"文件名"文本框中输入名称，单击"保存类型"下三角按钮，选择"Power Point模版"选项，单击"保存"按钮即可，如图 14-20所示。

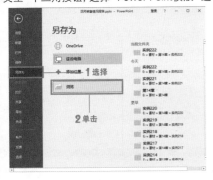

图 14-19 执行"另存为"操作

图 14-20 另存为模板

实例 223

链接到其他演示文稿

技巧介绍： 所谓超链接，简单地讲就是在演示文稿中一个对象上添加跳转的快捷方式。我们就以链接到其他演示文稿为例，介绍设置超链接的操作技巧。

❶ 打开本节素材文件"素材\第14章\实例223\提升与培养能力.pptx"，选择需要创建超链接的对象，切换至"插入"选项卡，在"链接"选项组中单击"动作"按钮，如图 14-21所示。

❷ 打开"操作设置"对话框，选择"超链接到"单选按钮，单击其下拉按钮，从下拉列表中选择"其他PowerPoint演示文稿"选项，如图 14-22所示。

图 14-21 单击"动作"按钮

图 14-22 设置超链接

❸ 打开"超链接到其他PowerPoint演示文稿"对话框，选择需要链接到的文稿，如图 14-23所示。

❹ 单击"确定"按钮，即可添加超链接，如图 14-24所示。按住Ctrl键的同时单击设置了超链接的对象，即可快速打开链接的演示文稿。

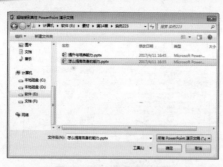

图 14-23 选择需要链接的文稿

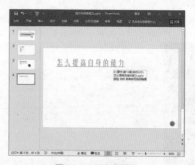

图 14-24 添加超链接

技巧拓展

选择"插入"选项卡，在"链接"选项组中单击"超链接"按钮，打开"插入超链接"对话框，选择"链接到"区域中的"现有文件或网页"选项，在"当前文件夹"右侧列表框中选择需要链接到的演示文稿，单击"确定"按钮，将其链接到其他演示文稿，如图14-25所示。

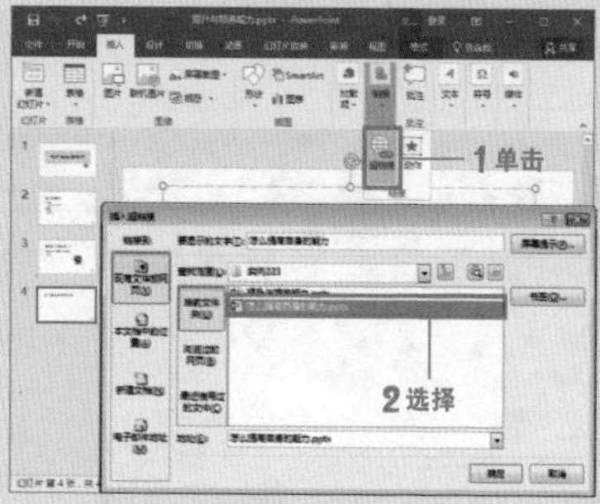

图 14-25 插入超链接

Extra tip >>>>>>>>>>>>>

实例 224 更改超链接颜色

难度系数：★★★ 适用版本：全版本

技巧介绍： 小P觉得目前超链接的颜色与主题样式不搭配，想要更改超链接文字的颜色，但在"开始"选项卡的"字体"选项组中设置字体颜色后并没有起作用，该怎样更改呢？

① 打开本节素材文件"素材\第14章\实例224\提升与培养能力.pptx"，选择"设计"选项卡，在"变体"选项组中单击"颜色"下拉按钮，从下拉列表中选择"自定义颜色"选项，如图 14-26所示。

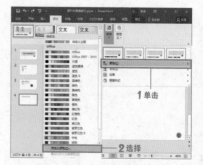

图 14-26 自定义颜色

❷ 打开"新建主题颜色"对话框，分别单击"超链接"和"已访问的超链接"下拉按钮，设置所需的颜色，如图 14-27 所示。

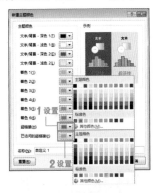

图 14-27 设置超链接颜色

❸ 单击"保存"按钮，即可更改超链接颜色，如图 14-28 所示。

图 14-28 查看修改效果

实例 225 为文本内容添加项目符号

技巧介绍： 在幻灯片中输入文本内容时，当文本内容较多，为了更清晰、明确地表达，同事建议为文本内容添加项目符号，具体该怎样操作呢？

❶ 打开本节素材文件"素材\第14章\实例225\宣传策划方案.pptx"，选择需要添加项目符号的文本内容，选择"开始"选项卡，在"段落"选项组中单击"项目符号"下拉按钮，从下拉列表中选择所需的符号即可，如图14-29所示。

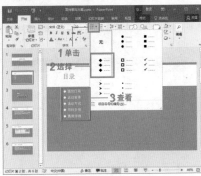

图 14-29 选择项目符号的样式

❷ 按照相同的方法，为其余幻灯片中的文本添加项目符号，效果如图 14-30 所示。

图 14-30 查看添加项目符号的效果

技巧拓展

a.选择需要添加项目符号的文本并右击，从快捷菜单中选择"项目符号"命令，从下拉列表中选择所需的符号，如图 14-31 所示，同样可以添加项目符号。

b.选择需要添加编号的文本内容，选择"开始"选项卡，在"段落"选项组中单击"编号"下拉按钮，从下拉列表中选择合适的编号样式，如图 14-32 所示，即可为文本内容添加编号。

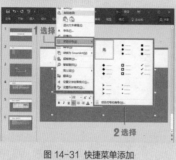

图 14-31 快捷菜单添加

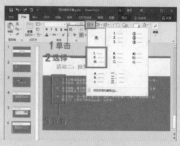

图 14-32 添加编号

Extra tip ＞＞＞＞＞＞＞＞＞＞＞＞

实例 226

在幻灯片中添加动作按钮

技巧介绍： 小P观看演示文稿时发现了一个很"炫酷"的技能，只见领导单击了幻灯片中的一个按钮，就很快切换到所需的幻灯片，还伴有特殊的声音，着实吓了小P一跳。这是怎么设置的呢？

难度系数：★★★　适用版本：全版本

① 打开本节素材文件"素材\第14章\实例226\宣传策划方案.pptx"，选择第2张幻灯片，切换至"插入"选项卡，在"插图"选项组中单击"形状"下拉按钮，从下拉列表中选择"动作按钮：前进或下一项"选项，如图 14-33 所示。

② 单击并拖曳鼠标左键，在幻灯片右下角绘制合适大小的按钮，打开"操作设置"对话框，选择"超链接到"单选按钮，勾选"播放声音"复选框，单击下方的下拉按钮，从下拉列表中选择"打字机"选项，如图 14-34 所示。

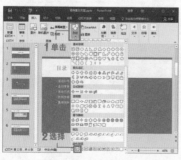

图 14-33 插入动作按钮

图 14-34 设置声音

③ 单击"确定"按钮，切换至"幻灯片放映"选项卡，在"开始放映幻灯片"选项组中单击"从当前幻灯片开始"按钮，或按【Shift+F5】组合键放映当前幻灯片，如图14-35所示。当光标移动至插入的动作按钮时，光标变为手指形状，单击该动作按钮，将自动切换至下一张幻灯片并播放声音。

图 14-35 放映幻灯片

技巧拓展

a.打开"操作设置"对话框，选择"无动作"单选按钮，即可取消动作。

b.在状态栏中单击"幻灯片放映"按钮，也可快速放映当前幻灯片。

Extra tip > > > > > > > > > > > > >

实例 227

播放幻灯片的同时运行其他程序

技巧介绍： 小P知道利用"超链接"功能可以链接到其他演示文稿中的内容。可是现在小P需要在放映幻灯片的过程中调用其他应用程序，该怎么办呢？

① 打开本节素材文件"素材\第14章\实例227\宣传策划方案.pptx"，选择第5张幻灯片，切换至"插入"选项卡，在"插图"选项组中单击"形状"下拉按钮，从下拉列表中选择"动作按钮：空白"选项，如图14-36所示。

② 单击并拖曳鼠标左键，在幻灯片右下角绘制合适大小的按钮，打开"操作设置"对话框，选择"运行程序"单选按钮，并单击"浏览"按钮，如图14-37所示。

图 14-36 插入动作按钮

图 14-37 超链接到运行程序

③ 在打开的"选择一个要运行的程序"对话框中选择目标程序，如图 14-38 所示。单击"确定"按钮，按【Shift+F5】组合键放映当前幻灯片，单击插入的动作按钮，即可调用其他应用程序。

图 14-38 选择目标程序

实例 228

在幻灯片中插入 Excel 文件

技巧介绍： 小P发现，在"宣传策划方案"演示文稿的第5张幻灯片中插入了一个"现金打折"的表格，并且这个表格是直接将Excel工作簿插入到幻灯片中得来的。具体是怎么做到的呢？

① 打开本节素材文件"素材\第14章\实例228\宣传策划方案.pptx"，选择第5张幻灯片，切换至"插入"选项卡，在"文本"选项组中单击"对象"按钮，如图 14-39所示。

图 14-39 插入对象

② 打开"插入对象"对话框，选择"由文件创建"单选按钮，并单击"浏览"按钮，在打开的"浏览"对话框中选择需要的工作簿文件，如图 14-40所示。

图 14-40 选择 Excel 文件

③ 单击"确定"按钮，即可将Excel文件插入到当前幻灯片中，利用鼠标拖动表格四周的控制点，适当调整表格位置和大小即可，如图 14-41所示。

图 14-41 插入 Excel 文件

实例 229

难度系数：★★★　适用版本：全版本

在幻灯片中创建图表

技巧介绍： 我们不仅可以在幻灯片中插入表格，还可以在幻灯片中创建图表，来直观地表示数据之间的关系。那么，该怎样在幻灯片中创建图表呢？

① 打开本节素材文件 "素材\第14章\实例229\当月销售总体情况.pptx"，选择 "插入" 选项卡，在 "插图" 选项组中单击 "图表" 按钮，如图 14-42 所示。

② 打开 "插入图表" 对话框，在 "柱形图" 选项组中选择 "簇状柱形图" 选项，如图 14-43 所示。

图 14-42 插入图表

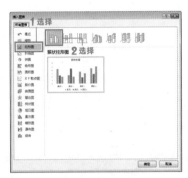

图 14-43 选择簇状柱形图

③ 单击 "确定" 按钮，将自动打开Excel 工作表，在工作表中输入相关的数据内容，如图 14-44 所示。

④ 关闭Excel应用程序，将在幻灯片中插入图表，利用鼠标拖动图表四周的控制点，适当调整其位置和大小即可，如图 14-45 所示。

图 14-44 输入数据内容

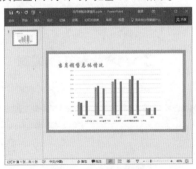

图 14-45 创建图表的效果

实例 230

难度系数：★★★　适用版本：全版本

快速插入并裁剪图片

技巧介绍： 在进行演示文稿编辑过程中，我们经常需要在幻灯片中插入精美、别致的图片来增强演示文稿的说服力，有时还需要对插入的图片进行裁剪，使其与幻灯片搭配得天衣无缝。

① 打开本节素材文件"素材\第14章\实例230\工作总结.pptx",选择"插入"选项卡,在"图像"选项组中单击"图片"按钮,如图14-46所示。

图 14-46 单击"图片"按钮

② 打开"插入图片"对话框,选择所需的图片,单击"插入"按钮,如图14-47所示。

图 14-47 选择图片

③ 即可在幻灯片中插入图片,适当调整图片的大小和位置,切换至"图片工具>格式"选项卡,在"大小"选项组中单击"裁剪"按钮,如图14-48所示。

图 14-48 单击"裁剪"按钮

④ 拖动图片四周的裁剪控制点,如图14-49所示。单击幻灯片中的其他位置,即可完成图片的裁剪操作。

图 14-49 裁剪图片

技巧拓展

通过拖动控制点的方法可以自由对图片进行裁剪,此外还可以对图片进行精确裁剪,将其裁剪为指定的形状以及纵横比进行裁剪。

a.选择插入的图片并右击,从快捷菜单中选择"大小和属性"命令,打开"设置图片格式"窗格,切换至"图片"选项卡,激活"裁剪"选项组,通过设置"图片位置"及"裁剪位置"数值框中的参数即可精确裁剪图片,如图14-50所示。

b.选择插入的图片,在"图片工具>格式"选项卡的"大小"选项组中单击"裁剪"下拉按钮,从下拉列表中选择"裁剪为形状"选项,从下拉列表中选择"对话气泡:矩形",如图14-51所示,即可将图片裁剪为相应的形状。

图 14-50 精确裁剪

图 14-51 裁剪为形状

c.选择插入的图片，单击"裁剪"下拉按钮，从下拉列表中选择"纵横比"选项，从下拉列表中选择3：5，如图 14-52所示，即可按纵横比裁剪图片。

图 14-52 按纵横比裁剪

Extra tip > > > > > > > > > > > >

实例 231

使用与编辑批注

技巧介绍： 在说明某项产品或比较重要的内容时，可以为其添加批注。小P现在需要在幻灯片中为每张图片都添加批注，来说明产品特性。该怎样在幻灯片中添加批注呢？

① 打开本节素材文件"素材\第14章\实例231\创意灯具.pptx"，选择幻灯片中的一张图片，切换至"审阅"选项卡，在"批注"选项组中单击"新建批注"按钮，如图 14-53所示。

② 打开"批注"窗格，在文本框中输入批注内容即可，如图 14-54所示。

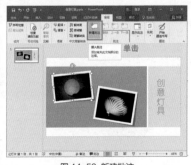

图 14-53 新建批注

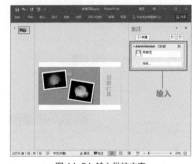

图 14-54 输入批注内容

第1章
第2章
第3章
第4章
第5章
第6章
第7章
第8章
第9章
第10章
第11章
第12章
第13章
第14章
第15章
第16章
第17章
第18章

③ 单击"批注"选项组中的"删除"下拉按钮，即可对幻灯片中的批注进行删除操作，如图14-55所示。

④ 添加批注以后，在"审阅"选项卡的"批注"选项组中的按钮都处于可用状态，单击"显示批注"下拉按钮，即可显示与隐藏批注及批注窗格，如图14-56所示。

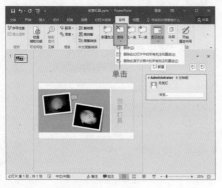

图 14-55 删除批注

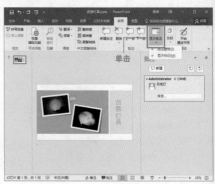

图 14-56 显示及隐藏批注

实例 232

批量插入多张幻灯片

技巧介绍： 同事看小P正闲着，就让小P帮忙将两个演示文稿合并到一起，两个演示文稿中都包含许多张幻灯片。该怎样批量插入多张幻灯片呢？

① 打开本节素材文件"素材\第14章\实例232\工作总结1.pptx"，选择"开始"选项卡，在"幻灯片"选项组中单击"新建幻灯片"下拉按钮，从下拉列表中选择"幻灯片（从大纲）"选项，如图14-57所示。

② 打开"插入大纲"对话框，设置文件类型为"所有文件"，选择"工作总结2.pptx"，单击"插入"按钮，如图14-58所示。

图 14-57 新建幻灯片

图 14-58 选择演示文稿

❸ 即可将"工作总结2.pptx"中的
幻灯片插入到"工作总结1.pptx"
中，所得结果如图 14-59所示。

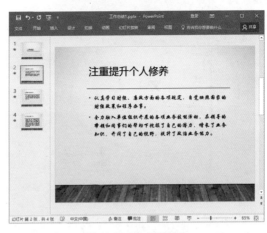

图 14-59 插入多张幻灯片

实例 233

将图片作为项目符号

技巧介绍： 在幻灯片中添加项目符号或编号时，不仅可以使用既定的符号，还可以使用与文本内容呼应的图片作为项目符号。该怎样操作呢？

❶ 打开本节素材文件"素材\第14章\实例233\企业文化建设.pptx"，选择需要添加项目符号的文本内容，选择"开始"选项卡，在"段落"选项组中单击"项目符号"下拉按钮，从下拉列表中选择"项目符号和编号"选项，如图 14-60所示。

❷ 打开"项目符号和编号"对话框，单击"图片"按钮，如图 14-61所示。

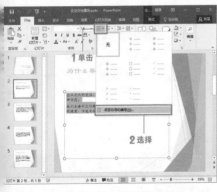

图 14-60 选择"项目符号和编号"选项

图 14-61 单击"图片"按钮

❸ 在打开的"插入图片"面板中选择"来自文件"选项，打开"插入图片"对话框，选择需要插入的图片，如图 14-62所示。

❹ 单击"插入"按钮，即可将图片作为项目符号，得到的结果如图 14-63所示。

图 14-62 选择图片

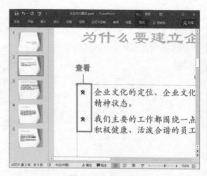

图 14-63 添加效果

实例 234

设置屏幕提示信息

技巧介绍： 我们可以添加批注来说明某个对象，也可以利用超链接设置屏幕信息，属于超链接的主要内容。那么，该怎样设置屏幕提示信息呢？

① 打开本节素材文件"素材\第14章\实例234\四月销售情况报告.pptx"，选择需要添加超链接的文本内容，切换至"插入"选项卡，在"链接"选项组中单击"超链接"按钮，打开"插入超链接"对话框，单击"屏幕提示"按钮，打开"设置超链接屏幕提示"对话框，输入提示信息，如图 14-64所示。

② 单击"确定"按钮，将光标移至超链接处时，将出现提示信息，如图 14-65所示。

图 14-64 设置屏幕提示信息

图 14-65 查看提示信息

实例 235

绘制图形与填充颜色

技巧介绍： 小P在制作幻灯片时，觉得演示文稿中全部都是文字太单调了，想利用图形来突出显示幻灯片中的文本内容，吸引大家的注意力。该怎样操作呢？

① 打开本节素材文件"素材\第14章\实例235\宣传策划方案.pptx",选择第3张幻灯片,切换至"插入"选项卡,在"插图"选项组中单击"形状"下拉按钮,从下拉列表中选择"波形"形状,如图 14-66所示。

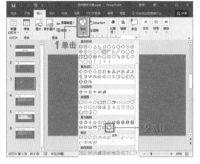

图 14-66 插入形状

③ 我们还可以设置图形的填充颜色。选择绘制的图形,切换至"绘图工具>格式"选项卡,在"形状样式"选项组中单击"形状填充"下拉按钮,从下拉列表中选择"黄色"选项,如图14-68所示,即可将填充颜色修改为黄色。

图 14-68 设置形状填充

② 拖动鼠标左键,在幻灯片中进行绘制,绘制完毕后双击插入的图形,输入所需的文本内容。如果对默认的字体格式不满意,选择所需的文本,在"字体"选项组中设置字体格式,最终效果如图 14-67所示。

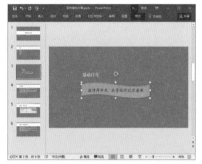

图 14-67 输入文本

④ 在"形状样式"选项组中单击"形状轮廓"下拉按钮,从下拉列表中选择"红色"选项,如图 14-69所示,即可更改形状的轮廓颜色。

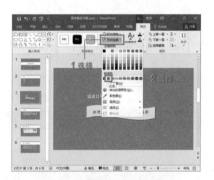

图 14-69 设置形状轮廓的颜色

实例 236

难度: ★ ★ ★　适用版本:全版本

快速更改图形样式

技巧介绍: 在幻灯片中绘制图形后,我们可以自定义图形的填充颜色、轮廓颜色以及形状效果,也可以直接套用PowerPoint提供的图形样式,迅速美化图形。

① 打开本节素材文件"素材\第14章\实例236\宣传策划方案.pptx",选择绘制的图形,切换至"绘图工具>格式"选项卡,在"形状样式"选项组中单击"其他"按钮,从下拉列表中选择"细微效果-鲜绿,强调颜色3"选项,如图 14-70所示。

❷ 即可快速更改图形样式，效果如图 14-71 所示。

图 14-70 应用图形样式

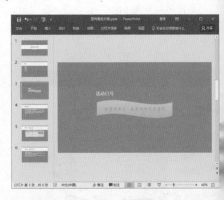

图 14-71 查看效果

实例 237

快速插入文本

技巧介绍： 在幻灯片中插入文本有许多种方法，通过占位符、形状图形、文本框和艺术字均可将文字信息添加到幻灯片中。具体该怎样操作呢？

❶ 打开本节素材文件"素材\第14章\实例237\插入文本.pptx"，在幻灯片中的文本占位符处可以输入文本信息，如图 14-72 所示。

❷ 利用形状图形添加文本信息。选择"插入"选项卡，在"插图"选项组中单击"形状"下拉按钮，从下拉列表中选择"泪滴形"，如图 14-73 所示。

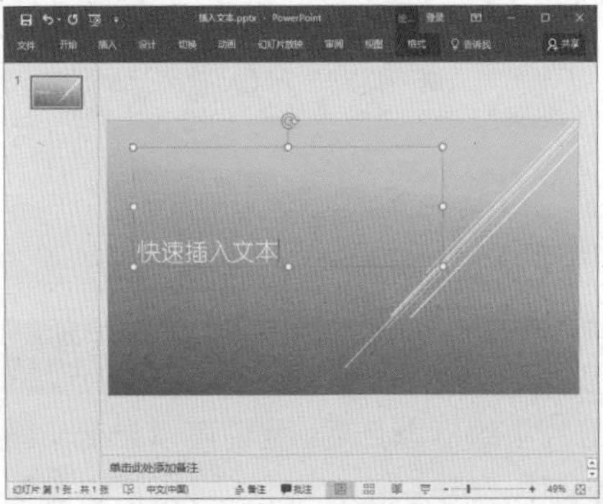

图 14-72 在占位符输入文本

图 14-73 插入形状

❸ 绘制形状图形后并双击，输入所需的文本内容即可，如图 14-74 所示。

❹ 插入文本框并输入文本。选择"插入"选项卡，在"文本"选项组中单击"文本框"下拉按钮，选择"横排文本框"选项，如图 14-75 所示。

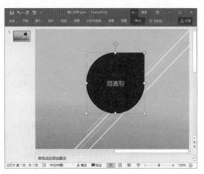

图 14-74 输入文本内容

图 14-75 插入文本框

5 在添加的文本框中输入文字信息即可，如图 14-76所示。

6 使用艺术字来插入文本。选择"插入"选项卡，在"文本"选项组中单击"艺术字"下拉按钮，选择所需的艺术字样式，如图 14-77所示。

14-76 输入文本内容

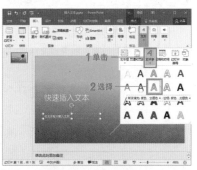

图 14-77 插入艺术字

7 输入文本信息即可，如图 14-78所示。

图 14-78 输入文本内容

实例 238

灵活选取文本内容

技巧介绍： 一般情况下，我们都是利用鼠标选择所需的文本内容。当需要选取演示文稿中的单词、段落内容或所有文本时，可以利用一些灵活选取文本的操作技巧。

① 打开本节素材文件"素材\第14章\实例238\工作总结.pptx",选择第2张幻灯片,当需要选择一个词组时,将光标定位至该词组中间并双击即可,如图14-79所示。

② 当需要选择整个段落的内容时,将光标定位至该段落中的任何位置,连续三次单击鼠标左键即可,如图14-80所示。

图 14-79 选择词组

图 14-80 选择段落

③ 当需要全选占位符、形状图形、文本框或艺术字中的文本时,将插入点置于对象中,按【Ctrl+A】组合键即可全选文本内容,如图14-81所示。

图 14-81 全选文本

实例 239 使文本框四周留白

技巧介绍: 小P发现,在文本框中输入文本内容时,文字与文本框边缘几乎是平齐的,这样很不美观,可不可以使文本内容居中显示,使得文本框四周都留有适当的留白呢?

① 打开本节素材文件"素材\第14章\实例239\紫禁城.pptx",选择"开始"选项卡,在"段落"选项组中单击"对齐文本"下拉按钮,从下拉列表中选择"其他选项"选项,如图14-82所示。

② 打开"设置形状格式"窗格,设置文本框的内部边距,在幻灯片中可以看到预览效果,如图14-83所示。

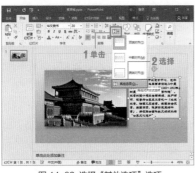

图 14-82 选择“其他选项”选项

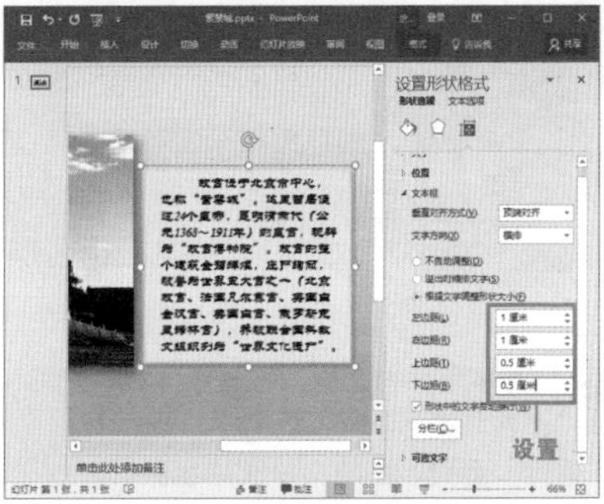

图 14-83 设置内部边距

实例 240

难度系数：★★★ 适用版本：全版本

折叠大纲视图中的文本

技巧介绍： 当需要快速浏览幻灯片时，我们可以直接在大纲视图中进行浏览。小P现在只需要查看各幻灯片的标题，以把握PPT的整体结构，该怎样将标题下的文本内容折叠起来呢？

① 打开本节素材文件“素材\第14章\实例240\新产品推销集思广益.pptx”，选择“视图”选项卡，在“演示文稿视图”选项组中单击“大纲视图”按钮，如图 14-84所示。

② 右击需要折叠的文本，从快捷菜单中选择“折叠”命令，在子菜单中选择“全部折叠”命令，如图 14-85所示，即可折叠所有文本。

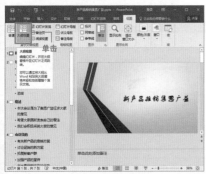

图 14-84 大纲视图

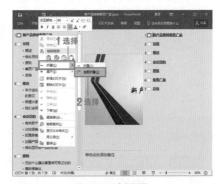

图 14-85 全部折叠

技巧拓展

将插入点置于导航窗口中，按【Alt+Shift+-】组合键即可折叠该幻灯片；按【Alt+Shift++】组合键即可展开该幻灯片文本；按【Alt+Shift+1】组合键折叠演示文稿中的所有文本；按【Alt+Shift+9】组合键展开演示文稿中的所有文本。

Extra tip >>>>>>>>>>>>>

实例 241

组合图片

技巧介绍： 在对幻灯片中的多张图片进行移动、复制或删除等操作时，如果觉得一张张地执行操作太麻烦，可以对这些图片执行组合操作。

难度系数：★★★　适用版本：全版本

❶ 打开本节素材文件"素材\第14章\实例241\创意灯具.pptx"，选择幻灯片中的所有图片，切换至"图片工具>格式"选项卡，在"排列"选项组中单击"组合"下拉按钮，从下拉列表中选择"组合"选项，如图 14-86所示。

❷ 选择图片后右击，从快捷菜单中选择"组合"命令，从子菜单中选择"组合"命令，如图14-87所示，即可把图片组合到一起。

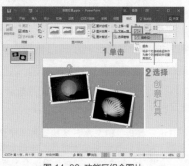

图 14-86 功能区组合图片

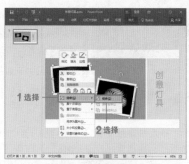

图 14-87 快捷菜单组合图片

技巧拓展

当需要取消组合时，只需在"组合"下拉列表中执行"取消组合"选项即可，如图14-88所示。

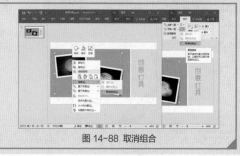

图 14-88 取消组合

Extra tip ＞＞＞＞＞＞＞＞＞＞＞＞

实例 242

将文本以图片形式保存

技巧介绍： 小P发现同事编辑完演示文稿后，会将文本保存为图片，以方便将文本反复应用到其他演示文稿中。该怎样将文本以图片的形式保存呢？

难度系数：★★★　适用版本：全版本

❶ 打开本节素材文件"素材\第14章\实例242\紫禁城.pptx"，在文本框边缘处右击，从快捷菜单中选择"另存为图片"命令，如图14-89所示。

❷ 打开"另存为图片"对话框,设置文件的保存路径及文件名,单击"保存"按钮即可,如图 14-90所示。

图 14-89 选择"另存为图片"命令

图 14-90 另存为图片

职场小知识

海潮效应

简介: 用人单位必须建立起符合自身需要的人才激励机制,物质激励是前提,精神激励是核心。

　　某企业设立了许多助理职位,用于奖励那些工作业绩出色,但短时间内又没机会提拔的员工。于是,公司里就多了一些主任助理。这些助理在待遇上没什么变化,但令人惊讶的是,他们很快在工作岗位上取得了更多更新的成果,一些特别出色的年轻人后来还走上了管理岗位。

　　职场中奉行的是等价交换原则。对于职工来说,按劳取酬是天经地义的事情。对于企业来说,要想获得职工的劳动,就必须支付报酬。以此观察,此案例明显违背常规。因为这位老板只用一些虚职就换来了职工更高的劳动积极性,以及更高工作效率和更多的生产成果,原因何在?

　　海潮效应解释了这种奇特的现象。该效应描述了天体引力与海潮之间的内在关联:因天体引力汇聚海水而成海潮,引力大则出现大潮,引力小则出现小潮,引力过弱则无潮。人才与社会时代的关系也是这样,社会需要人才,时代呼唤人才,人才便应运而生。人力资源管理领域中的海潮效应,则强调了用人单位与人才之间的内在张力:用人单位若想吸引更多的人才并留住人才,使其发挥积极作用,就必须具备足够的吸引力。换言之,用人单位必须建立起吸引人才、留住人才以及人尽其才、才尽其用的人才激励机制,以增强其吸引力。

　　海潮效应带来的启示就是:在激烈的市场竞争中,企业必须建立起符合自身需要的人才激励机制。注重物质激励是前提和基础,而精神激励才是核心,应注重"短线"投资与"长线"投资的均衡发展,逐步实现两者有机结合。

第15章

多媒体
快速应用

在制作演示文稿的过程中，我们可以根据需要插入一些声音、视频等多媒体元素来丰富演示文稿，同时吸引他人的注意力。本章主要介绍插入音频及视频文件的操作，包括插入视频文件、裁剪视频文件、为视频添加封面、插入音频文件、美化声音图标、插入Flash动画等操作技巧。

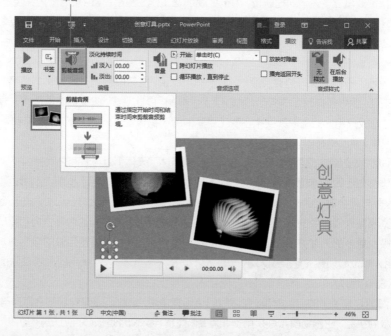

实例 243

难度系数：★★★

适用版本：全版本

在演示文稿中使用视频文件

技巧介绍： 小P毕业之际在参加公司的宣讲会时注意到，"明明是在用PPT做宣讲，可却清楚地在PPT里看到了公司的宣传视频"。在演示文稿中插入视频文件是如何做到的？

① 打开本节素材文件"素材\第15章\实例243\视频文件.pptx"，选择"插入"选项卡，在"媒体"选项组中单击"视频"下拉按钮，从下拉列表中选择"PC上的视频"选项，如图 15-1所示。

② 打开"插入视频文件"对话框，选择所需的视频文件，单击"插入"按钮，如图 15-2所示。

图 15-1 选项视频文件的来源

图 15-2 选择视频文件

③ 即可在幻灯片中插入视频文件，适当调整视频窗口的大小和位置，如图 15-3所示。单击窗口下方的"播放/暂停"按钮即可播放视频。

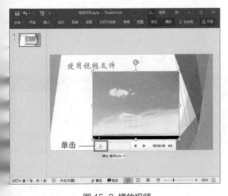

图 15-3 播放视频

技巧拓展

在插入视频文件时，除了可以插入计算机上的视频文件，还可以插入互联网中的视频文件。

选择"插入"选项卡，在"媒体"选项组中单击"视频"下拉按钮，从下拉列表中选择"联机视频"选项，弹出"插入视频"面板，如图15-4所示。根据提示进行操作即可。

图 15-4 插入联机视频

Extra tip ＞＞＞＞＞＞＞＞＞＞＞＞＞

第1章
第2章
第3章
第4章
第5章
第6章
第7章
第8章
第9章
第10章
第11章
第12章
第13章
第14章
第15章
第16章
第17章
第18章

实例 244

设置影片样式

技巧介绍： 在演示文稿中插入视频后，小P发现插入的视频与幻灯片的整体网格看上去格格不入，显得很突兀。可不可以对插入的影片进行设置，使其与幻灯片整体风格相协调呢？

① 打开本节素材文件"素材\第15章\实例244\视频文件.pptx"，选择插入的视频文件，切换至"视频工具>格式"选项卡，在"视频样式"选项组中单击"视频形状"下拉按钮，从下拉列表中选择"矩形：圆角"选项，如图15-5所示。即可更改视频形状。

② 在"视频样式"选项组中单击"视频边框"下拉按钮，从下拉列表中选择"浅绿"选项，继续在"粗细"下拉列表中设置边框粗细为"6磅"，如图15-6所示。

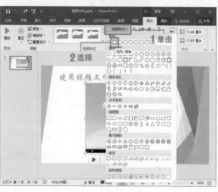

图 15-5 更改视频形状

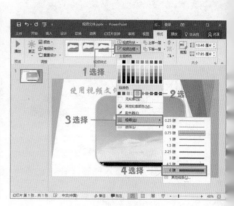

图 15-6 设置视频边框

③ 在"视频边框"下拉列表中还可以设置线条的样式，在"虚线"下拉列表中选择"短划线"选项，如图15-7所示，即可修改边框的线型。

④ 在"视频样式"选项组中单击"视频效果"下拉按钮，选择"映像"选项，在子列表中选择"紧密映像：接触"选项，如图15-8所示，为视频文件添加映像效果。

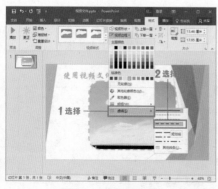

图 15-7 修改边框的线型

图 15-8 设置视频效果

技巧拓展

除了对视频的形状、边框及效果进行设置外，我们还可以一键应用已经设置好了的视频样式。

a.在"视频样式"选项组中单击"其他"按钮，从展开的列表中选择"中等复制棱台矩形"选项，如图 15-9 所示。

b.即可快速应用视频样式，效果如图 15-10 所示。

图 15-9 应用视频样式

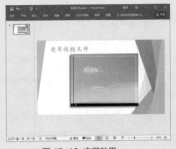

图 15-10 应用效果

Extra tip >>>>>>>>>>>>>

实例 245

裁剪视频文件

技巧介绍： 在演示文稿中插入视频以后，小P只需要视频中的一部分内容，难道还要到专门的视频剪辑软件里进行剪辑，然后再重新插入吗？别担心，在PPT中就可以裁剪视频。

① 打开本节素材文件"素材\第15章\实例245\视频文件.pptx"，选择插入的视频文件，切换至"视频工具>播放"选项卡，单击"裁剪视频"按钮，如图 15-11 所示。

② 打开"裁剪视频"对话框，拖动视频轨道中的绿色滑块和红色滑块，单击"确定"按钮，即可完成视频的裁剪，如图 15-12 所示。

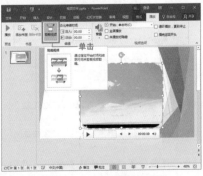

图 15-11 单击"裁剪视频"按钮

图 15-12 裁剪视频

技巧拓展

为了改善剪辑后视频的视觉效果，我们可以在"编辑"选项组中设置"淡入"与"淡出"效果，如图15-13所示。

图 15-13 设置"淡入"与"淡出"时间

Extra tip >>>>>>>>>>>>>>

实例 246

调整视频亮度和对比度

技巧介绍： 在演示文稿中插入视频后，如果视频亮度较暗，或者色调对比不强烈，我们可以对当前视频的亮度和对比度进行调整，美化整个视频。

① 打开本节素材文件"素材\第15章\实例246\视频文件.pptx"，选择插入的视频文件，切换至"视频工具>格式"选项卡，在"调整"选项组中单击"更正"下拉按钮，从下拉列表中选择合适的选项，如图15-14所示。

② 即可快速调整视频的亮度和对比度，调整前后的对比效果，如图15-15所示。

图 15-14 调整亮度和对比度

图 15-15 对比效果

技巧拓展

如果对"更正"下拉列表中的亮度与对比度选项不满意，我们还可以自定义视频的亮度及对比度。

a.在"调整"选项组中单击"更正"下拉按钮，从下拉列表中选择"视频更正选项"选项，如图15-16所示。

b.在打开的"设置视频格式"窗格中可以设置视频的亮度/对比度参数，如图15-17所示。

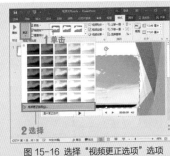

图 15-16 选择"视频更正选项"选项

图 15-17 设置亮度 / 对比度参数

实例 247

为视频重新着色

技巧介绍： 在演示文稿中插入视频文件后，除了可以调整视频的亮度和对比度外，我们还可以对视频进行重新着色。

难度系数：★ ★ ★　　适用版本：全版本

① 打开本节素材文件"素材\第15章\实例247\视频文件.pptx"，选择插入的视频文件，切换至"视频工具>格式"选项卡，在"调整"选项组中单击"颜色"下拉按钮，从下拉列表中选择"绿色，个性色1，浅色"选项，如图15-18所示。

② 即可为视频重新着色，重新着色前后的对比效果，如图15-19所示。

图 15-18 重新着色

图 15-19 对比效果

技巧拓展

如果对"颜色"下拉列表中的着色效果选项不满意，我们还可以使用其他颜色进行着色。

在"调整"选项组中单击"颜色"下拉按钮，从下拉列表中选择"其他变体"选项，从展开的下拉列表中选择"绿色，个性色1，淡色60%"，如图15-20所示。

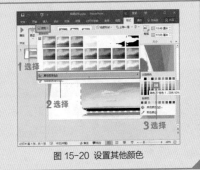

图 15-20 设置其他颜色

第1章
第2章
第3章
第4章
第5章
第6章
第7章
第8章
第9章
第10章
第11章
第12章
第13章
第14章
第15章
第16章
第17章
第18章

实例 248 为视频文件设置封面

技巧介绍： 默认视频文件封面为视频一开始的场景，为了更好地体现视频所包含的内容，小P想将视频中的某个场景设置为视频封面，该怎样操作呢？

难度系数：★★★ 适用版本：全版本

① 打开本节素材文件"素材\第15章\实例248\视频文件.pptx"，选择插入的视频文件，单击播放控制条中的"播放/暂停"按钮播放视频，播放至需要的场景时再次单击"播放/暂停"按钮，如图15-21所示。

② 选择"视频工具>格式"选项卡，在"调整"选项组中单击"海报帧"下拉按钮，从下拉列表中选择"当前帧"选项，如图15-22所示。

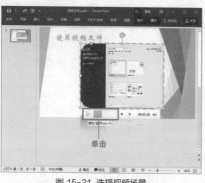

图 15-21 选择视频场景

图 15-22 选择"当前帧"选项

③ 即可将当前场景设置为视频封面，在播放控制条中显示"标牌框架已设定"的字样，如图15-23所示。

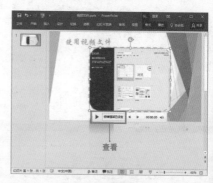

图 15-23 查看设置效果

实例 249 使用其他图片作为视频封面

技巧介绍： 我们除了可以使用视频中的场景作为封面外，还可以使用其他文件中的图片作为视频封面。

难度系数：★★★ 适用版本：全版本

① 打开本节素材文件"素材\第15章\实例249\视频文件.pptx",选择插入的视频文件,切换至"视频工具>格式"选项卡,在"调整"选项组中单击"海报帧"下拉按钮,从下拉列表中选择"文件中的图像"选项,如图 15-24 所示。

② 在弹出的"插入图片"面板中选择"来自文件"选项,打开"插入图片"对话框,选择所需的封面图片,如图 15-25所示。

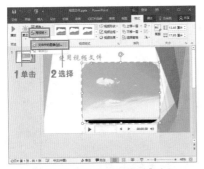

图 15-24 选择"文件中的图像"选项

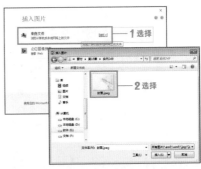

图 15-25 选择文件

③ 单击"插入"按钮,即可使用其他文件中的图片作为封面,效果如图 15-26所示。

图 15-26 查看设置效果

技巧拓展

如果对设置的封面不满意,在"调整"选项组中单击"海报帧"下拉按钮,从下拉列表中选择"重置"选项,如图 15-27所示,即可将视频文件恢复到原始状态。

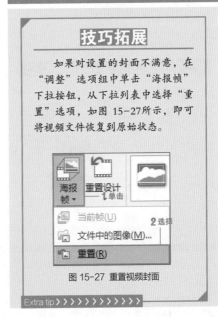

图 15-27 重置视频封面

Extra tip > > > > > > > > > > > >

实例 250

难度系数:★★★　　适用版本:全版本

设置视频插放选项

技巧介绍: 在对演示文稿中的视频进行编辑后,我们还可以根据需要设置视频的播放方式,或调节视频的播放音量。

第1章
第2章
第3章
第4章
第5章
第6章
第7章
第8章
第9章
第10章
第11章
第12章
第13章
第14章
第15章
第16章
第17章
第18章

❶ 打开本节素材文件"素材\第15章\实例250\视频文件.pptx"，选择插入的视频文件，切换至"视频工具>播放"选项卡，在"视频选项"选项组中单击"开始"右侧下拉按钮，从下拉列表中选择"自动"选项，即可自动播放视频文件，如图 15-28 所示。

❷ 在"视频选项"选项组中勾选"循环播放，直到停止"复选框，如图 15-29 所示，当视频播放完毕后将返回视频第一帧。

图 15-28 自动播放视频

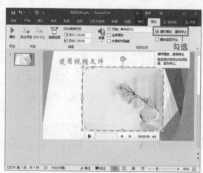

图 15-29 循环播放

❸ 在"视频选项"选项组中勾选"全屏播放"复选框，如图 15-30 所示，即可设置视频全屏播放。

❹ 在"视频选项"选项组中单击"音量"下拉按钮，从下拉列表中选择"中"选项，如图 15-31 所示，即可调节音量高低。

图 15-30 全屏播放

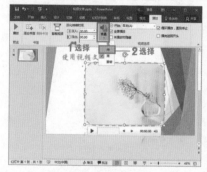

图 15-31 调节音量高低

技巧拓展

勾选"未播放时隐藏"复选框，即可隐藏视频的预览图；勾选"播完返回开头"复选框，即可在播放完毕后返回视频开头，如图 15-32 所示。

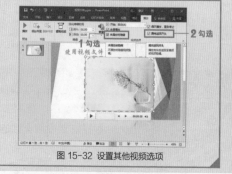

图 15-32 设置其他视频选项

实例 251

播放视频

技巧介绍： 在之前的实例中，我们都是通过单击播放控制条中的"播放/暂停"按钮来播放视频，下面介绍另外几种快速播放视频的方法。

1 打开本节素材文件"素材\第15章\实例251\视频文件.pptx"，右击插入的视频文件，从快捷菜单中选择"预览"命令，如图 15-33 所示。

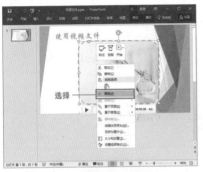

图 15-33 选择"预览"命令

2 切换至"视频工具>格式"选项卡，在"预览"选项组中单击"播放"按钮，如图 15-34 所示。

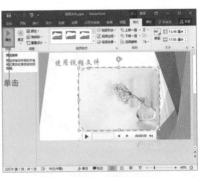

图 15-34 单击"播放"按钮

3 即可播放视频文件，此时"播放"按钮变为"暂停"按钮，如图 15-35 所示。

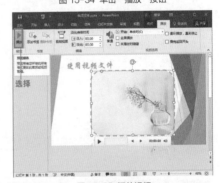

图 15-35 播放视频

技巧拓展

在播放视频的过程中，可以使用"向后移动"和"向前移动"按钮调整视频的播放位置，如图 15-36所示。

图 15-36 调整视频播放位置

Extra tip ⟩⟩⟩⟩⟩⟩⟩⟩⟩⟩⟩⟩⟩

实例 **252**

难度系数：★★★

适用版本：全版本

播放 Flash 动画

技巧介绍： 在PowerPoint中，我们不仅可以在幻灯片中插入视频文件，还可以插入Flash动画文件。

① 打开本节素材文件"素材\第15章\实例252\航空公司宣传.pptx"，选择"航空公司宣传动画"文本内容，切换至"插入"选项卡，在"链接"选项组中单击"超链接"按钮，如图 15-37所示

② 打开"插入超链接"对话框，在"链接到"选项区中选择"现有文件或网页"选项，在"查找范围"选项区中选择"当前文件夹"选项，然后选择所需的Flash动画文件，如图 15-38所示。

图 15-37 插入超链接

图 15-38 超链接到动画文件

③ 单击"确定"按钮，按住Ctrl键的同时单击添加的超链接，将弹出Microsoft Office提示对话框，单击"确定"按钮即可，如图 15-39所示。

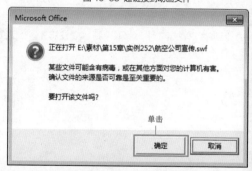

图 15-39 Microsoft Office 提示对话框

实例 **253**

难度系数：★★★

适用版本：全版本

插入音频文件

技巧介绍： 小P看到，有些领导在放映幻灯片的时候还会伴有悠扬的背景音乐。同插入视频、Flash动画一样，不需要打开其他的软件，我们可以直接在演示文稿中插入音频文件。

① 打开本节素材文件"素材\第15章\实例253\创意灯具.pptx"，选择"插入"选项卡，在"媒体"选项组中单击"音频"下拉按钮，从下拉列表中选择"PC上的音频"选项，如图 15-40所示。

② 打开"插入音频"对话框，选择所需的音频文件，单击"插入"按钮，如图 15-41所示。

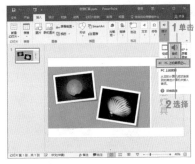

图 15-40 选择音频的来源

图 15-41 选择插入音频文件

③ 即可在幻灯片中插入声音图标，拖动声音图标至合适的位置，单击播放控制条中的"播放/暂停"按钮，即可播放音频文件，如图15-42所示。

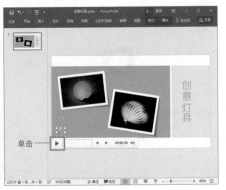

图 15-42 播放音频

技巧拓展

除了插入计算机上的音频文件外，我们还可以录制音频。

在"媒体"选项组中单击"音频"下拉按钮，从下拉列表中选择"录制音频"选项，如图 15-43所示，按照操作提示即可录制音频。

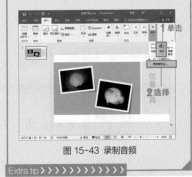

图 15-43 录制音频

Extra tip〉〉〉〉〉〉〉〉〉〉〉

实例 254

难度系数：★★★ 适用版本：全版本

设置音频播放方式

技巧介绍： 在幻灯片中插入音频文件后，我们可以设置音频的播放方式，并试听音乐效果。具体该怎样操作呢？

① 打开本节素材文件"素材\第15章\实例254\创意灯具.pptx"，选择幻灯片中的声音图标，切换至"音频工具>播放"选项卡，在"音频选项"选项组中单击"开始"右侧下拉按钮，从下拉列表中选择"自动"选项，即可自动播放音频文件，如图 15-44所示。

② 在"预览"选项组中单击"播放"按钮，如图 15-45所示，即可试听音乐效果。

第1章
第2章
第3章
第4章
第5章
第6章
第7章
第8章
第9章
第10章
第11章
第12章
第13章
第14章
第15章
第16章
第17章
第18章

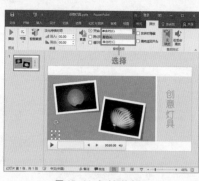

图 15-44 自动播放音频

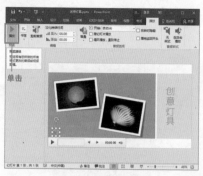

图 15-45 试听音乐效果

技巧拓展

右击添加的声音图标，从快捷菜单中选择"预览"命令，如图 15-46所示，同样可以试听音乐效果。

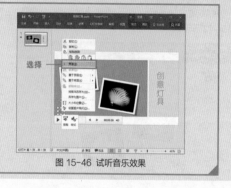

图 15-46 试听音乐效果

Extra tip ＞＞＞＞＞＞＞＞＞＞＞＞

实例 255

隐藏声音图标

技巧介绍： 插入音频文件后，在幻灯片中将显示声音图标，而这个图标与幻灯片内容不协调，看起来很不美观，有没有办法将声音图标隐藏起来呢？

① 打开本节素材文件"素材\第15章\实例255\创意灯具.pptx"，选择幻灯片中的声音图标，切换至"音频工具>播放"选项卡，在"音频选项"选项组中勾选"放映时隐藏"复选框，如图 15-47 所示，在放映幻灯片时即可隐藏声音图标。

② 选择声音图标，按住鼠标左键将其拖动至幻灯片页面以外，如图 15-48所示，同样可以隐藏声音图标。

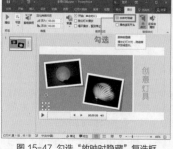

图 15-47 勾选"放映时隐藏"复选框

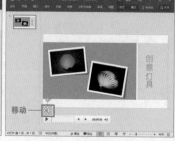

图 15-48 移动声音图标

实例 256 裁剪音频文件

技巧介绍： 小P在幻灯片中插入的音频文件很长，实际上他只需要其中一部分作为背景音乐，有没有什么办法对演示文稿中的音频文件进行裁剪呢？

① 打开本节素材文件"素材\第15章\实例256\创意灯具.pptx"，选择幻灯片中的声音图标，切换至"音频工具>播放"选项卡，在"编辑"选项组中单击"裁剪音频"按钮，如图 15-49所示。

② 打开"裁剪音频"对话框，拖动音频轨道中的绿色滑块和红色滑块，并通过"上一帧"和"下一帧"按钮进行微调，单击"确定"按钮，即可完成音频的裁剪，如图 15-50所示。

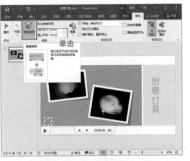

图 15-49 单击"裁剪音频"按钮

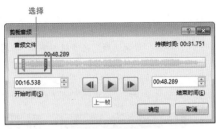

图 15-50 裁剪音频

技巧拓展

为了改善剪辑后音频的效果，我们可以在"编辑"选项组中设置"淡入"与"淡出"效果，如图 15-51所示。

图 15-51 设置"淡入"与"淡出"效果

实例 257 设置循环播放音频文件

技巧介绍： 当演示文稿中包含多张幻灯片时，讲解演示文稿就需要很长的时间，而设置的音频文件只在当前幻灯片中播放，有没有办法可以在整个演示期间都播放背景音乐呢？

① 打开本节素材文件"素材\第15章\实例257\新产品推销集思广益.pptx"，选择幻灯片中的声音图标，切换至"音频工具>播放"选项卡，在"音频选项"选项组中勾选"跨幻灯片播放"复选框，如图 15-52所示。

② 接着勾选"循环播放，直到停止"复选框，设置音频循环播放，如图 15-53所示。

图 15-52 勾选"跨幻灯片播放"复选框

图 15-53 循环播放

技巧拓展

　　a.在"音频选项"选项组中单击"音量"下拉按钮,在下拉列表中可以设置音量的高低,如图 15-54 所示。

　　b.将光标移至播放控制条的"静音/取消静音"按钮上,将出现音量控制条,如图 15-55 所示,拖动滑块也可调整音频音量大小。

图 15-54 设置音量高低 -1

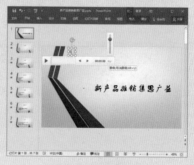

图 15-55 设置音量高低 -2

Extra tip ＞＞＞＞＞＞＞＞＞＞＞＞＞

实例 258

跳过某段音乐

技巧介绍: 小P在试听音乐的过程中,发现有段音乐不适合当前幻灯片,想将这段音乐跳过,该怎样操作呢?

难度系数 ★★★　适用版本:全版本

① 打开本节素材文件"素材\第15章\实例258\创意灯具.pptx",选择幻灯片中的声音图标,切换至"音频工具>播放"选项卡,在"书签"选项组中单击"添加书签"按钮,如图 15-56 所示。

② 在播放进度条的开始处可以看到添加的书签,如图 15-57 所示。

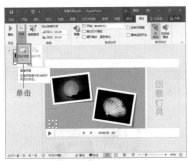

图 15-56 单击"添加书签"按钮

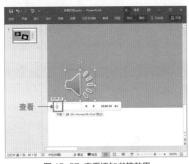

图 15-57 查看添加书签效果

技巧拓展

a.当需要在其他位置添加书签时，只需拖动播放进度条至合适的位置，然后按照相同的方法添加书签即可，如图 15-58 所示。

b.在"书签"选项组中单击"删除书签"按钮，如图 15-59 所示，即可删除添加的书签。

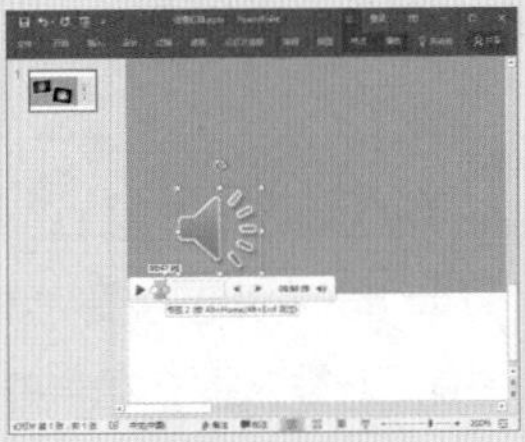

图 15-58 添加书签

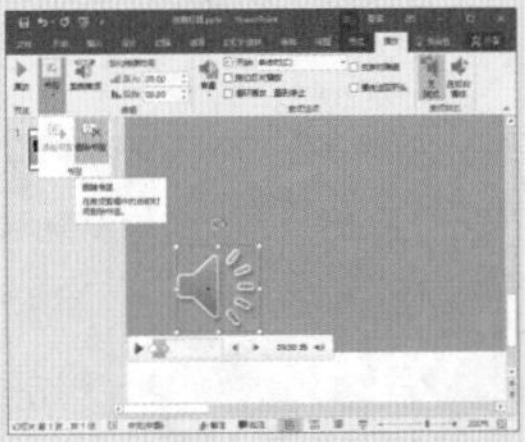

图 15-59 删除书签

Extra tip〉〉〉〉〉〉〉〉〉〉〉〉〉

实例 259

美化声音图标

技巧介绍： 除了隐藏声音图标外，我们还可以对声音图标进行美化操作，使其与幻灯片背景融为一体。

难度系数：★ ★ ★　适用版本：全版本

① 打开本节素材文件"素材\第15章\实例259\创意灯具.pptx"，选择幻灯片中的声音图标，切换至"音频工具>格式"选项卡，在"调整"选项组中单击"颜色"下拉按钮，从下拉列表中选择"青色，个性色5浅色"选项，如图15-60所示。

② 继续单击"艺术效果"下拉按钮，从下拉列表中选择"虚化"选项，如图15-61所示。

图 15-60 设置图标颜色

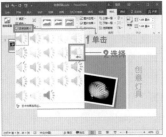

图 15-61 设置艺术效果

③ 在"图片样式"选项组中单击"图片效果"下拉按钮，选择"预设"选项，从子列表中选择"预设4"选项，如图 15-62 所示。

④ 设置完成后，声音图标美化效果如图 15-63 所示。

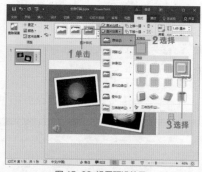
图 15-62 设置预设效果

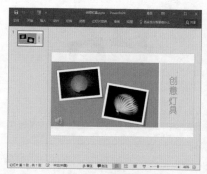
图 15-63 最终效果

职场小知识　南风法则

简介：只有让员工真正感受到企业给予的温暖，才能培养员工对企业的认同感，从而在竞争中无往而不胜。

南风法则也称为"温暖"法则，它来源于法国作家拉·封丹写的一则寓言。北风和南风比威力，看谁能把行人身上的大衣脱掉。北风首先使劲吹，寒冷刺骨，结果行人把大衣裹得紧紧的，南风则徐徐吹动，顿时风和日丽，行人觉得春意上身，开始解开纽扣，继而脱掉大衣。南风法则在人力资源管理中给人最大的启示就是"感人心者，莫先乎情"。

在使用南风法则上，日本企业的做法最引人关注。在日本，几乎所有的公司都很注重人情味和感情的投入，给予员工家庭般的情感抚慰。日本著名企业家岛川三部曾自豪地说，我经营管理的最大本领就是把工作家庭化和娱乐化。索尼公司董事长盛田昭夫也说："一个日本公司最主要的使命，是培养它同雇员之间的关系，在公司创造一种家庭式情感，即经理人员和所有雇员同甘苦、共命运的情感。"日本企业内部管理制度非常严格，但日本企业家深谙刚柔相济的道理。

20世纪30年代初期，世界经济不景气，日本经济大混乱，绝大多数厂家都裁员，降低工资，减产自保。松下公司也受到了极大伤害，销售额锐减，商品积压如山，资金周转不灵。这时，有的管理人员提出要裁员，缩小业务规模。这时，因病在家休养的松下幸之助并没有这样做：工人一个不减，生产实行半日制，工资按全天支付。与此同时，他要求全体员工利用闲暇时间去推销库存商品。只用了不到3个月的时间就把积压商品推销一空，使松下公司顺利渡过了难关。实践证明，南风徐徐吹动的"柔"比北风凛冽刺骨的"刚"效果更佳。得人心者得天下，只有真正俘获了员工的心灵，才能在竞争中无往而不胜。

第16章

SmartArt 图 形快速应用

在会议中，小P经常在PPT中看到流程图，难道这些流程图是通过插入一个个图形形状制成的吗？如果利用插入形状的功能绘制流程图，将耗费大量的时间，而且制作效果也不一定满足需求。这时我们就可以应用SmartArt图形功能，快速制作大方美观的流程图。

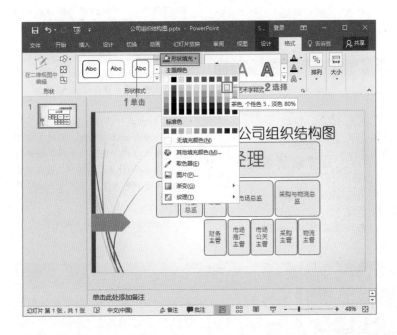

实例 260

难度系数：★★★ 适用版本：全版本

灵活插入 SmartArt 图形

技巧介绍： 既然利用SmartArt图形可以快速制作流程图，那怎样才能在演示文稿中插入SmartArt图形呢？

① 打开本节素材文件"素材\第16章\实例260\公司组织结构图.pptx"，选择"插入"选项卡，在"插图"选项组中单击SmartArt按钮，如图 16-1 所示。

② 打开"选择SmartArt图形"对话框，在左侧列表中选择"层次结构"选项，在中间的样式框中选择"组织结构图"选项，如图 16-2 所示。

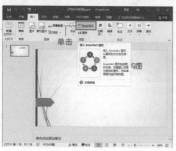

图 16-1 单击 SmartArt 按钮

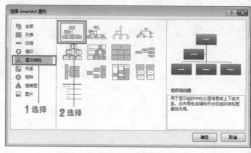

图 16-2 选择"组织结构图"选项

③ 单击"确定"按钮，即可在幻灯片中插入选择的SmartArt图形，适当调整图形的大小和位置，如图 16-3 所示。

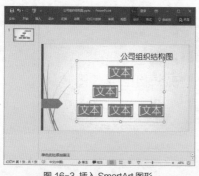

图 16-3 插入 SmartArt 图形

技巧拓展

a.按【Alt+N+M】组合键即可快速打开"选择SmartArt图形"对话框。

b.在"选择SmartArt图形"对话框中共提供了列表、流程、循环、层次结构、关系、矩阵、锥形图、图片等8种类型的图形。这几种类型又分别包括多种不同布局和结构的图形。

Extra tip ＞＞＞＞＞＞＞＞＞＞＞＞

实例 261

难度系数：★★★ 适用版本：全版本

通过 SmartArt 文本窗格输入文本

技巧介绍： 在创建SmartArt图形后，需要在现有的图形中输入文本内容，在这里我们可以通过文本窗格进行输入。

① 打开本节素材文件“素材\第16章\实例261\公司组织结构图.pptx”，选择创建的SmartArt图形，切换至“设计”选项卡，在“创建图形”选项组中单击“文本窗格”按钮，如图 16-4所示。

② 单击“在此处键入文字”列表框中相应的选项，将选中与之对应的图形，输入文本内容即可，如图 16-5所示。

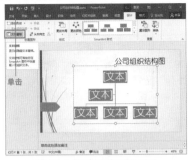

图 16-4 单击“文本窗格”按钮

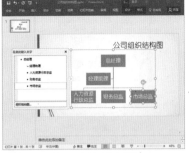

图 16-5 输入文本内容

技巧拓展

a.选中创建的SmartArt图形后单击左侧的折叠按钮，同样可以打开文本窗格，如图16-6所示。

在SmartArt图形的空白处右击，从快捷菜单中选择“显示文本窗格”命令，如图16-7所示，也可打开文本窗格。

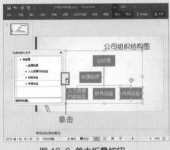

图 16-6 单击折叠按钮

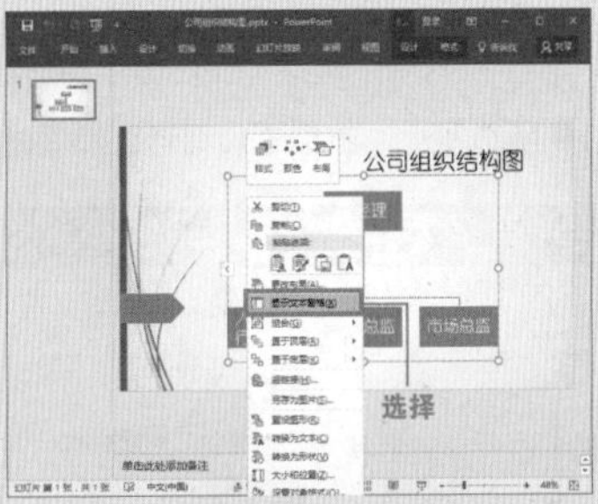

图 16-7 选择“显示文本窗格”命令

Extra tip >>>>>>>>>>>>>

实例 262 在 SmartArt 图形中输入文本

难度系数：★★★ 适用版本：全版本

技巧介绍： 在演示文稿中插入Smart Art图形后，除了通过文本窗格输入文本，我们还可以直接在图形中输入文本内容。

① 打开本节素材文件“素材\第16章\实例262\公司组织结构图.pptx”，单击需要添加文字说明的图形，将插入点置入图形中，输入文字即可，如图 16-8所示。

② 按照相同的方法在其他图形中输入文本内容，如图 16-9所示。

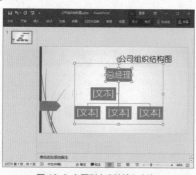

图 16-8 在图形中直接输入文本

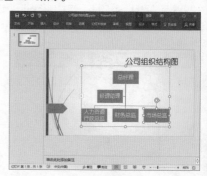

图 16-9 查看效果

实例 263

为 SmartArt 图形添加形状

技巧介绍： 在为SmartArt图形输入文本时，小P发现图形数量太少了，不能把公司的组织结构表达清楚。有没有什么办法可以添加形状继续输入文本呢？

难度系数：★★★ 适用版本：全版本

① 打开本节素材文件"素材\第16章\实例263\公司组织结构图.pptx"，选择"市场总监"文本所在的图形，切换至"SmartArt工具>设计"选项卡，在"创建图形"选项组中单击"添加形状"下拉按钮，在下拉列表中选择"在后面添加形状"选项，如图 16-10所示。

② 即可在所选图形的右侧添加图形，然后输入文本即可，如图 16-11所示。

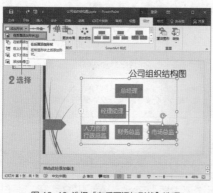

图 16-10 选择"在后面添加形状"选项

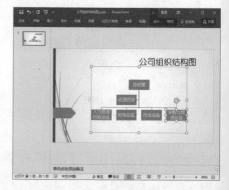

图 16-11 输入文本

③ 单击SmartArt图形左侧的折叠按钮，打开文本窗格，将插入点定位在"市场总监"文本末尾，按下Enter键将在文本后增加一行，同时添加一个新的形状，如图 16-12所示。

④ 选择"财务总监"文本所在的图形并右击，从快捷菜单中选择"添加形状"命令，在子菜单中选择"在下方添加形状"命令，同样可以添加形状，如图 16-13所示。

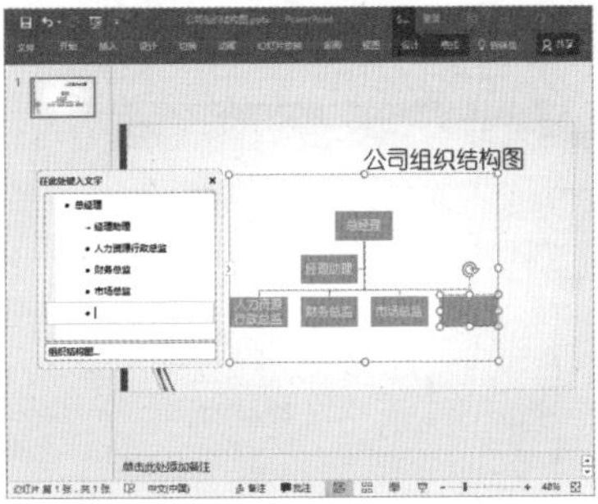

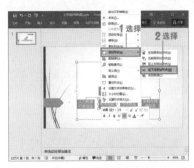

图 16-12 添加形状

图 16-13 在后面添加形状

⑤ 按照相同的方法添加其他形状，输入公司组织结构图的全部文本，效果如图 16-14所示。

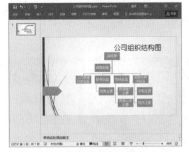

图 16-14 查看所得效果

实例 264

难度系数：★★★

适用版本：全版本

调整 SmartArt 图形中形状的级别

技巧介绍： 小P把创建的SmartArt图形给同事看，同事告诉他现在公司“财务总监”与“财务主管”是一个级别的了，需要他将“财务主管”进行升级，该怎样对形状图形进行升级呢？

① 打开本节素材文件“素材\第16章\实例264\公司组织结构图.pptx”，选择“财务主管”文本所在的图形，切换至“设计”选项卡，在“创建图形”选项组中单击“升级”按钮，如图 16-15所示。

② 所选的“财务主管”形状将上升一级，如图 16-16所示。

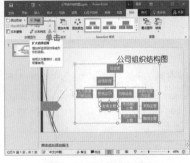

图 16-15 单击“升级”按钮

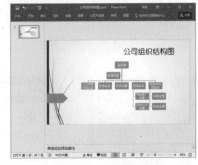

图 16-16 查看升级结果

第1章 第2章 第3章 第4章 第5章 第6章 第7章 第8章 第9章 第10章 第11章 第12章 第13章 第14章 第15章 第16章 第17章 第18章

技巧拓展

　　既然可以对形状进行升级，同样也可以降级所选的形状。

　　选择"财务主管"形状，在"创建图形"选项组中单击"降级"按钮，如图16-17所示，即可将所选的图形下降一级。

Extra tip >>>>>>>>>>>>>

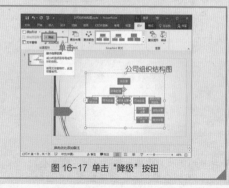

图 16-17 单击"降级"按钮

实例 265　改变 SmartArt 图形水平显示方向

技巧介绍： 小P正检查着自己制作的组织结构图，发现图形的显示方向与幻灯片样式看起来不符合，有一种"左轻右重"的不协调感，可不可以修改SmartArt图形的显示方向呢？

① 打开本节素材文件"素材\第16章\实例265\公司组织结构图.pptx"，选择SmartArt图形，切换至"设计"选项卡，在"创建图形"选项组中单击"从右向左"按钮，如图 16-18所示。

② 即可改变SmartArt图形的水平显示方向，效果如图 16-19所示。

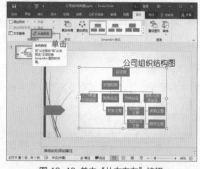

图 16-18 单击"从右向左"按钮

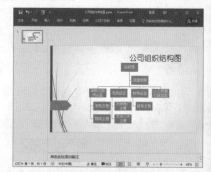

图 16-19 改变水平显示方向

实例 266　调整 SmartArt 图形布局

技巧介绍： 在输入完所有文本内容后，如果对当前的SmartArt图形布局不满意，我们还可以调整SmartArt图形的布局样式。

打开本节素材文件"素材\第16章\实例266\公司组织结构图.pptx",选择SmartArt图形,切换至"设计"选项卡,在"版式"选项组中单击"更改布局"下拉按钮,从下拉列表中选择"表层次结构"选项,如图 16-20所示,即可迅速调整SmartArt图形布局。

图 16-20 调整图形布局

技巧拓展

如果对"更改布局"下拉列表中提供的布局不满意,我们还可以选择"其他布局"选项,如图 16-21所示,在打开的"选择SmartArt图形"对话框选择合适的布局即可。

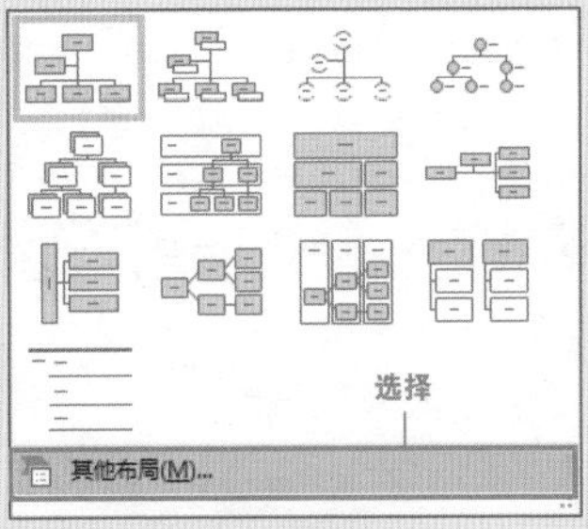

图 16-21 选择"其他布局"选项

Extra tip ＞＞＞＞＞＞＞＞＞＞＞＞

实例 267 更改 SmartArt 图形颜色

技巧介绍: 当我们在幻灯片中插入SmartArt图形后,其颜色会自动与当前的幻灯片样式相匹配。当然,我们也可以更改SmartArt图形的颜色,使其更满足实际显示的需求。

① 打开本节素材文件"素材\第16章\实例267\公司组织结构图.pptx",选择SmartArt图形,切换至"设计"选项卡,在"SmartArt样式"选项组中单击"更改颜色"下拉按钮,从下拉列表中选择"彩色-个性色"选项,如图 16-22所示。

② 即可改变SmartArt图形的颜色,效果如图 16-23所示。

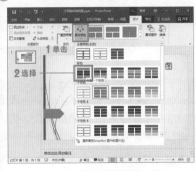

图 16-22 更改颜色

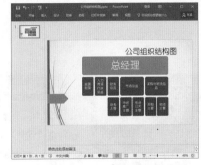

图 16-23 设置的效果

实例 268

更改 SmartArt 图形形状

难度系数：★★★ 适用版本：全版本

技巧介绍： 小P在对SmartArt图形的颜色进行设置后，觉得所有的图形都是圆角矩形的，不能突出结构图中的重点，可不可以修改SmartArt图形的形状呢？

① 打开本节素材文件"素材\第16章\实例268\公司组织结构图.pptx"，选择SmartArt图形，选中需要更改的图形，切换至"格式"选项卡，在"形状"选项组中单击"更改形状"下拉按钮，从下拉列表中选择"缺角矩形"选项，如图 16-24所示，即可更改单个图形的形状。

② 按住Ctrl键的同时，选中多个图形形状并右击，从快捷菜单中选择"更改形状"命令，从下拉列表中选择"矩形：棱台"选项，如图 16-25所示。

图 16-24 更改单个图形的形状

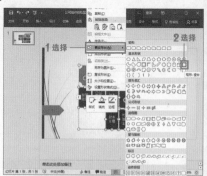

图 16-25 更改多个图形的形状

③ 更改SmartArt图形形状后，效果如图 16-26所示。

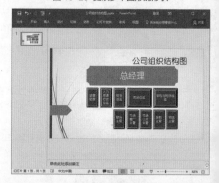

图 16-26 最终效果

实例 269

套用 SmartArt 图形样式

难度系数：★★★ 适用版本：全版本

技巧介绍： 在对SmartArt图形进行美化操作时，我们无需逐个对SmartArt图形中的形状进行设置，直接使用SmartArt图形样式，快速更改其样式。

① 打开本节素材文件"素材\第16章\实例269\公司组织结构图.pptx",选择SmartArt图形,切换至"设计"选项卡,在"SmartArt样式"选项组中单击"其他"按钮,从下拉列表中选择"优雅"选项,如图 16-27所示。

② 即可快速套用SmartArt图形样式,更改前后的对比效果,如图 16-28所示。

图 16-27 套用图形样式

图 16-28 对比效果

自定义 SmartArt 图形样式

技巧介绍: 我们不仅可以套用SmartArt图形样式,还可以根据自己的喜好及实际工作需要,自定义SmartArt图形的填充颜色、轮廓颜色以及形状效果。

① 打开本节素材文件"素材\第16章\实例270\公司组织结构图.pptx",选择SmartArt图形,按【Ctrl+A】组合键选择全部的图形形状,切换至"格式"选项卡,在"形状样式"选项组中单击"形状填充"下拉按钮,从下拉列表中选择"茶色,个性色5,淡色80%",如图 16-29所示,使其与整个幻灯片相匹配。

② 在"形状样式"选项组中单击"形状轮廓"下拉按钮,从下拉列表中选择"红色,个性色2",如图 16-30所示。

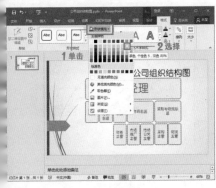

图 16-29 设置填充颜色

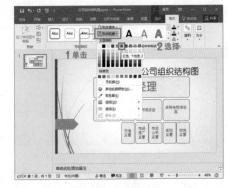

图 16-30 设置轮廓颜色

③ 在"形状样式"选项组中单击"形状效果"下拉按钮，从下拉列表选择"棱台"选项，选择"圆形"选项，如图 16-31 所示。

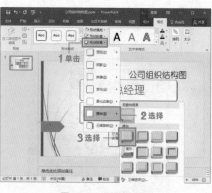

图 16-31 设置棱台效果

实例 271 创建列表型 SmartArt 图形

难度系数 ★★★★ 适用版本：全版本

技巧介绍： 列表型 SmartArt 图形是幻灯片中常用的一种图形结构，主要用于显示非有序的信息或分组信息。接下来就介绍列表型 SmartArt 图形的创建方法。

① 打开本节素材文件"素材\第16章\实例271\列表型图形.pptx"，选择"插入"选项卡，在"插图"选项组中单击 SmartArt 按钮，打开"选择 SmartArt 图形"对话框，在左侧列表中选择"列表"选项，在中间的样式框中选择"垂直块列表"选项，如图 16-33 所示。

② 单击"确定"按钮，在幻灯片中插入 SmartArt 图形并输入文本内容，如图 16-34 所示。

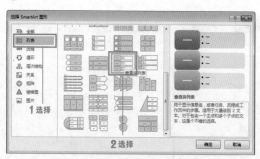

图 16-33 选择"垂直块列表"选项

图 16-34 输入文本内容

③ 切换至"设计"选项卡，在"SmartArt 样式"选项组中单击"更改颜色"下拉按钮，从下拉列表中选择"彩色范围－个性色3至4"选项，如图 16-35 所示。

④ 在 "SmartArt样式" 选项组中单击 "其他" 按钮，从下拉列表中选择 "平面场景" 选项，如图 16-36所示，更改SmartArt图形样式。

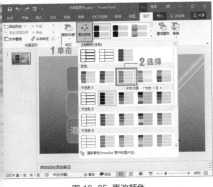

图 16-35 更改颜色

图 16-36 更改 SmartArt 图形样式

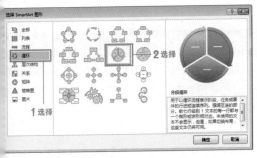

使用循环型 SmartArt 图形进行演示

技巧介绍： 循环型SmartArt图形以循环流程表示阶段、任务或时间的连续序列，主要用于表示可持续循环或不断重复的过程。

① 打开本节素材文件 "素材\第16章\实例272\循环型图形.pptx"，按【Alt+N+M】组合键打开 "选择SmartArt图形" 对话框，在左侧列表中选择 "循环" 选项，在中间的样式框中选择 "分段循环" 选项，如图 16-37所示。

② 单击 "确定" 按钮，在幻灯片中插入SmartArt图形，右击任意形状图形，从快捷菜单中选择 "添加形状" 命令，从下拉列表中选择 "在后面添加形状" 选项，如图 16-38所示。

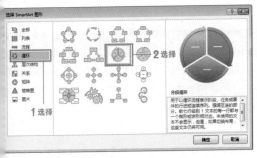

图 16-37 选择 "分段循环" 选项

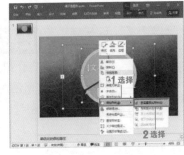

图 16-38 添加形状

③ 添加足够数量的图形形状后输入文字内容，如图 16-39所示。

④ 切换至 "设计" 选项卡，在 "SmartArt样式" 选项组中单击 "更改颜色" 下拉按钮，从下拉列表中选择 "彩色–个性色" 选项，如图 16-40所示。

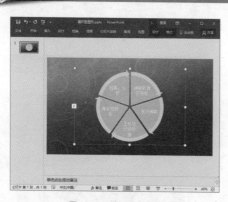

图 16-39 输入文本内容

图 16-40 设置图形颜色

⑤ 切换至"格式"选项卡，在"形状样式"选项组中单击"形状效果"下拉按钮，从下拉列表中选择"预设"选项，选择"预设1"选项，如图 16-41 所示。

⑥ 最终制作的循环型图形，如图 16-42 所示。

图 16-41 设置预设效果

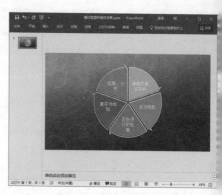

图 16-42 最终效果

实例 273

创建图片型 SmartArt 图形

技巧介绍： 图片型 SmartArt 图形和其他图形最大的区别在于，所创建的形状图形都有"图片"按钮，单击该按钮即可插入图片。

进阶系数：★★★★ 适用版本：全版本

① 打开本节素材文件"素材\第16章\实例273\图片型图形.pptx"，按【Alt+N+M】组合键打开"选择 SmartArt 图形"对话框，在左侧列表中选择"图片"选项，在中间的样式框中选择"图片题注列表"选项，如图 16-43 所示。

② 单击"确定"按钮，在幻灯片中插入 SmartArt 图形，右击任意形状图形，从快捷菜单中选择"添加形状"选项，从下拉列表中选择"在后面添加形状"选项，如图 16-44 所示。

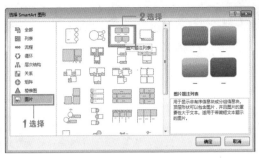

图 16-43 选择"图片题注列表"选项

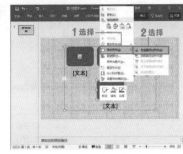

图 16-44 添加形状

❸ 切换至"设计"选项卡，在"SmartArt样式"选项组中单击"更改颜色"下拉按钮，从下拉列表中选择"彩色-个性色"选项，如图 16-45所示。

❹ 在"SmartArt样式"选项组中单击"其他"按钮，从下拉列表中选择"砖块场景"选项，如图 16-46所示，更改SmartArt图形样式。

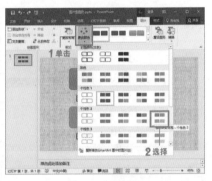

图 16-45 更改颜色

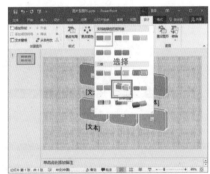

图 16-46 更改 SmartArt 图形样式

❺ 单击SmartArt图形中的"图片"按钮，打开"插入图片"面板，选择"来自文件"选项，打开"插入图片"对话框，选择合适的图片，单击"插入"按钮，如图 16-47所示。

❻ 按照相同的方法插入其他图片，并输入文字内容，最终制作的图片型图形，如图 16-48所示。

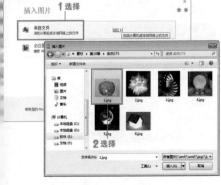

图 16-47 插入图片

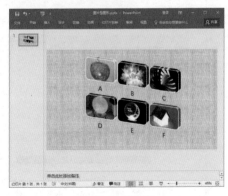

图 16-48 最终效果

实例 274

将 SmartArt 图形转换为文本

技巧介绍： 除了使用，当需要提取SmartArt图形中的文本信息时，复制粘贴的方法外，还可以使用转换功能，直接将图形转换为文本信息。

① 打开本节素材文件"素材\第16章\实例274\转换为文本.pptx"，选择SmartArt图形，切换至"设计"选项卡，在"重置"选项组中单击"转换"下拉按钮，从下拉列表中选择"转换为文本"选项，如图 16-49所示。

② 即可直接将SmartArt图形转换为文本，如图 16-50所示。

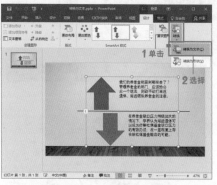

图 16-49 选择"转换为文本"选项

图 16-50 转换为文本的效果

技巧拓展

我们可以将SmartArt图形转换为文本，也可以将文本转换为SmartArt图形。

a.选择需要转换为SmartArt图形的文本对象，切换至"开始"选项卡，在"段落"选项组中单击"转换为SmartArt图形"下拉按钮，从下拉列表中选择"V型列表"选项，如图 16-51所示。

b.即可将文本转换为SmartArt图形，效果如图 16-52所示。

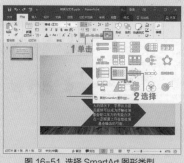

图 16-51 选择 SmartArt 图形类型

图 16-52 转换为 SmartArt 图形的效果

Extra tip ▶▶▶▶▶▶▶▶▶▶▶▶

职场小知识

同仁法则

简介: 员工不是雇员, 而是"同仁", 只有当企业与员工有了共同的目标与使命感, 才会风雨同舟、同甘共苦。

"同仁法则"最先在美国被提出, 该国一个家庭用品公司把销售人员称作"同仁", 公司非基层职位90%以上是和公司内部人员有关系的, 公司400名部门负责人中, 只有17人是从外面招聘的。公司股票购置计划也力图使全体员工都成为真正的"同仁", 所有员工都可以在任何时候以低于公司股票价格15%的幅度购买。以此表现出的是, 公司人才流失比零售业的平均水平低20%。

世界最大零售商沃尔玛的创始人萨姆·沃尔顿在给别人打工时, 老板很尊重员工, 连商店雇用的计时工也称为"同仁", 他对老板的做法很满意。自主创业后, 萨姆成为老板, 他主张沃尔玛应与员工建立合伙关系, 员工不是雇员而是"合伙人"。与之配合的政策有: 1971年推出"利润分享计划", 1972年推出"员工持股计划", 1980年推出"损耗奖励计划"。

企业与员工的关系是一种相互对等, 双向选择的博弈关系, 员工可以选择企业, 企业也可以选择员工。企业会应自身的发展阶段选择适当的人才, 同时给予相应的培养空间和平台。当员工被培养后, 能够发挥一定作用和绩效时, 企业希望员工是稳定的, 但由于外界因素的吸引, 被培养出来的优秀员工会产生流动, 这对企业来讲将会是一个很大的损失。这时, 企业主要要解决如下三个方面的问题。

一、如何让优秀员工有意愿留在企业。

如何让员工自愿留在企业, 与企业共命运, 并有意愿以个人能力推动企业发展, 主要取决于以下四个方面。(1)员工在企业中能够实现比较好的经济利益。(2)员工在企业中能够获得比较好的精神享受。(3)员工在企业中能够实现自我价值和提升自我能力。(4)员工预期目标和企业的长期目标吻合。

二、企业如何留住优秀员工。

企业要创造相对满足员工留在企业的"激励相容约束"条件, 设计和建立系列的人力资本激励机制, 留住优秀员工。例如, 企业合理合法的管理制度和绩效考核方案等, 它们能够激发员工努力工作, 同时, 也会对员工的去留做出较强的约束。

三、如何创造企业与优秀员工稳定组合关系的最佳途径。

企业和员工的目标要能够共同实现, 企业就要做到用事业留人、用感情留人、用体制留人。

聪明的管理者把员工当作企业的合伙人对待, 员工不仅是企业财富的创造者, 而且是企业持续发展的推动者。企业与员工有了共同的目标与使命感后, 才会风雨同舟、同甘共苦。

第 17 章

动画快速设计

在观看他人演示PPT时，小P发现每张幻灯片中的文本、图片或表格都是以不同的动画效果进入或退出幻灯片，这样看上去更具有动感。而自己的演示文稿在放映一开始时就已经显示了全部的内容，也没有什么特别的效果。"没有对比就没有伤害"，小P深深地了解到自己的不足，该怎样为幻灯片设置动画效果呢？有哪些动画效果可以设置呢？这些疑问都将在本章中得到解答。

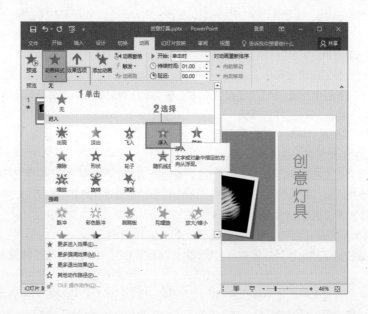

第1章
第2章
第3章
第4章
第5章
第6章
第7章
第8章
第9章
第10章
第11章
第12章
第13章
第14章
第15章
第16章
第17章
第18章

实例 275

让标题从幻灯片底部飞入

技巧介绍： 在PowerPoit 2016中，我们可以设置进入、退出、强调、路径等动画效果。使用进入动画效果，我们可以使对象以不同的方式出现在幻灯片中，并且可以设置动画的方向。

① 打开本节素材文件"素材\第17章\实例275\创意灯具.pptx"，选择"创意灯具"标题文字，切换至"动画"选项卡，在"动画"选项组中单击"动画样式"下拉按钮，从下拉列表中选择"飞入"选项，如图17-1所示。

② 在标题左上角将出现数字1，在"动画"选项组中单击"效果选项"下拉按钮，从下拉列表中选择"自底部"选项，如图17-2所示，即可使标题从底部飞入。

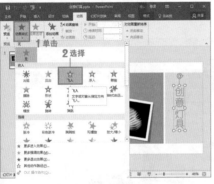

图 17-1 选择"飞入"选项

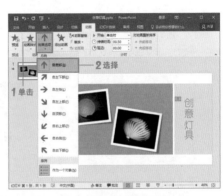

图 17-2 选择"自底部"选项

技巧拓展

按F5功能键放映幻灯片，单击鼠标左键后即可看到设置的动画效果。

Extra tip > > > > > > > > > > > >

实例 276

在幻灯片中应用退出动画

技巧介绍： 我们还可以应用退出动画效果，让对象飞出幻灯片、从视图中消失或从幻灯片中旋出。

① 打开本节素材文件"素材\第17章\实例276\创意灯具.pptx"，选择"创意灯具"标题文字，切换至"动画"选项卡，在"动画"选项组中单击"动画样式"下拉按钮，从下拉列表中选择"随机线条"选项，如图17-3所示。

② 在标题左上角出现数字1，按F5功能键放映幻灯片，单击鼠标左键后设置了动画效果的标题将消失在幻灯片中，如图 17-4所示。

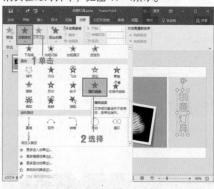

图 17-3 选择"随机线条"选项

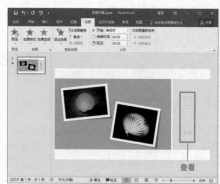

图 17-4 查看设置效果

技巧拓展

在设置完退出效果后，在"动画"选项组中单击"效果选项"下拉按钮，从下拉列表中选择"垂直"选项，如图 17-5所示，即可更改动画效果的方向。

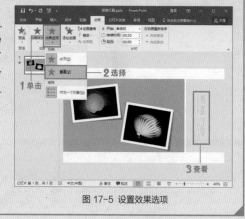

图 17-5 设置效果选项

实例 277 在幻灯片中应用强调动画

技巧介绍： 除了设置对象的进入和退出效果，我们还可以为幻灯片设置强调动画效果，以突出强调幻灯片中的对象。利用强调动画效果可以使对象缩小、放大、更改颜色或沿中心旋转。

① 打开本节素材文件"素材\第17章\实例277\创意灯具.pptx"，选择"创意灯具"标题文字，切换至"动画"选项卡，在"动画"选项组中单击"动画样式"下拉按钮，从下拉列表中选择"填充颜色"选项，如图 17-6所示。

② 在标题左上角出现数字1，按F5功能键放映幻灯片，单击鼠标左键后标题文字底部将出现填充颜色以进行强调，如图 17-7所示。

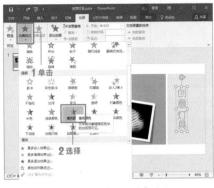

图 17-6 选择"填充颜色"选项

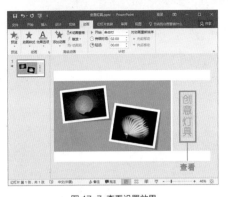

图 17-7 查看设置效果

技巧拓展

在设置完"填充颜色"的动画效果后,在"动画"选项组中单击"效果选项"下拉按钮,从下拉列表中选择合适的颜色,如图 17-8 所示,即可更改填充颜色。

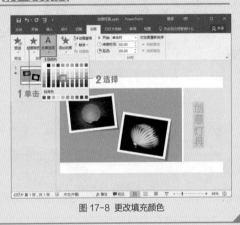

图 17-8 更改填充颜色

Extra tip ＞＞＞＞＞＞＞＞＞＞＞＞

实例 278

在幻灯片中应用组合动画

技巧介绍: 学会如何添加动画以后,小 P 想为设置了进入效果的对象设置强调效果,那么,该怎样为一个对象设置多个动画效果呢?

① 打开本节素材文件"素材\第17章\实例278\创意灯具.pptx",选择"创意灯具"标题文字,切换至"动画"选项卡,在"动画"选项组中单击"动画样式"下拉按钮,从下拉列表中选择"弹跳"选项,如图 17-9所示。

② 在标题左上角出现数字1,此时标题将以弹跳的方式出现在幻灯片中,如图 17-10 所示。

第 1 章
第 2 章
第 3 章
第 4 章
第 5 章
第 6 章
第 7 章
第 8 章
第 9 章
第 10 章
第 11 章
第 12 章
第 13 章
第 14 章
第 15 章
第 16 章
第 17 章
第 18 章

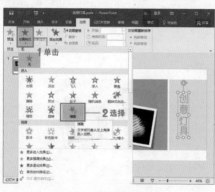

图 17-9 选择"弹跳"选项

③ 在"高级动画"选项组中单击"添加动画"下拉按钮，从下拉列表中选择"陀螺旋"选项，如图 17-11所示。

图 17-11 选择"陀螺旋"选项

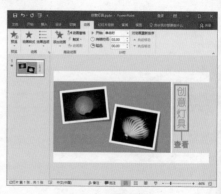

图 17-10 查看设置效果

④ 在标题左上角将出现数字1、2，如图 17-12所示，即可为同一个对象应用多个动画效果。

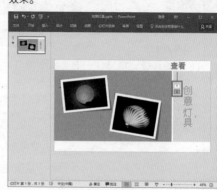

图 17-12 应用多个动画效果

技巧拓展

a.在"高级动画"选项组中单击"动画窗格"按钮，在打开的"动画窗格"窗格中可以看到添加的动画，如图 17-13所示。

b.除了按F5功能键演示幻灯片来查看动画的设置效果，还可以在"预览"选项组中单击"预览"下拉按钮，从下拉列表中选择"预览"选项，如图 17-14所示，即可查看设置的动画效果。

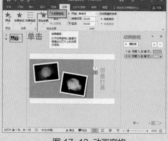

图 17-13 动画窗格

图 17-14 预览动画

实例 279

设置动画播放速度

技巧介绍： 在设置完组合动画效果后，小P预览了一遍，发现整个动画所占的时间太长了，可不可以设置动画的播放速度，以及缩短动画的播放时间呢？

① 打开本节素材文件"素材\第17章\实例279\创意灯具.pptx"，选择"创意灯具"标题文字，单击左上角的数字1，在"计时"选项组的"持续时间"数值框中输入01:00，如图 17-15 所示。

② 接着单击左上角的数字2，在"计时"选项组中单击"开始"右侧下拉按钮，从下拉列表中选择"上一动画之后"选项，数字2将与数字1有部分重叠，继续在"持续时间"数值框中输入01:00，如图 17-16 所示，即可设置动画的播放速度。

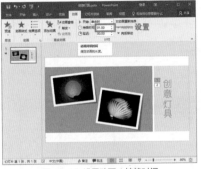

图 17-15 设置动画 1 持续时间

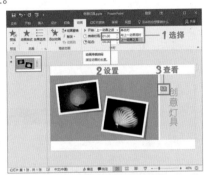

图 17-16 设置动画 2 持续时间

技巧拓展

除了在数值框中输入持续时间，还可以通过上下调节微调按钮设置持续时间。

Extra tip > > > > > > > > > > > >

实例 280

路径动画

技巧介绍： 路径动画效果可以让对象上下左右移动或沿着星形或圆形图案移动，从而实现Flash中的动画引导效果，该怎样设置路径动画效果呢？

① 打开本节素材文件"素材\第17章\实例280\提升与培养能力.pptx"，选择第3张幻灯片中插入的图片，切换至"动画"选项卡，在"动画"选项组中单击"动画样式"下拉按钮，从下拉列表中选择"弧形"选项，如图 17-17 所示。

② 单击红色箭头处的控制点，按住鼠标左键拖动至合适的位置，如图 17-18 所示。其中绿色箭头表示开始位置，红色箭头表示结束位置，在进行预览或放映时，图片会沿着路径进行移动。

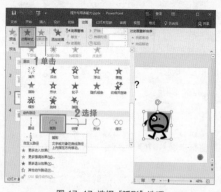

图 17-17 选择"弧形"选项

图 17-18 调整路径

技巧拓展

a.PowerPoint提供了多种路径动画,在"动画"选项组中单击"动画样式"下拉按钮,从下拉列表中选择"其他动作路径"选项,如图 17-19所示。

b.打开"更改动作路径"对话框,如图 17-20所示,选择所需的动作选项,将在幻灯片中看到预览效果。

图 17-19 选择"其他动作路径"选项

图 17-20 更改动作路径

实例 281

自定义动画路径

技巧介绍: 除了使用PowerPoint提供的动画路径外,我们还可以自行绘制动作路径。

① 打开本节素材文件"素材\第17章\实例281\提升与培养能力.pptx",选择第3张幻灯片中插入的图片,切换至"动画"选项卡,在"动画"选项组中单击"动画样式"下拉按钮,从下拉列表中选择"自定义路径"选项,如图 17-21所示。

② 返回幻灯片中开始绘制路径,绘制完成后双击即可完成绘制操作,如图 17-22所示。在预览或播放幻灯片时,插入的图片即会按照绘制的路径进行移动。

图 17-21 选择"自定义路径"选项　　　　　　　图 17-22 绘制路径

实例 282　改变动画播放顺序

技巧介绍： 小P对设置的动画播放顺序不满意，想进行调整一下，于是取消了所有设置的动画，然后从头开始进行设置。其实不用这么麻烦，我们可以自由改变动画的播放顺序。

① 打开本节素材文件"素材\第17章\实例282\企业文化建设.pptx"，选择第2张幻灯片，切换至"动画"选项卡，在"高级动画"选项组中单击"动画窗格"按钮，打开"动画窗格"窗格，可以看到原来动画的播放顺序，如图 17-23 所示。

② 在幻灯片中选择数字2或在"动画窗格"窗格中选择2选项，单击顶部的"上移"按钮，即可调整其播放顺序，如图 17-24 所示。

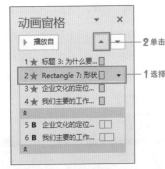

图 17-23 打开"动画窗格"窗格　　　　　　　图 17-24 调整播放顺序

技巧拓展

通过单击"计时"选项组中的"向前移动"和"向后移动"按钮，同样可以调整动画的播放顺序，如图 17-25 所示。

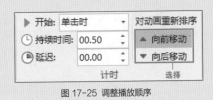

图 17-25 调整播放顺序

Extra tip >>>>>>>>>>>

实例 283

隐藏播放后的动画

技巧介绍： 通常我们是通过单击或在上一动画之后开始播放动画，动画播放结束后会显示在幻灯片中，如果想在动画播放后让其消失，可不可以实现呢？

① 打开本节素材文件"素材\第17章\实例283\提升与培养能力.pptx"，选择第3张幻灯片中插入的图片，切换至"动画"选项卡，在"动画"选项组中单击"动画样式"下拉按钮，从下拉列表中选择"缩放"选项，如图 17-26 所示，为图片添加进入的动画效果。

② 单击"动画"选项组的对话框启动器按钮，如图 17-27 所示。

图 17-26 选择"缩放"选项

图 17-27 单击对话框启动器按钮

③ 打开"缩放"对话框，单击"动画播放后"右侧下拉按钮，从下拉列表中选择"播放动画后隐藏"选项，如图 17-28 所示。

图 17-28 设置播放动画后隐藏

技巧拓展

在"缩放"对话框中切换至"计时"选项卡，单击"期间"右侧下拉按钮，从中可以设置动画的持续时间，如图 17-29 所示。

图 17-29 设置动画持续时间

实例 284

循环播放动画

技巧介绍： 在观看他人的演示文稿时，小P发现幻灯片中一直在重复播放动画，而自己设置的动作却在播放一次以后就结束了，该怎样设置循环播放动画呢？

① 打开本节素材文件"素材\第17章\实例284\企业文化建设.pptx"，选择第1张幻灯片中的标题文本，切换至"动画"选项卡，在"动画"选项组中单击"动画样式"下拉按钮，从下拉列表中选择"翻转式由远及近"选项，如图17-30所示，为标题添加进入的动画效果。

② 单击"动画"选项组的对话框启动器按钮，如图17-31所示。

图 17-30 选择"翻转式由远及近"选项

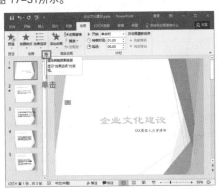

图 17-31 单击对话框启动器按钮

③ 打开"翻转式由远及近"对话框，切换至"计时"选项卡，单击"重复"右侧下拉按钮，从下拉列表中选择"直到幻灯片末尾"选项，如图17-32所示。

图 17-32 循环播放

实例 285

让多个图片同时动起来

技巧介绍： 通常情况下，设置动画效果后都需要单击一下才播放，我们可以设置多个对象同时进行播放或逐一播放，而不需要多次单击鼠标。

① 打开本节素材文件"素材\第17章\实例285\创意灯具.pptx",选择第1张图片，切换至"动画"选项卡，在"动画"选项组中单击"动画样式"下拉按钮，从下拉列表中选择"劈裂"选项，如图 17-33 所示。

② 继续单击"效果选项"下拉按钮，从下拉列表中选择"中央向左右展开"选项，如图 17-34 所示。

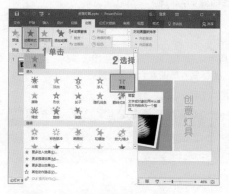

图 17-33 选择"劈裂"选项　　　　图 17-34 设置效果选项

③ 选择第2张图片，也为其添加"劈裂"动画效果，并单击"效果选项"下拉按钮，从下拉列表中选择"左右向中央收缩"选项，如图 17-35 所示。

④ 在"计时"选项组中单击"开始"右侧下拉按钮，从下拉列表中选择"与上一动画同时"选项，如图 17-36 所示，即可使多张图片同时运动。

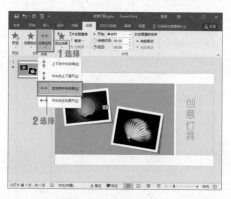
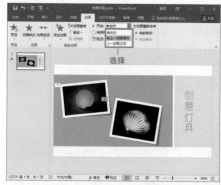

图 17-35 设置效果选项　　　　图 17-36 设置与上一动画同时播放

实例 286

多个图片逐一运动

技巧介绍： 小P觉得多个图片同时运动看起来有点凌乱，都不知道该看哪张图片好了。这时我们可以让多个图片逐一进行播放。

① 打开本节素材文件"素材\第17章\实例286\创意灯具.pptx",选择第1张图片,切换至"动画"选项卡,在"动画"选项组中单击"动画样式"下拉按钮,从下拉列表中选择"旋转"选项,如图 17-37所示。

② 选择第2张图片,也为其添加"旋转"动画效果,在"计时"选项组中单击"开始"右侧下拉按钮,从下拉列表中选择"上一动画之后"选项,如图 17-38所示。在第1张图片的动作播放结束之后,将自动播放第2张图片。

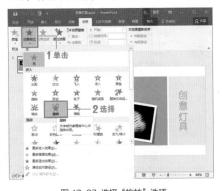

图 17-37 选择"旋转"选项

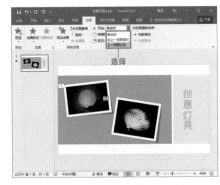

图 17-38 设置上一动画之后播放

实例 287

为动画添加效果声音

技巧介绍: 在之前的实例中,我们为超链接或动作按钮添加了声音,从而在演示幻灯片时增强了表现力,并吸引观众注意力。在播放动画时,可不可以也添加声音呢?

难度系数: ★★★   适用版本: 全版本

① 打开本节素材文件"素材\第17章\实例287\创意灯具.pptx",选择第1张图片,切换至"动画"选项卡,在"动画"选项组中单击"动画样式"下拉按钮,从下拉列表中选择"浮入"选项,如图 17-39所示。

② 继续单击"动画"选项组的对话框启动器按钮,如图 17-40所示。

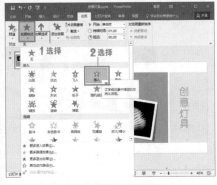

图 17-39 选择"浮入"选项

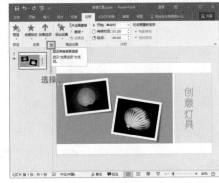

图 17-40 单击对话框启动器按钮

③ 打开"上浮"对话框，单击"声音"右侧下拉按钮，从下拉列表中选择"风铃"选项，如图 17-41 所示，单击"确定"按钮，即可为动画添加声音。

图 17-41 添加声音

技巧拓展

在为动画添加声音后，单击"上浮"对话框中的喇叭图标，即可调整音量大小，如图 17-42 所示。

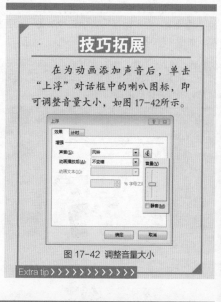

图 17-42 调整音量大小

Extra tip ＞＞＞＞＞＞＞＞＞＞＞＞

实例 288 复制动画效果

技巧介绍： 为了演示的统一性，小P需要为图片设置同样的动画效果，他想起Word和Excel中的"格式刷"功能，在PPT中有没有像"格式刷"一样的功能，可以复制动画效果呢？

难度系数：★★★　适用版本：全版本

① 打开本节素材文件"素材\第17章\实例288\创意灯具.pptx"，选择第1张图片，切换至"动画"选项卡，在"动画"选项组中单击"动画样式"下拉按钮，从下拉列表中选择"形状"选项，如图 17-43 所示。

② 继续单击"效果选项"下拉按钮，从下拉列表中选择"加号"选项，如图 17-44 所示。

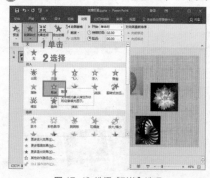

图 17-43 选择"形状"选项

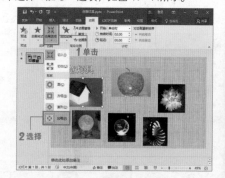

图 17-44 选择"加号"选项

③ 在"高级动画"选项组中双击"动画刷"按钮，如图 17-45 所示。

④ 在需要设置动画效果的目标图片上单击，即可将复制的动画效果应用到目标图像中，如图 17-46 所示。

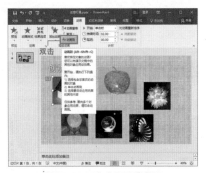

图 17-45 双击"动画刷"按钮

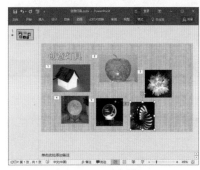

图 17-46 复制动画效果

技巧拓展

如果只单击一次动画刷，则只可以实现一次复制；如果双击动画刷，则可以实现多次复制操作，通过按Esc键或再次单击"动画刷"按钮，即可停止动画刷功能。

Extra tip＞＞＞＞＞＞＞＞＞＞＞＞＞

实例 289

自动换片

技巧介绍： 在放映幻灯片时，通常需要单击幻灯片才能切换至下一页，可是小P看同事演示幻灯片时都是自动切换到下一页的，这是怎么设置的呢？

① 打开本节素材文件"素材\第17章\实例289\新员工培训讲座.pptx"，选择第2张幻灯片，切换至"切换"选项卡，在"切换到此幻灯片"选项组中单击"其他"按钮，从下拉列表中选择"百叶窗"选项，如图 17-47所示。

② 在"计时"选项组中单击"声音"右侧下拉按钮，从下拉列表中选择"微风"选项，如图17-48所示。

图 17-47 选择"百叶窗"选项

图 17-48 选择"微风"选项

❸ 在"持续时间"右侧数值框中输入持续时间为02.00，如图 17-49所示。

❹ 在"计时"选项组中勾选"设置自动换片时间"复选框，并在数值框中输入00:10.00，如图17-50所示，即可实现自动换片。

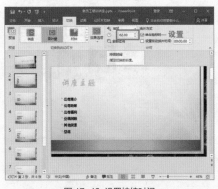

图 17-49 设置持续时间　　　　　　　　　　图 17-50 设置自动换片时间

技巧拓展

在"计时"选项组中单击"全部应用"按钮，在幻灯片缩略图的左上方将出现五角星，表示已经将切换效果应用到全部幻灯片，如图17-51所示。

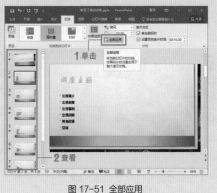

图 17-51 全部应用

Extra tip ＞＞＞＞＞＞＞＞＞＞＞＞＞

实例 290　保存演示文稿为放映模式

技巧介绍： 在制作完演示文稿后，小P想将制作的文档保护起来，不让他人随意修改，这时可以将演示文稿保存为放映模式。以放映模式打开后，演示文稿时将不能被修改。

❶ 打开本节素材文件"素材\第17章\实例290\新员工培训讲座.pptx"，在"文件"选项卡中选择"另存为"选项，选择"浏览"选项，如图 17-52所示。

❷ 打开"另存为"对话框，单击"保存类型"下拉按钮，从下拉列表中选择"PowerPoint放映(*.ppsx)"选项，如图 17-53所示，单击"保存"按钮，即可将演示文稿修改为放映模式。

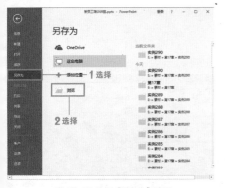

图 17-52 选择"另存为"选项

图 17-53 设置保存类型

职场小知识

互惠关系定律

简介: 员工不只是赚钱的工具,管理者只有懂得关爱自己手下的员工,企业才会真正走向成功。

　　某个小男孩出于一时的气愤就对他母亲说恨她。也许是害怕惩罚,他跑出房屋,走到山边,并对山谷喊道:"我恨你,我恨你。"接着由山谷传来:"我恨你,我恨你。"这个小孩有点吃惊,他跑回屋里对他母亲说,山谷有一个卑鄙的小孩说他恨你。他母亲把他带回山边,并要他喊:"我爱你,我爱你。"这位小孩照他母亲说的做了,而这次他却发现,有一个很好的小孩在山谷说:"我爱你,我爱你。"这个故事告诉我们:生命就像是一种回声,送出什么就收回什么;播种什么就收获什么;给予什么就得到什么。

　　人是三分理智、七分感情的动物。如果老板把员工当作知心人,而不是仅仅把他们当作赚钱的工具,除了给其必要的劳动报酬外,在生活上问寒问暖,在员工遇到困难或挫折时,在精神上给予适当的安慰或鼓励,大部分的员工就会百倍努力地为老板工作。

　　1993年,一场经济危机对美国造成了巨大冲击,全国上下一片萧条。此时,位于美国加利福尼亚州的哈理逊纺织公司同样遭受到了这种冲击,更为不幸的是公司在此时又遇到了火灾。在经历了无望又漫长的等待之后,却意外地接到了公司董事长亚伦·博斯发给每位员工的来信,宣布向公司员工继续支付一个月的薪金,员工们深感意外。在万分惊喜之余,员工们纷纷打电话给董事长向他表示感谢。

　　一个月后,员工们陷入下个月的生活困难时,又接到了董事长发来的第二封信,公司再次向全体员工支付一个月的薪金。此时失业大潮席卷全国,人们普遍为生计发愁。作为噩运当头的哈理逊纺织公司的员工,能得到如此照顾,无不满心感激。第二天自发地组织起来,涌向公司义务清理废墟,擦拭机器,有些员工还主动去联络中断的货源。总之,一个管理者只有懂得关爱自己手下的员工,他的企业才会真正走向成功。

第18章

演示文稿快速管理

在制作完演示文稿以后，还需要对演示文稿的放映方式进行介绍，包括设置放映范围、预览幻灯片、缩略图放映、反复播放幻灯片等内容，这些都将在这一章中进行介绍。

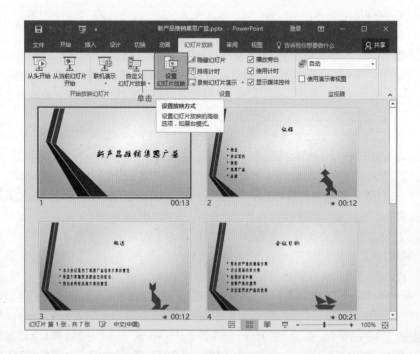

实例 291 设置幻灯片放映范围

难度系数：★★★ 适用版本：全版本

技巧介绍： 小P正在做幻灯片放映前的最后一次预演，他发现演示文稿中前几页幻灯片的内容在本次会议上用不到，只需要播放后面的幻灯片内容。怎样设置只放映所需范围的幻灯片呢？

① 打开本节素材文件“素材\第18章\实例291\工作总结.pptx”，切换至“幻灯片放映”选项卡，在“设置”选项组中单击“设置幻灯片放映”按钮，如图 18-1所示。

图 18-1 设置幻灯片放映

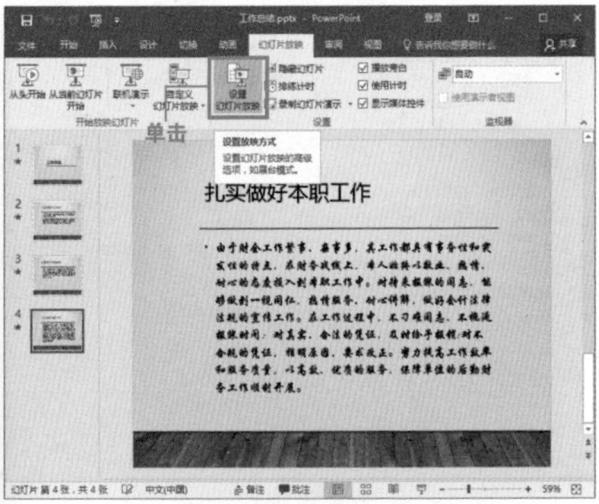

② 打开“设置幻灯片放映”对话框，选择“从……到”单选按钮，并设置放映范围为2到4，如图 18-2所示，单击“确定”按钮即可。

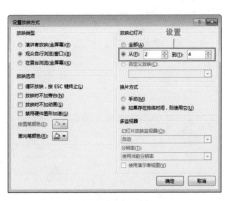

图 18-2 设置放映范围

技巧拓展

通过上面的操作，我们可以放映连续的幻灯片，如果需要放映不连续的幻灯片呢？

选择第1以及第3张幻灯片并右击，从快捷菜单中选择“隐藏幻灯片”命令，如图 18-3所示。即可隐藏所选的幻灯片，这样隐藏的幻灯片就不会放映了。

图 18-3 隐藏幻灯片

Extra tip

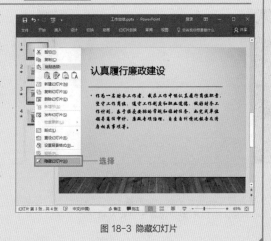

实例 292

难度系数: ★ ★ ★   适用版本: 全版本

设置幻灯片放映类型

技巧介绍: 通常我们都是以全屏幕的方式进行幻灯片放映的,但实际的放映过程中,我们也可以根据需要选择其他类型的放映方式。

①打开本节素材文件"素材\第18章\实例292\企业文化建设.pptx",切换至"幻灯片放映"选项卡,在"设置"选项组中单击"设置幻灯片放映"按钮,如图18-4所示。

②打开"设置放映方式"对话框,选择"演讲者放映(全屏幕)"单选按钮,如图18-5所示。

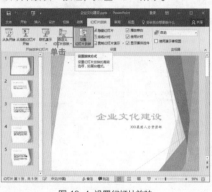

图 18-4 设置幻灯片放映

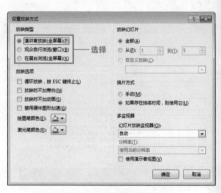

图 18-5 设置放映类型

③单击"确定"按钮将以全屏幕的方式进行放映,如图18-6所示。在放映过程,演讲者对演示文稿有完全的控制权。

④当选择"观众自行浏览(窗口)"单选按钮时,将以窗口的显示放映演示文稿,如图18-7所示,只可以对演示文稿进行切换幻灯片、上下滚动等简单的操作。

图 18-6 演讲者放映(全屏幕)

图 18-7 观众自行浏览(窗口)

⑤当选择"在展台浏览(全屏幕)"单选按钮时,不需要人为控制即可自动放映演示文稿,如图18-8所示。此时不能通过单击鼠标左键手动放映幻灯片,但可以通过添加的超链接或动作按钮进行切换。

图 18-8 在展台浏览（全屏幕）

实例 293 在文件夹中预览幻灯片

技巧介绍： 小P现在需要快速查看演示文稿中的内容，如果先打开演示文稿，然后进行放映则需要花费一定的时间，这时我们可以直接在文件夹中预览幻灯片。

① 在路径"素材\第18章\实例293"中选择需要预览的演示文稿并右击，从快捷菜单中选择"显示"命令，如图 18-9所示。

② 即以放映的模式预览选中的幻灯片，如图 18-10所示，但此时并没有启动PowerPoint 2016。

图 18-9 选择"显示"命令

图 18-10 预览幻灯片

实例 294 自定义放映幻灯片

技巧介绍： 在实例291中讲解了如何自由设置幻灯片放映范围的相关方法，除了其中所讲的设置技巧，我们还可以通过"自定义幻灯片放映"功能指定放映所需的幻灯片。

① 打开本节素材文件"素材\第18章\实例294\提升与培养能力.pptx",切换至"幻灯片放映"选项卡,在"开始放映幻灯片"选项组中单击"自定义幻灯片放映"下拉按钮,选择"自定义放映"选项,如图 18-11 所示。

② 打开"自定义放映"对话框,单击"新建"按钮,打开"定义自定义放映"对话框,在"幻灯片放映名称"文本框中输入"思考的问题",并选择所需的幻灯片单击"添加"按钮,将其添加到"在自定义放映中的幻灯片"列表中,如图 18-12 所示。

图 18-11 选择"自定义放映"选项

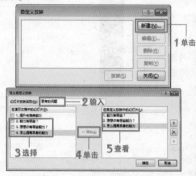

图 18-12 新建自定义放映

③ 单击"确定"按钮,返回"自定义放映"对话框,可以看到之前设置的幻灯片放映名称,如图 18-13 所示,单击"放映"按钮,即可只实现自定义放映。

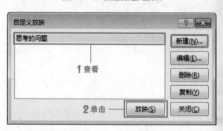

图 18-13 放映幻灯片

技巧拓展

a.在"开始放映幻灯片"选项组中单击"自定义幻灯片放映"下拉按钮,在下拉列表中也可看到自定义的幻灯片,如图 18-14 所示。

b.在"定义自定义放映"对话框中,从"在自定义放映中的幻灯片"列表中选择所需的幻灯片,单击右侧"删除"按钮即可将其从列表中删除,单击"上一个"或"下一个"按钮,即可调整幻灯片放映顺序,如图 18-15 所示。

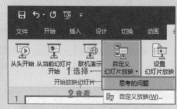

图 18-14 查看添加的自定义放映

图 18-15 定义自定义放映

Extra tip ＞＞＞＞＞＞＞＞＞＞＞＞＞

实例 295

排练计时

技巧介绍： 在演示文稿放映时，对演示时间的把控很重要：演示时间太短，演示文稿中的内容讲不完；演示时间太长，观众便会丧失兴趣。那么，如何控制文档的演示时间呢？

① 打开本节素材文件"素材\第18章\实例295\新产品推销集思广益.pptx"，切换至"幻灯片放映"选项卡，在"设置"选项组中单击"排练计时"按钮，如图 18-16 所示。

② 将自动进入放映状态，左上角将显示"录制"的工具栏。中间的时间代表当前幻灯片页面放映所需时间，右侧的时间代表放映所有幻灯片的累计时间，如图 18-17 所示。

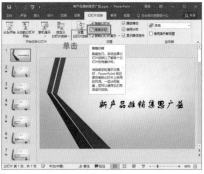

图 18-16 单击"排练计时"按钮

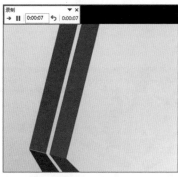

图 18-17 排练计时

③ 此时我们可以对文档进行一次模拟演示，设置每张幻灯片的停留时间，演示完毕后单击鼠标左键，将出现Microsoft PowerPoint提示对话框，提示是否保留排练时间，如图 18-18 所示，单击"是"按钮。

图 18-18 Microsoft PowerPoint 提示对话框

技巧拓展

a.在进行排练计时以后，我们也可以清除当前的排练计时。选择第1张幻灯片，切换至"切换"选项卡，在"计时"选项组中取消勾选"设置自动换片时间"复选框即可，如图 18-19 所示。

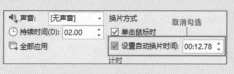

图 18-19 取消勾选"设置自动换片时间"复选框

b.选择"视图"选项卡,在"演示文稿视图"选项组中单击"幻灯片浏览"按钮,进入幻灯片浏览视图,在每张幻灯片右下角将显示幻灯片放映所需的时间,如图18-20所示。

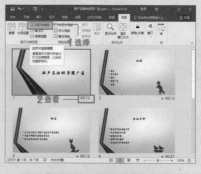

图 18-20 查看幻灯片放映时间

Extra tip ﹥﹥﹥﹥﹥﹥﹥﹥﹥﹥﹥﹥

实例 296

幻灯片录制旁白

技巧介绍: 小P想起学生时代,老师经常用PPT来展示诗词或散文赏析,不少幻灯片还添加了诗词朗诵作为旁白。那么,该怎样为幻灯片录制旁白呢?

难度系数:★★★ 适用版本:全版本

① 打开本节素材文件"素材\第18章\实例296\诗词欣赏.pptx",选择第1张幻灯片,切换至"幻灯片放映"选项卡,在"设置"选项组中单击"录制幻灯片演示"下拉按钮,从下拉列表中选择"从当前幻灯片开始录制"选项,如图18-21所示。

② 打开"录制幻灯片演示"对话框,取消勾选"幻灯片和动画计时"复选框,并单击"开始录制"按钮,如图18-22所示。

图 18-21 选择"从当前幻灯片开始录制"选项

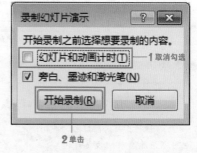

图 18-22 打开"录制幻灯片演示"对话框

③ 将自动进入放映状态,左上角将显示"录制"的工具栏,开始录制旁白,如图18-23所示。

④ 录制结束后按Esc键退出幻灯片放映状态,在第1张幻灯片右下角将显示声音图标,如图18-24所示。

图 18-23 开始录制旁白

图 18-24 录制旁白的效果

技巧拓展

在录制旁白之前，需要确保电脑已经安装了声卡和麦克风，并且处于正常工作状态，否则"录制幻灯片演示"对话框中的"旁白、墨迹和激光笔"选项将呈不可选的灰色状态，如图 18-25 所示。

Extra tip > > > > > > > > > > > > >

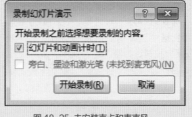

图 18-25 未安装声卡和麦克风

实例 297

播放时切换到指定的幻灯片

技巧介绍： 在幻灯片放映过程中，我们通常是通过单击鼠标左键，切换到下一张幻灯片。当需要切换到指定幻灯片时，如何在不退出放映模式就实现呢？

① 打开本节素材文件"素材\第18章\实例297\新员工培训讲座.pptx"，按住F5功能键进行放映，右击正在播放的幻灯片，从快捷菜单中选择"查看所有幻灯片"命令，如图 18-26 所示。

图 18-26 选择"查看所有幻灯片"命令

❷ 在幻灯片左下角单击 按钮，打开缩略图窗口，如图 18-27所示，选择所需的幻灯片即可实现快速切换。

图 18-27 缩略图窗口

❸ 也可以在播放过程中按【Ctrl+S】组合键，打开"所有幻灯片"对话框，在"幻灯片标题"列表框中选择需要定位的幻灯片，单击"定位至"按钮，如图 18-28所示。

技巧拓展

a.利用键盘的↑、↓键可以快速切换至上一张或下一张幻灯片。

b.在键盘上按下需要切换至幻灯片的页码，同时按住Enter键进行确认，也可迅速切换至指定的幻灯片。

Extra tip ＞＞＞＞＞＞＞＞＞＞＞＞＞

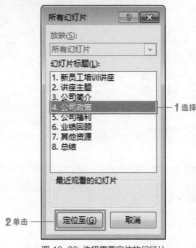

图 18-28 选择需要定位的幻灯片

实例 298

幻灯片保存为图片

技巧介绍： 小P为了更好地演示PPT，想利用在地铁上乘车的时间进行预演，可是手机上又没有安装相关的软件，该怎么办呢？这时可以将幻灯片保存为图片，再复制到手机上进行查看。

❶ 打开本节素材文件"素材\第18章\实例298\宣传策划方案.pptx"，在"文件"选项卡中选择"导出"选项，在"文件类型"区域中选择"更改文件类型"选项，在打开的列表中选择"PNG可移植网络图形格式(*.png)"选项，单击"另存为"按钮，如图 18-29所示。

❷ 打开"另存为"对话框，设置文件的保存路径和文件名，如图 18-30所示。

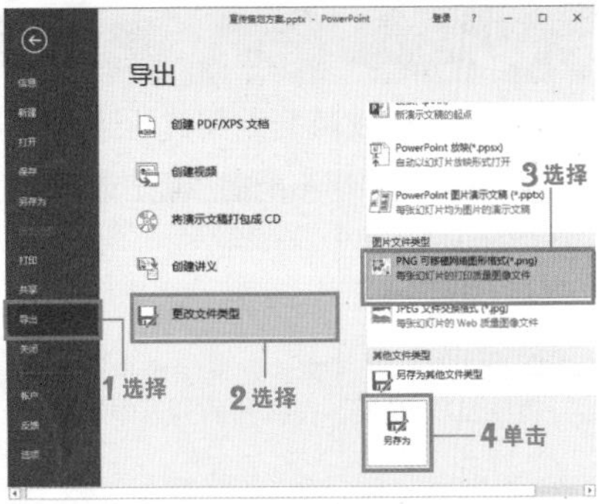

图 18-29 选择"PNG 可移植网络图形格式 (*.png)"

图 18-30 设置保存路径

❸ 单击"保存"按钮，将弹出Microsoft PowerPoint提示对话框，单击"所有幻灯片"按钮，在继续弹出的提示对话框中单击"确定"按钮即可，如图 18-31所示。

❹ 在文件的保存路径中可以看到导出的图片文件，如图 18-32所示。

图 18-31 单击"所有幻灯片"按钮

图 18-32 导出的图片文件

技巧拓展

a.在"文件"选项卡中选择"另存为"选项，选择"浏览"选项，如图 18-33所示。

b.打开"另存为"对话框，单击"保存类型"下拉按钮，从下拉列表中选择"PNG可移植网络图形格式(*.png)"选项，如图 18-34所示，单击"保存"按钮，即可将幻灯片保存为图片文件。

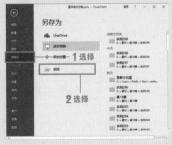

图 18-33 选择"浏览"选项

图 18-34 另存为图片

Extra tip > > > > > > > > > > > >

实例 299

打包演示文稿到 CD

难度系数：★★★　适用版本：07/13/16/17

技巧介绍： 小P将制作好的演示文稿复制到其他计算机上时，发现其中插入的声音和视频文件都不能播放呢？该怎么办呢？

① 打开本节素材文件"素材\第18章\实例299\创意灯具.pptx"，在"文件"选项卡中选择"导出"选项，在"文件类型"区域中选择"将演示文稿打包成CD"选项，在打开的列表中单击"打包成CD"按钮，如图 18-35 所示。

② 打开"打包成CD"对话框，单击"添加"按钮，如图 18-36 所示。

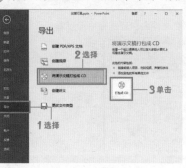

图 18-35 单击"打包成 CD"按钮

图 18-36 添加演示文稿

③ 弹出"添加文件"对话框，选择"创意灯具2"演示文稿，并单击"添加"按钮，如图 18-37 所示。

④ 返回"打包成CD"对话框，单击"复制到文件夹"按钮，打开"复制到文件夹"对话框，在"文件夹名称"文本框中输入"创意灯具"，并设置位置为"E:\素材\第18章\实例299"，如图 18-38 所示。

图 18-37 选择演示文稿

图 18-38 复制到文件夹

⑤ 单击"确定"按钮，将弹出Microsoft PowerPoint提示对话框，单击"是"按钮，如图 18-39 所示，即可开始复制文件。

图 18-39 Microsoft PowerPoint 提示对话框

⑥ 复制完成后，将自动打开"创意灯具"文件夹，在该文件夹中可以看到保存了的所有与演示文稿相关的内容，如图 18-40 所示。

图 18-40 查看复制的文件

自动循环播放幻灯片

技巧介绍： 在参加宣传会议时，小P发现放映的演示文稿一直在循环放映，这样随时都可以看到公司的宣传产品了，从而加深了对产品的印象。该怎样让幻灯片自动循环进行播放呢？

① 打开本节素材文件"素材\第18章\实例300\新产品推销集思广益.pptx"，该演示文稿已经设置了排练时间。切换至"幻灯片放映"选项卡，在"设置"选项组中单击"设置幻灯片放映"按钮，如图 18-41 所示。

② 打开"设置放映方式"对话框，勾选"循环放映，按Esc键终止"复选框，如图 18-42 所示，单击"确定"按钮即可设置幻灯片循环播放。

图 18-41 单击"设置幻灯片放映"按钮

图 18-42 设置循环放映

职场小知识

蓝斯登定律

简介： 照顾员工的感受，给员工创造融洽快乐的工作环境比给予丰厚的薪金更高效。

与一位"朋友"在一起工作，远比在"父亲"身边工作有趣得多。企业内部生产效率最高的群体，不是薪金丰厚的员工，而是工作心情舒畅的员工。愉快的工作环境会使人称心如意，因而会工作得特别积极。不愉快的工作环境只会使人内心抵触，从而严重影响工作的效绩。这便是由美国管理学家蓝斯登提出的"蓝斯登定律"。

著名跨国食品公司——亨氏的成功，正是由于其创办者亨利·海因茨注重在公司内营造融洽的工作气氛。亨氏公司在1900年前后能够提供的食品种类，就已经超过了200种，成为美国颇具知名度的食品企业之一。

在当时，管理学泰斗泰勒的科学管理方法盛极一时。在泰勒的科学管理方法中，员工被认为是"经济人"，物质刺激是他们工作的唯一动力。在这种管理方法中，雇主、管理者与员工的关系是森严的，毫无情感可言。

但在亨利看来，金钱固然能促使员工努力工作，但快乐的工作环境对员工的工作促进更大。于是，他从自己做起，率先在公司内部打破了雇主与员工的森严关系。亨利经常会到员工中间去，和他们聊天，了解员工对工作的想法，以及他们生活的困难，并不时地鼓励他们。亨利每到一个地方，那个地方就谈笑风生并其乐融融。他虽然是雇主，但员工们都很喜欢他，工作起来也特别卖力。

正是亨利这种与员工苦乐共享的风度，使亨氏公司的员工们获得了一个融洽快乐的工作环境，而正是这个环境成就了亨氏公司。亨利的继任者们继承他的这种风度，从而也就获得了亨氏公司今天的辉煌。在工作的环境中，最能够激励人心的做法，莫过于照顾员工的感受，考虑员工的情绪，关爱员工的需要，帮助员工建立自尊自重的态度，让每个人都能以每天的工作为荣，感受到努力工作的意义。快乐的员工，会主动积极地投入工作，从而发挥他们真正的潜力；快乐的员工，也会把他们的快乐带给客户，为企业树立一个良好的形象；而快乐的企业，能够使快乐成为一种文化，真正留住有才能的人，产生很强的企业凝聚力。

如何做到给员工快乐的工作环境呢？把员工当作朋友，在工作之余，如午间休息、上下班之后，多进行平等的沟通，清晰界定工作和私人交往，让每个人保持快乐的心情。进行工作沟通的时候，除特殊情况下需要稳住人心，平等地与员工进行沟通和交流。

整齐划一的用品摆放，美丽和谐的工作环境设计，能够使员工保持良好的心情。让合人性关怀的工作流程设计，使员工感受到企业对他们的关怀无处不在。良好的业余乐活动设计，能够使员工在快乐中获得对企业的认同感，并且学到新的知识，改善员工之间的关系。在员工遇到困难时，人性化的关怀，更能够使员工内心充满温暖。